미지의 세계로의 여행

톰킨스 씨의 물리학적 모험

G. 가모프 지음
정문규 옮김

전파과학사

Mr Tompkins in Paperback

by

George Gamow Cambridge University Press London England

나의 친구이며 편집자인

로널드 맨스브리지에게

머리말

1938년 초에 나는 과학에 관하여 보는 사람에 따라서는 환상적이라고도 여길 만한 이야기(그렇다고 공상 과학 소설은 아니다)를 썼으며 그 책에서 나는 과학도가 아닌 비전문가에게 공간의 곡률 이론과 팽창하는 우주에 대한 개념을 매우 쉽게 이해시키려고 노력했다. 나는 그 방편의 하나로 실제로 존재하는 상대론적인 현상을 이 소설의 주인공인 톰킨스(C. G. H. Tompkins)* 씨, 즉 현대 과학에 관심이 큰 평범한 은행 직원조차도 손쉽게 이해할 수 있을 정도로 과장해서 설명했던 것이다.

나는 그때 이 원고를 『하퍼스 매거진(Harper's Magazine)』이라는 잡지를 내는 출판사에 보냈는데 첫 저서를 내고자 하는 자가 누구나 겪어야 하듯이 나의 원고도 출판 사절이라는 표가 붙어 되돌아왔다. 이곳 외에도 대여섯 군데 잡지사로부터의 반응 또한 한결같은 것이었다. 그리하여 나는 출판을 단념하고 원고를 책상 서랍 속에 넣어 둔 채 어느덧 이 일은 까맣게 잊어버리고 말았던 것이다. 그런데 그해 여름철 내가 바르샤바(Warsaw)에서 국제연맹(League of Nations)이 주최한 이론 물리학의 국제회의에 참석하고 있을 때의 일이다. 마침 어느 파티에서 『종(種)의 기원』이라는 저서로 유명한 다윈(Charles Robert Darwin, 1809~1882)의 손자인 나의 옛 친구 찰스 다윈

---

* 톰킨스 씨의 이니셜인 C. G. H.는 물리학의 기본 상수인 광속(c), 만유인력 상수(G), 양자 상수(h)에서 따온 것이며, 이 책에서 이 상수들은 아무에게나 쉽게 인식될 수 있도록 굉장히 큰 값으로 과장되어 표현되어 있다.

경(Sir. Charles Galton Darwin, 1887~1962)과 정평 있는 폴란드 술을 마셔 가며 이런저런 이야기를 나눈 끝에, 마침내 화제는 과학의 대중화 문제에 이르렀다. 나는 내가 출판에서 겪은 불운을 그에게 이야기하게 되었고 그는 내 이야기를 듣고서 이렇게 말했다.

“아, 그래요. 그렇다면 가모프 씨, 좋은 수가 있소. 미국에 돌아가는 대로 원고를 찾아내서 스노(Charles Percy Snow, 1905~1980) 씨에게 보내 보시오. 그는 케임브리지대학 출판부에서 발간되는 『발견(Discovery)』이라는 대중 과학지 편집자랍니다.”

귀국하는 대로 나는 곧 그가 시키는 대로 했고 일주일도 못 되어 스노 씨로부터 다음과 같은 사연이 적힌 한 통의 전보를 받았다. 「당신의 글은 다음 호에 게재될 예정입니다. 그리고 계속해서 더 많은 글을 써 보내 주시오.」 이리하여 톰킨스 씨를 주인공으로 한 여러 이야기가 『발견』에 게재되기에 이르렀고 난해하다는 상대성 이론과 양자론의 대중화에 도움이 되었다. 그 후 얼마 안 되어 케임브리지대학 출판부로부터 한 통의 편지가 나에게 날아들었는데 그 편지는 몇 가지 이야기를 더 써 보태어 지면을 늘려 단행본으로 출판할 것을 부탁하는 내용이었다. 그리하여 1940년에 케임브리지대학 출판부에서 『톰킨스 씨의 불가사의의 나라로의 여행(Mr. Tompkins in Wonderland)』이라는 제목의 단행본으로 출판되어 그동안 16판이나 거듭하게 되었고, 1944년에는 이 책과 같은 시리즈로 『톰킨스 씨의 원자 세계의 탐험(Mr. Tompkins Explores the Atom)』이라는 책이 출판되어 지금까지 9판을 거듭하게 되었을 뿐 아니라 전 유럽(단 러시아 예외)에서 출판되었고, 심지어는 중국어와 힌디어로까지 번역 출판되었다.

최근에 다시 케임브리지대학 출판부는 이 두 책을 합본하여 표지를 종이로 장정한 간편하고 대중적인 스타일로 출판할 것을 결정한 후, 원본에 인용된 자료들 가운데 이제는 좀 시대에 뒤졌다고 생각되는 것은 새로운 자료로 대체하고, 또 이 책들이 출판된 이후 지금까지 이루어진 물리학 및 관련 있는 분야에서의 주요한 발전에 관한 이야기를 몇 가지 첨부할 것을 나에게 청해 왔다. 이러한 출판부의 요청에 따라 핵분열과 핵융합 및 정상 상태의 우주와 소립자들에 관한 흥미 있는 문제들을 몇 개의 이야기로 엮어 첨가함으로써 바로 이 책이 탄생하게 된 것이다.

삽화에 대하여 몇 마디 부언하여 둘 것이 있는데 『발견』에 게재되었을 때와 단행본 시리즈의 첫 권에서의 삽화는 후컴(J. Hookham) 씨가 맡아 수고해 주었고 이야기의 주인공인 톰킨스 씨의 용모도 그의 창작이었다. 두 번째 책을 집필했을 당시에는 후컴 씨가 삽화가로서의 일을 그만두었기 때문에 부득이 후컴 씨의 화법을 충실히 따라 나 스스로 삽화를 그리기로 했고 개정 합본된 이 책에서도 역시 삽화는 나 자신의 솜씨로 마련되었다. 이 책에 나오는 시와 노래는 나의 아내 바바라(Barbara)의 작품임을 아울러 밝혀 두고자 한다.

미국 콜로라도주, 볼더

콜로라도대학

G. 가모프

역자의 말

누구나 일생에 두 번, 세 번 같은 책을 되풀이해서 읽었다는 경우는 사실 그리 많지 않은 것으로 안다. 하물며 나같이 물리학을 공부하고 있고, 더군다나 독서가라고 자처하기에는 너무나 부끄러움을 느끼고 있는 사람이 되풀이하여 같은 책을 읽는 일은 극히 드물다. 중학교 다니던 시절의 영문법이나 수학참고 서류를 빼놓고 지금까지 기억에 남는 책으로는 일본의 노벨 물리학상 수상자인 도모나가(朝永振一郎, 1906~1979) 박사가 쓴 『양자역학』이라는 책을 비롯하여 서너 가지에 지나지 않는다. 그런데 우연이라고나 할까, 이번에 번역할 기회를 갖게 된 이 가모프 씨의 저서가 바로 그 서너 가지 책 중의 하나인 것이다.

첫 번째로 이 책을 읽었던 것은 중학교 3학년 때의 일이었다. 가난한 학문, 즉 돈과는 인연이 없는 학문을 좋아하기로는 부자가 상통이라 부친도 그러했고 나 역시 물리학자가 되는 것이 유일의 염원이었던 시절이니, 헌책방에서 일어로 번역된 이 책을 처음 보았을 때 놓칠 리가 없었다. 즉시 사 들고 와서는 그날 밤으로 다 읽어 버렸던 기억이 지금도 생생하다. 그때 얼마만큼 내용을 이해했는지는 의심스러우나, 새로운 물리학을 소개하고 있다는 그 사실 하나만으로도 감격했으며 더구나 절묘한 가모프의 필치는 나를 사로잡기에 충분했으리라 짐작된다. 이리하여 이 책은 나로 하여금 물리학자로서의 일생을 밟게 하는 데 절대적인 공헌을 한 셈이다.

그로부터 또 10년 가까운 세월이 흘러 대학 졸업반에 있을 때였다. 동숭동 캠퍼스 부근의 길을 지나치다 가까운 노점에서 언뜻 눈에 띈 것이 바로 이 책이었다. 사변 중에 책을 모두 잃었기에, 또 어떤 친근감에서였다고나 할까, 고학생의 신분으로는 과히 적은 돈도 아니었으나 한 푼도 값을 깎지 않고 선뜻 사 버렸다. 두 번째 읽은 셈이다. 그때는 이미 전문적인 지식을 가지고 있었던지라 책 내용은 쉽게 읽어 내려갈 수 있었고, 전문 서적을 통해 정립한 새로운 물리학에 관한 자신의 이해를 더욱 명확하게 하는 데 도움이 컸다.

그리고 또 10여 년이 지난 지금 이 책을 접할 세 번째 기회가 오게 되었다. 나의 제자 중 한 사람인 서울대학교의 송상용 교수가 번역을 의뢰해 왔다. 원래가 글 쓰는 데는 담을 쌓고 있는 터라 원고 청탁에 응해 본 적이 없었으나 이번에는 나 자신도 모르게 승낙하고 말았던 것이다. 처음에는 원고 쓰기가 역겨워 몹시 후회도 되었으나 역시 맡기를 잘했구나 하는 생각이 지금은 든다. 까닭인즉 세 번째이고, 그것도 더군다나 번역을 해야 하니 한 줄, 한 줄 정독을 하지 않을 수 없는데 그전에는 미처 몰랐던 가모프의 멋을 도처에서 발견할 수 있었기 때문이다.

물론 이번에 번역하게 된 이 책은 1965년 수정판으로서 원저자도 밝히고 있듯이 거의 배에 가까울 정도의 새로운 부문을 추가 집필했고 또 많은 부분에 수정을 가했지만 그래도 가모프의 세련된 필치는 여전했다. 차례를 보면 11장 대신 $10\frac{1}{2}$장으로 쓰여 있다. 장난기뿐만 아니라 물리학적 뜻도 깊으니 그 얼마나 멋있고 기지에 차 있다고 하지 않을 수 있으랴. 역자 개인의 경험을 이야기하기는 했으나 어쨌든 어느 누가 읽어도 재미있고 유익한 책임에는 틀림없다. 다만 한 가지 걱정스러운 것은 나의 역량이 부족하고 되도록 원문에 충실히 하려다 보니 그만 원저자의 멋이 많이 사라져 버렸다는 안타까움이다.

이 책의 외국어 표기에 대해서는 역자로서 불만이 없지 않으나 전파과학사 측의 원칙에 따르기로 했다.

끝으로 이 책의 간행을 위하여 시종 역자를 고무해 준 송상용 군 및 원고 전체를 되풀이해서 읽고 교정하는 수고를 다해 주신 한국원자력연구소의 김희연 양, 외국어대 민정유 양, 서울대 문리대 양희선 양에게 심심한 사의를 표하는 바이다.

정문규

차례

머리말 5
역자의 말 9
서론 15

1장 속도 제한 17
2장 상대론에 관한 교수의 강의와 톰킨스 씨의 꿈 29
3장 톰킨스 씨의 하루 휴식 45
4장 휘어진 공간, 중력 및 우주에 관한 교수의 강의 63
5장 맥동하는 우주 81
6장 우주 오페라 97
7장 양자로 당구놀이를 119
8장 양자의 밀림 147
9장 맥스웰의 도깨비 161
10장 전자의 즐거운 여행 187
$10\frac{1}{2}$장 졸다 듣지 못한 지난번 강의의 일부 211
12장 원자핵의 내부 223
13장 목각공 243
14장 〈무〉 속에 뚫린 구멍 267
15장 톰킨스 씨와 일본 요리 283

서론

아주 어린 시절부터 우리는 오관(五官)을 통해서 인식한 그대로를 외부 세계의 참모습으로 받아들이며 성장하게 된다. 이러한 지능 발달 과정에서 공간과 시간, 그리고 운동에 대한 근본적인 개념이 형성되는 것이다. 오관을 통해 얻은 이러한 관념은 곧 습관화되어 나중에는 이런 관념 위에 정립된 외부 세계에 관한 개념만이 정당하고 가능한 유일의 것이라고 여기게 되고, 이러한 개념에 변화를 가져오게 하는 어떠한 새로운 아이디어도 오히려 우리의 눈에는 모순된 것으로 보이게 된다. 그러나 엄밀한 물리학적 관측 방법과 관측에서 얻어진 여러 현상간의 상호 관련성을 더욱 세밀히 분석하는 방법이 발전됨에 따라 현대 과학은 다음과 같은 결정적인 결론에 도달하기에 이른 것이다. 즉 위에 말한 물리학적 세계 인식에 대한 〈고전적〉 기초 관념을 가지고서는 우리의 일상생활에서 일반적으로 흔히 볼 수 없는 현상들을 세밀하게 기술하려 할 때 만족스러운 기술이 불가능하며, 또한 새로 얻은 세밀한 경험들을 정확하고 상호 모순 없이 설명하려면 관습적으로 가졌던 공간과 시간, 그리고 운동에 대한 관념에 어떠한 수정을 가해야 한다.

이러한 상식적인 관념과 현대 물리학에서 도입된 새로운 관념을 적용하여 어떤 현상을 설명하였을 때의 차이란, 만일 그 현상들이 일상생활에서 흔히 경험하게 되는 여러 현상들이라면 무시될 수 있을 만큼 작아서 분별할 수가 없다. 그러나 가령 우리가 살고 있는 이 세상에서와 똑같은 물리 법칙의 지배를 받고는 있지만 앞에서 말한 물리 상수들, 즉 좀 더 자세히 말해 고전적 관념의 적용 가능한 한계를 결정해 주는 이들 물리 상수들의 수치만이 다른 별천지가 있다면, 그러한 세계에서 사는 사람들은 현대 물리학이 장구한 기간에 걸쳐 고심해서 연구하여 겨우 도달한 공간과 시간, 그리고 운동에 대한 새롭고 정확한 개념을 상식처럼 지니고 있을 것이 분명하다. 그러한 세계에서는 심지어 야만인들까지도 아마 상대성 이론과 양자론을 족히 이해하고 있어 이러한 원리들을 사냥이나 일상생활에 필요한 여러 가지 활동에 이용하리라고 생각된다.

이 책에 나오는 이야기의 주인공은 꿈속에서 바로 이러한 종류의 세계에 발을 들여놓게 되는데, 그곳은 우리들의 상식으로는 생각하기 어려운 여러 현상들이 매우 과장되어 나타나서 마치 일상생활에서처럼 용이하게 일어나는 별천지인 것이다. 이야기의 주인공은 환상적이기는 하나 과학적으로는 정확한 꿈을 꾸게 되는데 그가 꿈에서 겪은 여러 신세계, 즉 상대론적 세계, 우주론 세계, 양자 세계, 원자 및 원자핵의 세계, 소립자 세계에서의 신기한 현상을 어느 늙은 물리학 교수(주인공은 마침내 이 노교수의 딸 모드 양과 결혼한다)가 이해하기 쉬운 가장 평범한 말로 그에게 풀이해 주었던 것이다.

톰킨스 씨가 겪은 이와 같은 경험이 이 책에 흥미를 느끼게 된 사람들에게 우리가 현재 살고 있는 실제의 물리학적 세계를 파악하는 데 조금이라도 도움이 되었으면 하는 것이 저자의 소망이라 하겠다.

1장
속도 제한

그날은 모든 은행이 쉬는 날이었다. 큰 시중 은행의 평범한 한낱 사무원으로 근무하는 톰킨스 씨는 아침 늦도록 자고 나서 푸근한 기분으로 천천히 아침을 들고 난 후 오늘 하루를 어떻게 보낼까 하고 궁리한 끝에 오후에 영화관에 가서 모처럼 영화나 볼 계획으로 조간신문의 연예란을 들여다보았다. 그러나 아쉽게도 그의 흥미를 끌 만한 영화는 없었다. 톰킨스 씨는 낯익은 배우들이 출연하는 끝없는 로맨스를 엮은 할리우드 작품에는 이미 싫증이 나 있었던 것이다.

단 한 가지라도 무언가 좀 색다르거나 하다못해 가공적인 것이라도 상관없으니 진정한 모험을 그린 영화라도 있었으면 했는데, 아무리 찾아도 그런 것은 한 편도 없지 않은가. 연예란에서 눈을 돌리다 우연히 신문 한 모서리에 조그맣게 나와 있는 광고가 눈에 띄었다. 그 광고는 이곳 대학에서 현대 물리학의 여러 문제들에 대한 공개 강연을 시리즈로 한다는 것이며, 그날 오후에는 **아인슈타인**(Albert Einstein, 1879~1955)의 상대성 이론에 관한 강연이 있을 예정이라는 기사였다. 톰킨스 씨는 무릎을 치며, 「바로 이것이군!」 하고 외쳤다. 아인슈타인의 이론을 정말로 이해하고 있는 사람은 온 세계에 불과 12명밖에 없다는 말을 종종 들어 왔기에 어쩌면 자기가 그 영광스러운 13번째(!) 사람이 되지 않을까 하는 기대에 그는 가슴이 부풀었다. 「강연을 꼭 들어야지. 내가 원하는 것은 바로 이것이었구

이런! 다 그렇고 그런 영화들이구먼!

나」 하고 그는 생각했다.

그가 대학의 대강당에 들어섰을 때 강연은 이미 시작되어 있었다. 입추의 여지도 없는 장내에는 대부분 젊은 학생들로 보이는 청중이, 상대론의 근본 개념을 차근차근 설명하고 있는 칠판 옆에 서 있는 키가 크고 흰 턱수염을 기른 노교수의 말을 한 마디라도 놓칠세라 열심히 듣고 있었다. 그러나 한참 동안 듣고 있던 톰킨스 씨가 겨우 이해할 수 있었던 것이란 고작, 아인슈타인의 상대론의 요점은 속도에는 일정한 한계치가 있는데 그것이 바로 광속이고 어떤 물체의 운동 속도도 이 광속을 넘지 못하며 이런 사실은 매우 이상하고 색다른 결과를 초래한다는 내용이었다. 그러나 교수가 설명하는 바에 따르면 광속은 굉장히 빨라서 1초에 약 300,000㎞나 되므로 상대론적 효과가 일상생활에서 관측되기란 거의 기대할 수 없다는 것이다. 하물며 이러한 판이한 현상의 본질을 이해하기란 더욱 어려운 일이어서 톰킨스 씨에게는 상식에 어긋나는 모순으로밖에는 여겨지지 않았다. 상대성 이론에 따르면 길이를 재는 자나 시계 등이 만약 광속에 가까운 빠른 속도로 움직인다면 자의 길이가 줄어들고, 시계 또한 묘한 동작을 한다는 사실을 애써 이해해 보려고 그러한 광경을 머릿속에 그려보던 중 어느덧 그의 머리는 서서히 어깨 위로 떨어졌다.

그가 다시 눈을 떴을 때 그는 자신이 강당 안의 의자에 앉아 있는 것이 아니라 버스를 타려는 시민들을 위해 시에서 설치한 긴 나무 의자에 앉아 있음을 깨달았다. 그의 시야에 들어온 거리의 모습은 아름다운 옛 도시 그대로이며 중세풍의 대학 건물들이 거리에 잇닿아 즐비하게 서 있었다. 그는 틀림없이 꿈을 꾸고 있는 것이라는 생각도 해 보았으나 놀랍게도 그의 주변에서 일어나는 일들은 보통 때와 하나도 다름이 없지 않은가. 저편 길모퉁이에 서 있는 순경도 어디서나 보는 순경 그대로의 모습이며, 길 아래편에 있는 탑시계의 두 바늘이 5시를 가리키고 있는 거리는 한산하긴 해도 무엇 하나 별다른 것이 없었다. 이윽고 한 사나이가 자전거를 타고 멀리 길 저편에서 이쪽으로 다가오는 것이었다. 그가 가까이 다가왔을 무렵 톰킨스 씨는 소스라치게 놀랐다. 왜냐하면 자전거나 자전거를 탄 사람이나 가릴 것 없이 마치 원통형의 렌즈를 통해서 보는 것처럼 그들이 움직이는 방향으로 믿을 수 없을 만큼 납작하게 보이는 것이 아닌가. 그때 마침 탑시계가 정각 5시를 알리는 종을 치자 자전거를 탄 사나이는 성급히 서두르는 듯 페달을 힘주어 밟기

밑기 어려울 정도로 줄어든 자전거를 탄 사나이

시작했다. 그러나 톰킨스 씨가 보기에는 자전거의 속도가 더 빨라졌다고는 생각되지 않았다. 힘주어 페달을 밟은 노력의 결과로 그 사나이의 모습은 한 방향으로 더욱 줄어들어 버린 채 길을 따라 멀리 사라졌는데, 그때의 모습은 마치 종이에 그린 그림을 잘라 놓고 보는 듯한 느낌이었다.

그제서야 톰킨스 씨는 자전거를 탄 사나이에게 어떤 일이 일어났는가를 알게 되어 기쁨을 감추지 못했다. 그는 이러한 현상이 바로 조금 전에 강연에서 들었던 운동하는 물체의 수축이라는 상대론적 효과임을 알아차린 것이다. 「내가 있는 이 별개의 세상에서는 분명히 있을 수 있는 속도의 상한점이 낮구먼.

한 구역 한 구역의 길이가 갈수록 짧아진다

그러니 빨리 달리는 사람들을 감시할 필요도 느끼지 않아, 저 길모퉁이에 서 있는 순경은 할 일이 없어 게으름을 피우는 것 같이 보이는 거야」 하고 그 나름대로 결론을 내렸다. 그때 마침 택시 한 대가 요란한 소리를 내면서 지나갔는데 좀 전에 보았던 그 자전거보다 조금도 빠를 것이 없었으며 마치 기어가는 듯 느릿느릿 달리는 것이었다. 톰킨스 씨는 자전거를 타고 간 그 청년의 인상이 매우 좋아 보였기에, 뒤좇아가 이 수수께끼 같은 모든 일에 대하여 물어보기로 작정했다. 그는 순경이 다른 쪽을 보고 있는 틈을 타 보도 쪽에 바싹 붙어 세워져 있는 남의 자전거를 재빨리 타고 쏜살같이 달리기 시작했다.

그는 조금 전에 보았던 자전거를 탄 사나이처럼 그도 곧 납작하게 앞뒤로 오므라들 것으로 생각했다. 그렇게만 되어 준다면 요즈음 몸집이 불어 걱정하고 있던 그에게는 매우 고마운 일이었을 것이다. 그런데 놀랍게도 그 자신의 몸이나 그가 탄 자전거에는 아무 변화도 일어나지 않았다. 오히려 주변의 광경이 아까와는 딴판으로 변해 버리지 않겠는가. 거리의 길이는 짧아지고 점포의 창문들의 모양은 좁은 문 틈바구니처럼 가늘어지고 길모퉁이에 서 있던 순경의 모습 또한 그가 생전에 보지 못한 젓가락처럼 가는 사람으로 변해 버리고 말았다.

톰킨스 씨는 흥분하여 외쳤다.

「아하, 드디어 수수께끼 같은 사실이 풀렸군! 여기가 바로 상대성(Relativity)의 세계로구나. 누가 자전거 페달을 밟든 간에 나와 상대적으로 운동하는 모든 물체는 나에게는 오므라드는 것처럼 보이게 되는 거야.」

그는 자전거를 잘 타는 편이었기 때문에 있는 힘을 다해 아까의 젊은 친구를 따라가려고 애써 보았으나 자전거의 속도는 좀처럼 빨라지지 않았다. 그는 계속 더 힘껏 페달을 밟았으나 자전거가 달리는 속도는 조금도 증가하는 것 같지 않았다. 이제 그는 두 다리가 아플 지경이었으나 길모퉁이에 서 있는 가로등을 지나쳐 갈 때의 속도는 그가 자전거를 타고 막 출발했을 때의 속도에 비해 별로 빨라진 것이 없었다. 빨리 달리려는 그의 최대한의 노력이 모두 허사로 돌아간 것만 같았다. 그제서야 그는 조금 전에 목격한 자전거를 탄 젊은이나 택시가 자기보다 별로 빠를 것이 없었던 까닭을 알아차렸으며 물체가 광속보다 더 빨리 달릴 수는 없다는 노교수의 말을 상기하게 되었다. 그러나 한편 그는 한 구역 한 구역의 거리가 점점 짧아지고 또 그의 앞을 달려가던 젊은이와의 거리가 그다지 떨어지지 않았음을 알았다. 드디어 두 번째 길모퉁이에서 젊은이를 앞지를 수 있게 되었고 얼마 동안 둘은 나란히 자전거를 몰고 갔다. 그런데 이때 톰킨스 씨가 소스라치게 놀란 것은 이 젊은이가 운동깨나 할 수 있을 건장한 체구를 가지고 있다는 사실이었다. 「아, 틀림없이 우리가 나란히 달리고 있으므로 상대적으로는 움직이지 않고 있기 때문일 거야」 하고 그는 결론을 내렸다.

톰킨스 씨는 "실례합니다. 선생님" 하고 우선 인사말을 던지고 이어 "이처럼 제한 속도가 매우 낮게 정해진 도시에서 생활하다 보면 간혹 불편한 점이 있으리라고 생각되는군요" 하고 물었다.

"속도 제한이라니요?" 하고 상대방은 놀란 듯한 표정을 지으며 대답했다. "이곳에서는 속도 제한이란 없습니다. 내가 가고자 하는 곳이 있다면 어디든지 원하는 대로 빨리 갈 수 있습니다. 더구나 이렇게 낡아서 쓸모없게 된 자전거 대신 오토바이라도 있다면 말입니다."

"그런데 조금 전에 당신이 내 앞을 지나쳤을 때 나는 당신의 모습을 주의 깊게 눈여겨보았답니다. 그런데 당신은 아주 천천히 가고 있던데요."

"아, 그러셨어요? 농담이시겠지요" 하고 젊은이는 분명히 감정이 상한 듯한 투로 말하고 잠시 후 다시 말을 이었다. "당신이 처음 나에게 인사말을 건넬 때부터 우리는 어느새 다섯 구역이나 지나쳐 왔다는 사실을 모르는 모양이군요. 그래도 빠르지 않다는 말씀인가요?"

"그렇지만 구역 간의 길이가 매우 짧아지지 않았소?" 하고 톰킨스 씨도 질세라 대꾸했다.

"그러나 그것이 도대체 무슨 상관이란 말이오. 우리가 빨리 달린다는 것과 거리가 더 짧아진다는 것이 다 똑같은 이치가 아니겠소. 이곳에서 우체국까지 도착하려면 아직 열 구역을 더 가야 하는데, 만일 페달을 더 힘껏 밟는다면 한 구역의 길이는 점점 짧아지고 따라서 그곳에 더 빨리 도착하게 되는 게 아니겠소. 자, 보시오. 우리는 벌써 우체국까지 다 오지 않았소"라고 말하며 젊은이는 자전거에서 내렸다.

톰킨스 씨가 우체국 안의 시계를 보니 5시 반을 가리키고 있었다. 그때가 5시 반임을 안 톰킨스 씨는 의기양양한 투로 젊은이에게 말했다. "어쨌든 우리가 열 구역을 오는 데 반 시간이나 걸리지 않았소……. 내가 당신을 처음 보았을 때가 정확히 5시였으니 말이오!"

"그렇다면 당신은 반 시간이 흘렀다는 사실을 **깨달을** 수 있었소?" 하고 젊은이는 되물었다.

그 말을 듣고 보니 톰킨스 씨도 불과 몇 분밖에 걸리지 않은 것같이 느껴졌기에 시인하지 않을 수 없었다. 더욱이 자기의 손목시계를 쳐다보니 그것은 5시 5분을 가리키고 있지 않은가. "아, 그렇다면 우체국 시계가 빠른가요?" 하고 묻자 젊은이는 "물론이죠. 아니면 당신이 너무 빨리 달린 까닭에 당신 시계가 늦게 갔거나 한 것이겠죠. 그런데 도대체 당신은 왜 이렇듯 이 일에 관심이 많은지 모르겠소" 하고는 우체국 안으로 사라졌다.

젊은이와의 이러한 대화가 있은 다음에야 톰킨스 씨는 이 모든 신기한 일들을 그에게 설명해 줄 수 있는 노교수가 곁에 없음을 아쉬워했다. 그 젊은이는 분명히 이곳의 원주민이며 걸음

마를 시작하기 전에 이미 이러한 일에는 친숙해져 있었다. 그러므로 톰킨스 씨는 이와 같은 괴이한 세상을 혼자서 탐험하지 않을 수 없었다. 그는 자기의 손목시계를 우체국 시계에 맞춰 놓고 완벽을 기하기 위해 우체국 시계와 똑같은지를 꼬박 10분간이나 기다려 시험했다. 그 결과 그의 시계는 늦게 가지 않았다. 큰길을 따라 계속해서 달려가다 보니 마침내 어느 역에 다다랐기에 그는 그의 시계를 재확인했다. 그랬더니 놀랍게도 시계는 또다시 늦게 가고 있지 않은가. 아마 이와 같은 현상도 일종의 상대론적 효과임에 틀림없을 거라고 톰킨스 씨는 그 나름대로의 결론을 내렸다. 그러나 그가 만난 젊은이보다 더 유식한 사람에게서 이러한 현상에 대한 설명을 듣고자 마음먹었다.

그 기회는 곧 찾아왔다. 40대 정도로 보이는 한 신사가 기차에서 내려 출구 쪽으로 나가고 있었다. 그 신사는 어떤 노부인과 마주치게 되었는데 그 순간 톰킨스 씨가 몹시 놀란 것은 그 노부인이 신사에게 "안녕하세요, 할아버지" 하고 정중하게 고개 숙여 인사하는 것이었다. 톰킨스 씨는 이것은 좀 심하지 않나 생각했다. 그 신사의 짐을 들어 주겠노라는 구실로 그는 신사에게 말을 붙였다. "외람되게 당신 가정 일에 끼어드는지 모르겠습니다만 정말 당신은 이 노부인의 할아버지가 되시나요? 보시다시피 제겐 이곳은 낯선 곳이랍니다. 그래서 저는……."

"아, 그러세요." 신사는 입가에 미소를 띄우며 계속해서 말했다. "당신은 나를 유랑하는 유태인으로 생각하실지 모르겠으나 사실은 그런 게 아닙니다. 직업상 여행을 많이 하게 되다 보니 나의 인생의 대부분을 기차에서 지내게 되었습니다. 그 까닭에 나는 이 마을에 살고 있는 나의 친척들보다 훨씬 천천히 늙어

가게 되었지요. 내가 때맞추어 이곳에 돌아와 내 귀여운 손녀가 아직 살아 있다는 것을 보게 되어 그 기쁨을 감출 수 없답니다. 이만 실례해야 하겠습니다. 택시 안에서 기다리고 있는 손녀를 따라가야 되거든요." 그가 급히 서둘러 톰킨스 씨의 곁을 떠나 버렸기 때문에 톰킨스 씨가 품고 있었던 궁금증은 좀처럼 풀리지 않은 채 그대로 남게 되었다. 역 구내식당에서 서너 개의 샌드위치로 요기를 하고 난 톰킨스 씨는 새로운 정신이 드는 것 같았다. 심지어는 그 유명한 상대성 이론에서 나오는 수축 현상을 그가 발견했노라고 주장해야겠다는 생각까지 들게끔 큰 용기가 생기는 것이었다.

「암, 그렇지. 그렇고말고」 하고 그는 커피를 마시며 생각에 잠겼다.

「만일 모든 현상이 상대적인 것이라면 여행하는 사람은 그들의 친척들이 아주 늙은이처럼 보이겠고 반대로 친척들도 또한 그를 늙은이처럼 보겠구먼. 실제로는 나그네나 그의 친척들이나 모두 비교적 젊은 사람들이었는데도 말이야. 아차. 그러나 내가 지금 말하고 있는 것은 분명히 엉터리 같은 소리임에 틀림없어! 왜냐하면 누구도 상대적으로 머리카락 색깔이 반백이 될 수는 없지 않은가!」

이렇게 되니 무엇이 옳은 해답인지 모르게 된 톰킨스 씨는 진실을 발견하기 위해 마지막 시도를 해 보기로 결심하고, 역 구내식당에서 유니폼을 입은 채 졸며 앉아 있는 한 사나이 쪽으로 다가갔다.

"실례하겠습니다" 하고 말을 건네고 나서 "괜찮으시다면 한 장소에 머물러 있는 사람보다 기차로 여행하는 사람들이 덜 늙어 간다는 사실이 근본적으로 누구의 탓인가를 제게 설명해 주실 수 있겠습니까?" 하고 물었더니 그는 "제 탓이겠지요" 하고 지극히 간단하게 대답했다.

"아, 그래요" 하고 톰킨스 씨는 감탄의 소리를 외쳤다. "그렇다면 바로 당신이 고대 연금술사의 〈철학자의 돌(Philosopher's Stone)〉의 문제를 푼 장본인이군요. 그러니 당신은 의학계에서는 상당히 이름 있는 분으로 손꼽히겠지요. 혹시 당신은 이곳 의약계를 주름잡는 분이 아니십니까?" 그러나 그 사나이는 뜻하지 않은 말에 놀란 듯이 "아뇨. 나는 단지 이 철도 회사에서 일하고 있는 한낱 제동수에 지나지 않는걸요" 하고 말했다. 이 말을 들은 톰킨스 씨는 그 순간 땅이 꺼지는 듯한 기분에 휩싸여 정신없이 외쳤다. "제동수! 당신이 제동수란 말이오? 기차가 역에 진입할 때 제동기를 조작하는 제동수란 말씀이오?"

"네, 그렇소이다. 제동기를 넣어서 기차의 속도가 줄어들 때마다 객차에 탄 손님들은 다른 사람들에 비하여 그만큼 늙는 비율이 작아지는 것이겠지요." 그렇게 말하고 나서 그는 겸손한 말투로 "기차를 가속시키는 기관수도 같은 역할을 한답니다" 하고 덧붙여 말했다.

"그런데 무엇이 늙지 않게 만든다는 것입니까?" 하고 톰킨스 씨는 놀란 듯 그에게 물어보았다.

"나도 잘 모르겠어요. 그런데 사실이 사실인 만큼 더 할 말이 있어야지요. 어느 때인가 내가 타고 있던 기차로 여행하던 대학 교수에게 왜 그렇게 되는지를 물었더니 그는 매우 당황한 표정으로 나로서는 도저히 이해하기 어려운 설명을 늘어놓더니, 마지막에 가서 태양에서의 〈중력장 수축[Gravitation(al) Redshift]〉 현상, 아마도 그렇게 말한 걸로 기억합니다만, 그것과 비슷한 것이라던데요. 중력장 수축이란 말 들은 적 있으십니까?"

"들은 것 같지 않은데요" 하고 약간 자신 없는 투로 톰킨스 씨가 대답하니 그 제동수는 머리를 설레설레 흔들더니 그만 자리를 떠나 버렸다.

잠시 후의 일이다. 누군가가 갑자기 어깨를 세게 흔드는 바람에 정신을 차리게 된 톰킨스 씨는 자신이 지금 역 구내식당 안에 앉아 있는 게 아니라 노교수의 강연을 듣던 강당 안의 의자에 앉아 있음을 깨달았다.

방 안의 불은 다 꺼지고 텅 비어 있었다. 이윽고 그를 깨웠던 문지기가 "선생님, 문 닫을 시간이 되었습니다. 졸리시더라도 댁으로 돌아가셔야겠어요"라고 말했다. 톰킨스 씨는 자리에서 일어나 출구 쪽을 향해 발길을 옮겼다.

2장
상대론에 관한 교수의 강의와 톰킨스 씨의 꿈

신사 숙녀 여러분!

인지 발달(人智發達)의 극히 초기 단계에서는 공간과 시간이란, 그 속에서 여러 가지 현상들이 일어나는 테두리와 같은 것이라는 확고한 관념이 형성되었던 것입니다. 이러한 관념은 본질적 변화는 조금도 겪지 않은 채 대대로 계승되어 왔습니다. 뿐만 아니라 점차 정밀과학이 발전함에 따라 우주에 관한 더욱 정확한 수학적 기술이 필요하게 되었음에도 불구하고 이러한 관념은 수학적 표시를 위한 기초 개념으로서 비판없이 그대로 받아들여졌던 것입니다. 그 유명한 **뉴턴**(Isaac Newton, 1642~1727)은 아마도 공간과 시간에 대한 이러한 고전적 관념의 명확한 공식화에 최초로 성공한 사람이라 하겠습니다. 뉴턴은 그의 저서인 『프린키피아(자연 철학의 수학적 원리, Philosophiae Naturalis Principia Mathematica)』에서 이르기를 「절대적인 공간이 지닌 특징은 외계의 어떠한 것과도 무관하게 동일 부동한 것」이며, 또한 「절대적이며 진정하고 또한 수학적으로 완벽한 시간이란 그 스스로, 그리고 시간의 본질상, 외계의 어떠한 것과도 항시 무관하게 흘러가는 것이다」라고 했습니다.

공간과 시간에 대한 이와 같은 고전적 관념이 절대적으로 옳은 것이라 믿어 의심치 않았던 까닭에, 철학자들은 흔히 공간과 시간은 **선천적**(a priori)으로 주어진 것이라고 생각하게 되었고 과학자들 또한 누구 하나 이러한 해석을 의심치 않았던 것입니다.

그러나 20세기의 문이 서서히 열릴 무렵, 실험 물리학 분야에서 매우 정밀한 측정 방법으로 얻어진 실험 결과를 고전적인 공간과 시간에 대한 인식의 테두리 안에서 해석하려 할 때 모순이 드러난다는 것이 분명하게 되었습니다. 이러한 사실들은 현대에서 가장 위대한 물리학자의 한 사람인 아인슈타인으로 하여금 혁명적인 생각을 갖게 하는 데 큰 역할을 했습니다. 즉 지금까지 우리가 관습적으로 받아들여 왔다는 사실뿐 공간이나 시간에 대한 고전적 개념을 절대적 진리라고 믿을 만한 아무런 근거도 없다는 것과, 이것을 새롭고 더욱 정밀한 실험 결과를 잘 설명할 수 있는 개념으로 바꿀 수 있으며 꼭 바꾸어야만 한다는 것입니다. 사실 공간과 시간에 대한 고전적 개념이란 일상생활에서 얻어지는 경험을 토대로 형성된 것이기 때문에, 고도로 발달된 실험 기술을 구사하여 구축된 오늘날의 정밀한 관측 방법으로 얻어진 연구 결과가, 이와 같은 낡은 개념이 너무 조잡하고 부정확하며 일상생활이나 물리학의 초기 발달 단계에서만 사용될 수 있었음을 지적한다는 것은 조금도 놀라운 사실이 아닙니다. 왜냐하면 이 낡은 개념들이 정확한 개념으로부터 과히 크게 어긋남이 없었기 때문입니다. 한 걸음 더 나아가 현대 물리학의 연구 분야가 더욱 넓어짐에 따라 정확한 개념으로부터의 어긋남은 더욱 심화되어 고전적 개념은 더 이상 적용될 수 없다고 해도 전혀 이상할 것이 없는 것입니다.

고전적 개념에 결정적인 위기를 초래한 가장 중요한 실험 결과는 **진공에서 모든 물리속도는 광속도보다 더 빠를 수 없다는 사**

실의 발견이라 할 수 있습니다. 이와 같은 중요하고도 뜻하지 않은 결론을 얻게 된 것은 주로 미국의 물리학자 **마이컬슨**(Albert Abraham Michelson, 1852~1931)의 실험 덕분이라 할 수 있습니다. 그는 19세기 말엽에 빛의 전파 속도에 대한 지구 운동의 영향을 관측하려고 했습니다. 그런데 뜻밖에도 이러한 영향은 없었으며, 진공 중에서 광속도는 그것을 측정하는 계(系)와 빛을 발사하는 광원의 운동과도 무관하게 언제나 동일한 속도를 갖는다는 사실을 발견하여 그 자신뿐만 아니라 과학자들 모두를 대단히 놀라게 했습니다. 이러한 결과는 매우 놀라운 것으로서 우리들이 과거에 지녔던 운동에 관한 기본적 개념에 전적으로 모순됨은 말할 것도 없습니다. 만일 어떤 물체가 공간을 빠른 속도로 운동하고 있다고 가정하고 여러분이 이 물체의 운동 방향에 대해서 정면으로 운동한다면, 이 운동체는 큰 상대속도, 즉 물체와 관측자의 속도를 더한 값과 같은 빠른 속도로 여러분에게 부딪쳐 올 것입니다. 그 반대로 여러분이 운동체의 운동 방향과 같은 방향으로 달리고 있다면, 운동체의 속도와 여러분이 달리는 속도의 차와 같은 값을 지닌 작은 속도로 물체는 여러분 뒤로 다가와 부딪칠 것입니다.

그리고 또 같은 예가 됩니다만 만일 여러분이 자동차를 타고 공기 중을 전파하고 있는 소리의 근원을 향해 달린다면 달리는 자동차 안에서 측정한 소리의 전파 속도는 자동차의 속도만큼 더 빠르게 되며, 또 음원을 지나쳐 간다면 그때 측정된 음속은 자동차 속도만큼 늦은 값을 나타냅니다. 이러한 일련의 현상을 우리는 **속도의 가법 정리**(Theorem of Addition of Velocities)라 부르며 또한 자명한 것으로 생각하고 있는 것입니다.

그러나 매우 정밀한 실험 결과에 의하면 빛의 전파의 경우에는 이와 같은 일은 성립되지 않으며, 진공 중에서의 광속도는 관측자 자신이 아무리 빨리 움직인다 하더라도 언제나 불변으로 매초 300,000㎞라는 값을 가지고 있다는 것입니다(우리는 광속이 갖는 이 값을 관례적으로 c라는 부호로 표시한다).

「그건 그렇다 치고, 그러면 물리적으로 얻을 수 있고 광속보다 좀 작은 속도인 것을 몇 개 더 보탠다고 하면 초광속을 얻을 수 있지 않겠는가」 하고 생각하는 분이 여러분 중에는 있겠지요.

예를 들어 매우 빠른 기차가 있어서 광속의 3/4의 속도로 달리고 있다고 가정합시다. 그리고 이 기차가 달리는 속도와 똑같은 속도로 도보 여행자가 기차의 지붕 위를 달리고 있다고 상상해 봅시다. 가법 정리에 따르면 총체적인 속도는 광속의 1.5배나 되어 신호등에서 나온 빛을 좇아가 잡을 수 있다는 말이 됩니다. 그러나 광속도가 일정 불변한다는 것은 실험적 사실이므로, 이런 경우의 총체의 속도도 우리가 생각하는 것보다 작아져야 되겠지요. 즉 한계치 c를 넘을 수가 없다는 것입니다. 따라서 광속보다 작은 속도에 있어서도 고전적인 가법 정리는 옳은 것이 못 된다는 결론에 도달하게 됩니다.

여기서는 전문적으로 더 깊이 이 문제를 다룰 생각은 없습니다만 이 문제를 한번 수학적으로 다루면 두 가지 별개의 운동의 합성속도를 계산할 수 있는 매우 간단한 새로운 공식을 얻을 수가 있습니다.

만약 서로 더해야 할 두 속도가 v_1과 v_2라면 합성된 속도(V)는

$$V = \frac{v_1 \pm v_2}{1 \pm \frac{v_1 v_2}{c^2}} \quad \cdots\cdots\cdots\cdots\cdots\cdots \quad (1)$$

로 주어집니다.

이 공식으로부터 만일 처음의 두 속도가 모두 작다고 하면, 여기서 작다는 말은 광속도에 비해서 작다는 뜻입니다만, (1)의 분모에 있는 두 번째 항은 1보다 훨씬 작은 값이 되므로 무시될 수 있고 또 이 항을 무시해 버린다면 고전적인 속도의 가법 정리가 얻어진다는 것을 알 수 있겠지요. 이와 반대로 만일 v_1과 v_2가 작지 않은 경우에는 합성속도가 언제나 산술적 합보다 작아지게 됩니다. 조금 전에 예로 들었던 도보 여행자가 기차 위를 달리는 경우에 이를 적용해 본다면 $v_1=(3/4)c$와 $v_2=(3/4)c$이므로 이들 수치를 공식에 대입하여 얻는 합성속도는 $V=(24/25)c$가 되어 분명히 광속보다 작게 됩니다. 특수한 경우로서 처음 두 속도 가운데 어느 하나가 광속(c)이었다면 제2의 속도는 얼마가 되든 아무 관계 없이 합성속도는 c로 주어집니다. 따라서 아무리 속도를 거듭 보태어 간다 해도 결코 합성속도가 광속도를 넘어설 수는 없는 것입니다.

이 공식이 실험적으로 입증되고 두 속도를 합성한 결과는 언제나 그들의 산술적 합보다 작아진다는 사실이 발견되었음은 자못 흥미 있는 일이라 하겠습니다.

속도에는 최대 한계치(c)가 있음을 인정하고 나서 이번에는 공간 및 시간에 관한 고전적 개념을 비판해 볼까 합니다. 우선 최초의 공격 목표를 고전적 개념을 기반으로 한 **동시성**(Simultaneousness)이라는 개념에 두기로 합시다.

「케이프타운(Capetown) 근교에서 일어났던 한 광산 폭발 사고는 런던(London)에 있는 하숙방에서 햄에그를 먹고 있던 바로 그 순간에 일어났다」

라고 여러분이 말했다면 여러분 자신은 자기가 한 말의 뜻을 충분히 이해하고 있다고 믿고 계시겠지요. 하지만 나는 여러분 자신이 말한 것에 대해 아직 이해하지 못하고 있습니다. 바꾸어 말해 엄밀하게 따져 보면 여러분의 이러한 말은 정확한 뜻을 지니고 있지 않다는 사실에 대해 말씀드리겠습니다. 실제로 서로 다른 두 독립된 사건이 동시에 일어난 것인가 아닌가를 조사하려면 어떠한 방법을 써야 하겠습니까? 이런 질문에 대해서 여러분은 사건이 일어났던 그 두 장소의 시계가 같은 시각을 나타내고 있지 않겠는가 하고 대답하시겠지요. 그렇다면 서로 거리가 떨어져 있는 두 시계를 동시에 같은 시각을 가리키도록 맞추어 놓으려면 어떤 방법이 있겠는가 하는 문제가 또한 대두되기 마련이며 질문은 다시 원점으로 돌아가고 맙니다.

진공 중에서의 광속이 광원의 운동이나 그것이 측정되는 계의 운동과 관계없다는 사실은 가장 엄밀하게 확립된 실험적인 사실이므로, 다른 관측소에 있는 시계의 정확한 조정법 등은 가장 이치에 맞는 방법임을 인정하게 될 것이며 더욱 깊이 고찰한다면 합리적인 유일한 방법임에 동의하실 것입니다.

어떤 A라는 장소에서 빛의 신호를 보내고 그것을 B라는 장소에서 받아 지체 없이 다시 A로 되돌려 보낸다고 하면, 이 신호를 보내고부터 되돌려 받을 때까지 걸린 시간을 장소 A에서 측정하여 그 값의 절반에 빛의 불변 속도인 c를 곱하면 A와 B 간의 거리가 나옵니다.

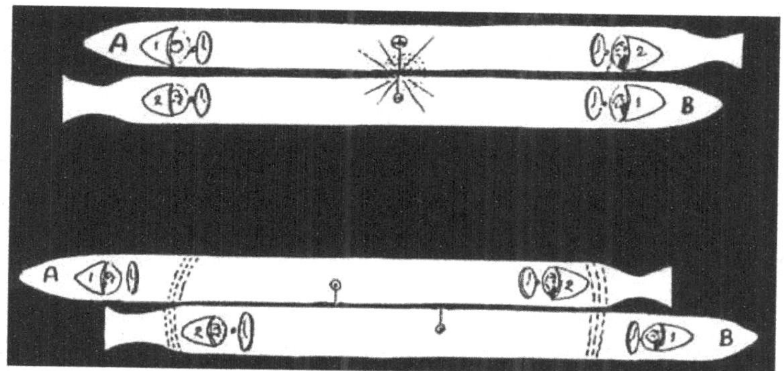

서로 반대 방향으로 움직여 가는 긴 두 플랫폼

가령 신호가 B에 도달한 그 순간 그곳에 있는 시계가 A라는 장소에서 신호를 내보낸 순간과 신호를 되돌려 받은 순간에 기록된 두 시각의 중간 시각을 나타내고 있다면, 장소 A와 B에 있는 두 시계는 정확히 서로 시각이 맞았다고 할 수 있습니다. 두 고정된 물체 위에 설치된 관측소 사이에 이 방법을 사용함으로써 우리가 원하는 좌표계에 도달하게 되며, 비로소 서로 다른 장소에서 있었던 두 사건이 동시에 일어난 사건인가 아닌가 또는 두 사건 사이의 시간 차가 얼마인가 하는 등의 질문에 대답할 수 있게 되는 것입니다.

그러나 이와 같은 결론이 다른 좌표계에 있는 관측자에게도 정당하다고 인정받을 수 있을까요? 이러한 질문에 답변하기 위해 이번에는 어떤 좌표계가 서로 별개인 두 고정된 물체, 예를 들어 서로 반대 방향으로 계속 일정한 속도로 움직여 가는 두 개의 긴 우주 로켓 위에 설치되었다고 생각해 봅시다. 그리고 이 두 좌표계가 서로 어떻게 대조되는가를 따져 보기로 하겠습니다.

4명의 관측자가 두 로켓의 앞과 뒤의 끝부분에 자리를 잡고 우선 자기 나름대로 시계를 정확히 맞추어 놓는다고 생각해 주십시오. 2인 1조로 된 두 관측조가 각기 자기가 탄 로켓 위에서 이미 설명드린 것과 같은 방법을 응용하여 로켓 전체 길이의 중간 점(미리 자로 정확히 재어 둔다)에서 빛의 신호를 내어 이 신호가 로켓의 양 끝에 도달하는 순간에 그들이 가지고 있는 시계의 영점, 즉 기준점을 서로 맞추어 놓음으로써 시계는 같아질 수 있는 것입니다. 이렇게 함으로써 각각의 관측조는 앞에 말한 정의에 따라서 자기 자신의 계에 있어서의 동시성의 기준을 확립하고 시계를 정확하게(물론 여기서 정확하다는 말은 그들 관측자들의 생각을 대신 말씀드리는 것입니다만) 맞추게 됩니다.

이번에는 그들이 타고 있는 로켓 위에 놓인 시계가 가리키는 시각과 다른 로켓 위에서의 시각이 서로 맞는지 알아보려 한다고 생각합시다. 말하자면 서로 다른 로켓에 탄 두 관측자의 시계가 그들이 서로 엇갈려 지나가는 순간에 같은 시각을 가리키고 있는가를 조사하려 한다고 가정하자는 것입니다. 이와 같은 조사는 다음과 같은 방법으로 쉽게 이루어질 수 있습니다. 즉 각각의 로켓의 기하학적인 중심 위치에 전기를 충전시킨 도체를 놓아둡니다. 그러면 로켓이 서로 엇갈려 지나갈 때 도체 사이에는 스파크가 튀게 되고 스파크에 의한 빛의 신호가 각각의 로켓의 중심점에서 동시에 로켓의 양 끝으로 발송될 것입니다. 빛의 신호는 유한한 속도로 전파되므로 관측자에게 도달되는 사이에 두 로켓의 상대적 위치는 바뀌게 되어 관측자 2A와 2B는 관측자 1A와 1B보다 광원에 더 가까워집니다.

빛의 신호가 관측자 2A에 도달할 순간에 관측자 1B는 2A보다 멀리 뒤떨어져 있는 까닭에 신호가 1B에 도달하기까지 좀 더 시간이 걸릴 것은 분명합니다. 따라서 이런 식으로 1B의 시계를 신호가 도달한 순간에 0시를 가리키도록 맞추어 놓았다면 관측자 2A는 그런 시계를 보고 정각보다 늦은 시각을 가리키는 잘못된 시계라고 주장할 것입니다.

이와 같은 논리로 관측자 1A는, 관측자 2B가 그보다 먼저 신호를 받았으므로 2B의 시계는 정각보다 빠른 시각을 가리키고 있다는 결론에 도달하게 됩니다. 이들 관측자들이 내린 동시성에 대한 정의에 따라 그들은 그들의 시계를 정확히 맞추었다고 생각하고 있으니, 로켓 A에 탄 관측자들은 로켓 B에 탄 관측자들의 두 시계 사이에 시각 표시의 차이가 있다는 의견을 갖게 될 것이며, 또 똑같은 이치로 로켓 B의 관측자들은 자기네들의 시계는 정확하다고 믿는 반면 로켓 A의 두 시계 사이에 시각차가 있다고 주장할 것임에 틀림없습니다.

그리고 로켓은 두 개가 모두 똑같은 로켓이므로 이 두 관측조 사이의 언쟁은 다음과 같은 해답을 얻음으로써 결론지어질 수 있습니다. 즉 어느 쪽의 주장도 그들 자신의 관점에만 기준을 두고 있는 한은 정당하다고 할 수 있으나, '절대적으로' 정당한 것인가 하는 질문은 물리적으로 전혀 의미 없는 질문이 되고 맙니다.

너무 장황하게 설명을 드리고 나니 여러분께서 지쳐 버리지 않았나 걱정이 됩니다만 좀 더 차근차근 생각해 본다면 지금 말씀드린 바와 같은 시간과 공간의 측정법을 이용할 때 **절대적인 동시라는 관념은 소멸되며, 서로 다른 장소에서 일어난 두 사건**

이 어느 좌표계에서 볼 때는 동시라고 생각되어도 다른 좌표계를 기준으로 할 때는 일정 시간만큼 그들 사이에 시간 차가 있다는 것이 분명해집니다.

이와 같은 명제를 들은 여러분은 아마 처음에는 매우 괴상하게 느끼시겠으나, 가령 내가 다음과 같이 말했다 해도 여러분은 내 말을 이상하게 들으시겠습니까? 즉 여러분이 열차 식당에서 식사를 할 때 수프와 디저트를 같은 장소인 식당차 안에서 먹었지만, 철로 위를 기준으로 한다면 이 두 음식을 아주 멀리 떨어진 두 지점에서 각각 먹었노라고 한다면 말입니다. 열차 안에서 식사를 하는 경우를 좀 더 정리하여 표현해 보면 다음과 같습니다. **상이한 시각에 어느 한 좌표계의 동일 장소에서 일어난 두 사건은 다른 좌표계에서 본다면 일정한 공간 간격만큼 떨어진 곳에서 있었던 일들이라고 말할 수 있다**는 것입니다.

이러한 표현이 비록 〈평범하게〉 들릴지 모르나 앞선 역설적인 표현과 비교해 본다면 두 표현 방식은 완전히 대조적이며 단지 〈시간〉 및 〈공간〉이라는 말이 서로 바뀌어 있을 뿐이라는 것을 아시게 되겠지요.

바로 여기에 아인슈타인 견해의 핵심이 있는 것입니다. 고전 물리학에서의 시간은 공간이나 물체의 운동에는 전혀 영향을 받지 아니하며 「외계의 어떠한 것과도 무관하게 한결같이 흘러간다」(뉴턴의 말)고 생각되었으나, 새로운 물리학에서는 공간과 시간은 밀접하게 서로 관련되어 있고 모든 관측 가능한 사상(事象)들이 그 안에서 일어나는 한결같은 하나의 〈시공 연속체(Space-Time Continuum)〉의 서로 다른 두 단면을 표시하고 있는 것입니다. 이러한 4차원 연속체를 3차원의 공간과 1차원의 시간으로 분리한다고 하는 것은 마음대로 정할 수 있으며 오로지 관측계를 어디에 잡느냐에 따라 결정되는 것입니다.

어떤 계에서 공간적으로는 ℓ의 거리만큼, 시간적으로는 t의 시간만큼 차이를 두고 관측된 두 사건을 다른 계에서 관측한다면 아까와는 다른 ℓ′의 거리와 t′의 시간만큼 떨어져서 일어난 사건으로 관측될 것입니다. 그런 까닭에 어떤 의미에서는 공간으로부터 시간으로의 변환, 또는 반대로 시간으로부터 공간으로의 변환을 나타내는 것이라고 볼 수 있습니다. 조금 전에 예로 든 열차 식당에서의 식사처럼 시간을 공간으로 변환하는 것은 상식적인 관념처럼 여기면서도, 우리는 동시라고 하는 사상의 상대성에서 결과하는 공간으로부터 시간으로의 변환이라는 것을 매우 생소하게 느끼는 것은 무슨 까닭일까요? 예를 들어 우리들이 거리를 ㎝ 단위로 측정한다고 할 때, 이에 대응되는 시간의 단위는 관습적으로 사용되고 있는 초라는 단위가 아니라 〈시간의 합리적 단위〉라야 하기 때문입니다. 〈시간의 합리적 단위〉란 빛의 신호가 1㎝의 거리를 지나가는 데 필요로 하는 시간, 즉 0.000,000,000,03초를 시간의 단위로 잡은 것입니다.

그렇기 때문에 우리들이 일상생활에서 경험하는 테두리 안에서는 공간의 간격을 시간의 간격으로 변환시킨다 해도 실제로는 관측되지 않을 만큼 작은 차이밖에는 나오지 않습니다. 그래서 시간이란 어딘지 절대적으로 독립 불변인 것이라는 그릇된 고전적 견해를 옳은 생각인 양 잘못 인식하게 되는 것입니다. 그러나 고속도의 운동일 경우, 예를 들어 방사성 물질로부터 방출되는 전자의 운동이나 원자 내 전자의 운동을 살펴볼 때 이들이 어떤 일정한 시간 내에 달리는 거리는 합리적 단위로 표시한 시간과 같은 정도의 크기를 가지므로, 앞에서 설명한 바와 같은 두 가지 효과가 다 같이 필연적으로 나타나게 되는 것이며 상대성 이론이 매우 중요한 역할을 하게 되는 것입니다. 비교적 속도가 느린 경우, 즉 예를 들면 태양계에서 행성의 운동 같은 경우에도 천문학적 관측이 매우 정밀하기 때문에 역시 상대론적 효과가 관측될 수 있습니다. 그러나 이런 정도의 상대론적 효과를 관측하려면 행성의 운동을 1년간의 각(角)의 변화가 불과 1초밖에 안 되는 것같이 작은 변화까지도 측정할 수 있어야 하는 것입니다.

여러분에게 성심껏 설명해 드리려고 노력한 보람이 있어, 공간과 시간에 관한 개념을 비판함으로써 공간의 간격을 부분적이나마 시간의 간격으로 변환시킬 수 있으며, 그 역도 역시 성립한다는 결론에 도달하게 된 것입니다. 이러한 사실은 어떤 주어진 거리 또는 시간 간격의 값을 운동하고 있는 다른 좌표계에서 측정한다면 상이한 크기의 값을 가지게 된다는 것을 의미합니다.

이 강연에서 나는 더 자세히 이 문제를 다룰 생각은 조금도 없습니다만, 비교적 간단한 수학을 써서 이 수치들의 변화 관계를 표시하는 공식을 얻을 수 있다는 것을 잠시 설명드릴까 합니다. 가령 길이가 ℓ 인 어떤 물체가 관측자에 대하여 상대적으로 v라는 속도로 운동하고 있다고 가정하면 이 물체의 길이는 운동 속도가 빠를수록 점점 짧아진다는 결과가 나오며 이 관계를 수치로 표시하면

$$\ell' = \ell\sqrt{1 - \frac{v^2}{c^2}} \quad \cdots\cdots\cdots\cdots \quad (2)$$

라는 식으로 기술됩니다. 이와 비슷한 것으로 t시간 걸리는 과정을 상대적으로 운동하고 있는 계로부터 측정한다면 보다 더 긴 시간 t′가 걸리는 과정으로 관측되며 이의 수치적 관계는

$$t' = \frac{t}{\sqrt{1 - \frac{v^2}{c^2}}} \quad \cdots\cdots\cdots\cdots \quad (3)$$

으로 주어집니다. 지금 위에 설명해 드린 것 모두가 바로 상대성 원리에서 유명한 〈공간의 수축(Shortening of Space)〉과 〈시간의 팽창(Expanding of Time)〉이라는 현상인 것입니다.

일반적으로 v가 c에 비하면 훨씬 작은 값이기 때문에 이러한 효과는 아주 미미하게 나타나겠지만, 속도가 충분히 크다면 운동하고 있는 계에서 관측된 길이는 얼마든지 짧게 될 것이고 또 시간은 얼마든지 길게 될 것입니다.

이들 두 효과는 모두 절대적으로 대칭적인 것임을 잊지 말아 주십시오. 빨리 달리고 있는 기차 안의 손님들은 멈추고 있는 기차 안의 손님들이 왜 그리 말랐으며 느릿느릿 움직이는 것일까 하고 이상하게 여기겠지만, 멈추고 있는 기차 안의 손님들 또한 달리고 있는 기차 안의 손님들에 대해서 똑같은 생각을 하고 있을 것이 분명합니다. 공간과 시간에 관한 이러한 결과 외에도 속도에는 c라는 넘을 수 없는 한계가 존재한다는 사실의 당연한 귀결로서 운동하는 물체의 **질량**에 관한 중요한 사실이 유도됩니다. 역학의 일반적인 기초 이론에 따르면 물체의

질량이란, 물체를 움직이게 한다거나 또는 이미 운동하고 있는 물체를 가속시켜 주는 데 있어 쉽고 어려움을 결정해 주는 것으로 알려져 있습니다. 따라서 질량이 크면 클수록 속도를 일정한 크기만큼 늘리는 데 있어 어려움을 더 많이 느끼게 하는 것이지요.

어떤 경우에도 물체의 속도가 광속을 초과할 수는 없으므로 우리는 다음과 같은 결론에 도달할 수 있습니다. 더 빨리 가속시키려 할 때 느끼는 저항, 즉 질량은 속도가 광속도에 가까워짐에 따라 무한히 커질 것입니다. 이 관계를 나타내는 공식은 수학적으로 비교적 간단히 유도할 수 있으며 식의 모양은 앞서 소개한 공식 (2), (3)과 매우 비슷합니다. 그러면 이 공식을 소개해 봅시다. m을 물체의 운동 속도가 매우 느릴 때의 질량이라 하면 이 물체가 v라는 속도로 운동할 때의 질량(m)은

$$m = \frac{m_0}{\sqrt{1 - \frac{v^2}{c^2}}}$$

라는 식으로 주어지며, 이 식에서 분명히 알 수 있듯이 한층 더 가속하려 할 때의 질량은 v가 c에 가까워짐에 따라 무한대가 됩니다.

이처럼 질량이 상대론적으로 변화한다는 사실은 고속도로 달리는 입자에서 실험적으로 용이하게 관측할 수 있습니다. 그 예로 방사성 물질에서 방출되는 전자(광속도의 99%나 되는 속도를 지닌다)의 질량은 정지 상태에 있어서보다 몇 배나 더 큽니다. 또 소위 우주선을 구성하고 있는 전자들은 때때로 광속도의 99.98%나 되는 빠른 속도로 운동하는데 이때의 질량은 정

지 상태에 있을 때의 질량보다 1,000배나 무거운 것이 됩니다. 이렇게 빠른 속도일 경우 고전 역학은 적용이 전혀 불가능하며 순수한 상대성 이론의 영역에 들어가야만 하는 것입니다.

3장
톰킨스 씨의 하루 휴식

톰킨스 씨는 그가 겪었던 상대론적인 도시에서의 경험에 대하여 큰 흥미를 느꼈으나 불행히도 노교수와 함께 있지 않았기 때문에 그가 직접 경험했던 묘한 일들에 대해서 자세한 설명을 들을 수 없었던 것이 매우 유감스러웠다. 어떻게 하여 기차의 제동수가 기차에 타고 있는 손님들의 나이를 덜 먹게 하는가 하는 수수께끼는 톰킨스 씨를 무척이나 의아스럽게 했다. 그는 이 이상한 꿈을 계속해서 꾸었으면 하는 기대를 가지면서 매일 잠자리에 들었으나 그 신비스러운 꿈은 꾸지도 못하고, 어쩌다 간혹 꾸는 꿈이라곤 모두 시시한 것들뿐이었다.

심지어는 은행 지배인으로부터 계정서가 부정확하다고 꾸지람을 듣는 꿈까지 꾸게 될 정도였다. 하는 수 없이 휴가라도 얻어 일주일쯤 어느 해변에 가서 쉬었다 왔으면 좋겠다고 생각했다. 그는 이런 이유로 휴가 여행을 떠나 기차의 객석에 몸을 싣고 창밖으로 흘러가는 풍경을 물끄러미 바라보게 되었다. 창밖의 경치는 도시 교외의 회색 지붕에서 점차 전원의 푸른 목장의 풍경으로 바뀌어 갔다. 그는 신문을 집어 들고 베트남 전쟁에 관한 기사를 읽기 시작했으나 마음이 심란하여 집중이 안 되었다. 그러나 기차의 규칙적인 요동에 그의 기분은 점점 아늑하게 젖어 들어갔다.

신문에서 눈을 들어 다시 창밖을 내다보니 바깥 경치는 아까와는 아주 딴판이었다. 줄지어 서 있는 전봇대들은 마치 울타리를 쳐 놓은 것 같았으며 숲속의 나무 끝은 어찌나 뾰족한지 이탈리아의 정묘한 삼나무들처럼 보였다. 그리고 톰킨스 씨의 맞은편에는 낯익은 노교수가 앉아서 창밖의 경치를 흥미진진한 양 내다보고 있었다. 아마 톰킨스 씨가 신문에 온갖 정신이 팔린 사이에 와서 앉아 있었던 모양이다.

"우리들은 지금 상대론적인 나라에 있는 것이지요?" 하고 톰킨스 씨는 말했다.

"아!" 교수는 감탄의 소리를 내며 말했다. "벌써 그런 사실까지 알고 있었나요. 어디서 그런 것을 배웠소?"

"전에 한 번 이곳에 온 적이 있습니다. 그런데 선생님이 안 계셨기 때문에 재미가 없었답니다."

"그렇다면 이번에는 내가 안내해 드려야 할 차례구먼" 하고 노교수는 말했다.

"괜찮습니다." 톰킨스 씨는 모처럼의 노교수의 제의를 거절했다.

"저는 여러 가지 생소하고 신기한 일들을 목격했지만 이곳 사람들에게 아무리 물어봐도 제가 크게 문제 삼고 있는 일들에 관해서 전혀 이해하지 못했습니다."

"그야 지극히 당연한 일이지" 하고 노교수는 답변하고 나서 말했다. "그들은 이 나라에서 태어났기 때문에 주변에서 일어나는 현상들에 대한 호기심이 없을뿐더러 자명한 것으로 여긴다오. 그러나 만일 그들을 우리들이 살고 있는 세계로 데려간다면 그들 또한 마찬가지로 매우 놀랄 것이오. 그들에게는 우리들이 살고 있는 이 세계가 이상하게 보일 테니까."

"교수님, 여쭤볼 말씀이 있는데요" 하고 톰킨스 씨는 말을 이었다. "지난번 이곳에 처음 왔을 때 저는 기차의 제동수를 만난 적이 있습니다. 그런데 그는 기차가 정거할 때나 또는 움직이기 시작할 때 기차 안에 탄 손님들은 마을에 살고 있는 사람들보다 나이를 덜 먹게 된다고 합니다. 이게 도대체 마술인가요, 아니면 이것 또한 현대 물리학의 당연한 사실인가요?"

"마술이란 당치도 않은 소리요"라고 노교수는 잘라 말했다. "그런 현상들은 분명히 물리학의 법칙을 따르고 있지요. 아인슈타인이 그의 새로운(실은 이 세계의 탄생과 더불어 존재했으므로 아주 오래된 것이지만 새로이 발견된) 공간과 시간에 대한 개념을 토대로 분석한 결과에 따르자면 모든 물리적인 과정은 그 과정이 일어나고 있는 계(系)가 속도를 바꾸려 할 때 진행이 느려진다는 거요. 우리들이 살고 있는 세계에서는 이와 같은 효과가 관측되지 않을 만큼 작지만 이곳에서는 광속도가 매우 느리기 때문에 언제나 현저하게 나타나는 것이지요. 예를 들어 이곳에서 달걀을 삶자면 냄비를 난로 위에 가만히 놓아두는 대신 좌우로 흔들어 항시 속도에 변화를 주면 5분 만에 다 삶아질 것도 아마 6분 정도 걸릴 것이오. 이와 마찬가지로 인체의 경우에도, 예를 들어 흔들의자에 앉거나 속도가 변화하는 기차에 타고 있으면 모든 기능의 진행이 다소 느려지게 되오. 그러므로 이런 조건 아래서 사람들은 천천히 생활을 영위하게 되는 거지요. 이와 같이 모든 과정이 같은 정도로 완만해지므로 물리학자로서는 이런 상황을 **불균일하게 운동하고 있는 계에서는 시간의 경과가 더디어지는 것**이라고 표현하려 할 것입니다."

"그러나 과학자들은 이와 같은 현상을 우리가 살고 있는 세계에서 실제로 관측하고 있나요?"

"하고말고요. 그러나 고도의 기술을 크게 필요로 하지요. 그러한 현상들을 실현하기에 충분한 가속도를 얻는다는 것은 기술적으로 극히 어려운 일입니다. 그러나 불균일하게 운동하고 있는 계에서 일어나는 상태는 매우 큰 중력이 작용하여 생겨난 상태와 대단히 유사하다 할까……. 아니, 동일하다고 말하는 것이 좋겠지요. 매우 큰 가속도로 상승하는 엘리베이터에 타고 있으면 마치 자신의 체중이 무거워지는 것 같은 느낌을 가져본 적이 있겠지요. 이와 반대로 만일 엘리베이터가 하강할 때(가장 좋은 예로는 엘리베이터를 매단 줄이 끊어졌을 경우를 생각하면 된다)는 체중이 줄어드는 것 같은 기분을 느낄 겁니다. 이와 같이 느끼는 이유는 가속도에 의해서 생긴 중력장이 지구의 중력에 가산되어 커지거나 또는 차감(差減)되어 작아지기 때문이지요. 그런데 태양 표면에서의 중력은 지구상에서의 중력보다 훨씬 큰 까닭에 거기에서 일어나는 모든 과정은 마땅히 약간 완만하게 진행될 것이 확실하오. 천문학자들은 바로 이런 현상을 관측하는 것이지요."

"그렇지만 그러한 현상을 관측하려고 천문학자들이 태양까지 갈 필요는 없지 않겠습니까?"

"물론 그렇소. 천문학자들은 태양으로부터 우리들이 살고 있는 이곳, 즉 지구상으로 오는 광선을 관측하면 되는 것이지요. 이 광선은 태양 주변에 있는 기체를 형성하는 여러 가지 원자가 진동하기 때문에 생겨나는 것으로, 만약 태양 표면에서 진행되는 모든 과정이 완만하다면 원자의 진동 크기도 또한 작아지게 되지요. 그러므로 태양으로부터 나오는 빛을 지구에서 나오는 빛과 비교해 그 차이를 관측하면 되는 것이지요." 교수는 화제를 바꾸어 "그건 그렇고……, 지금 지나고 있는 이 작은 역의 이름은 무엇인가요?" 하고 물었다.

기차는 하잘것없는 작은 시골 역의 플랫폼을 지나고 있었다. 역 안은 거의 텅 비다시피 하여 사람이라곤 없었고 다만 역장과 손수레 위에 걸터앉아 신문을 읽고 있는 한 젊은 짐꾼이 있을 뿐이었다. 바로 그때 갑자기 역장의 두 손이 번쩍 들리더니 푹 앞으로 고꾸라졌다. 기차가 달리는 요란한 소음 때문에 톰킨스 씨는 총성을 듣지 못했으나, 쓰러진 역장의 몸에서 흘러나오는 피로 온통 그 주위가 피바다가 된 것을 보면 분명 총에 맞았음이 틀림없다고 생각했다. 교수는 즉시 비상종을 울리는 끈을 잡아당겨 기차를 급정거시켰다. 두 사람이 기차에서 뛰어내렸을 때는 이미 그 젊은 짐꾼이 쓰러진 역장에게 달려가고 있었으며 그 지방의 순경도 현장 쪽으로 달려오고 있었다.

"심장을 관통했군" 하고 시체를 검사한 순경은 말하면서 짐꾼의 어깨를 거칠게 움켜잡더니 "너를 역장 살해 혐의로 체포한다"고 말했다.

"내가 죽인 게 아닙니다!" 가엾은 짐꾼은 소리쳤다. "나는 총성이 났을 때 신문을 읽고 있었어요. 이분들이 기차 안에서 모든 것을 보고 계셨을 테니 나의 결백을 증명해 주실 겁니다."

"그렇습니다." 톰킨스 씨가 말하며 나섰다.

"역장이 총에 맞는 순간 이 사람이 신문을 읽고 있는 것을 두 눈으로 분명히 보았습니다. 내 말에 거짓이 없음을 성서에 손을 대고 맹세하겠습니다."

"당신은 움직이는 기차에 타고 있지 않았소?" 순경은 지엄한 표정으로 말하고 이어 "그러니 당신이 목격했다는 것은 증거가 될 수 없소. 플랫폼에 서서 보았다면 역장은 바로 똑같은 순간에 피격되었을 거요. 당신은 동시라는 것이 관측하는 계에 따라 다르다는 것을 모르시는 모양이군" 하며 짐꾼을 보고 "빨리 이리 따라와" 하고 재촉했다.

"실례지만 순경 나리." 교수가 길을 막았다. "당신은 완전히 잘못 생각하고 있소. 아마 경찰서에서도 당신의 무지를 환영하지는 않겠지요. 물론 이 나라에서는 동시라는 관념이 고도로 상대적이라는 것은 나도 잘 알고 있지만, 또 서로 다른 장소에서 일어난 두 사건이 동시에 일어난 사건인가 아닌가 하는 것은 관측자의 운동 여하에 따라 달라진다는 것도 사실이오. 그러나 이 나라라고 해서 원인보다 결과를 먼저 볼 수는 없지 않소. 전보를 치기도 전에 당신이 그 전보를 받아 볼 수는 없지 않소? 병뚜껑을 열기도 전에 마실 수 있겠소? 내가 추측하기에는 기차가 움직이고 있었기 때문에 총격된 순간을 결과보다 훨씬 **늦게** 우리가 보았을 것이며, 역장이 쓰러지는 것을 보자마자 우리들이 기차에서 뛰어내렸기 때문에 피격되는 그 장면 자체를 정확히 보지 못했다고 당신이 생각하고 있는 것 같소. 경찰에서는 지령에 쓰인 대로 지키게끔 교육받았을 것으로 생각되는데 그 지령문을 잘 읽어 보시오. 아마 틀림없이 이런 경우에 대해서 설명한 것이 있을 거요." 교수의 근엄한 어조가 순경에게 감격을 주었던지 그는 경찰수첩을 꺼내서 서서히 읽기 시작했다. 얼마 안 있어 멋쩍은 웃음이 순경의 본래부터 붉고 큰 안면에 떠올랐다.

그는 말했다. "여기에 적혀 있습니다. 37장 12절 e조에

「아무리 운동하는 계에서 보았을 때라도 범죄의 순간 또는 그 순간을 기준으로 ±d/c 시간 내(c는 자연계의 속도의 한계치를 나타내며 d

는 범죄 현장으로부터의 거리를 가리킴)에 용의자가 다른 지점에서 발견될 시에는 완전한 알리바이를 입증하는 증거가 성립한다」

라고 쓰여 있습니다. 여보시오, 당신의 혐의는 이제 벗겨졌소." 순경은 짐꾼에게 말하고 나서 다시 교수 쪽을 향해 "정말 고맙습니다. 하마터면 본서에 가서 큰 곤경을 당할 뻔했는데 덕분에 면하게 되었습니다. 저는 경찰에 들어온 지 얼마 되지 않았기 때문에 자세한 규정에 대해서는 여러 가지 미흡한 바가 많습니다. 아무튼 살인 사건은 일단 보고해 두어야지요" 말하고 나서 전화실로 들어갔다. 잠시 후 순경은 플랫폼을 달려오면서 큰 소리로 외쳤다. "모든 것이 다 잘 진행되었소. 진범이 역을 빠져나가 도망치려 할 때 잡혔답니다. 선생님께 다시 한 번 고맙다는 말씀을 드립니다!"

"나는 아무래도 좀 멍청이 같아" 하고 기차가 다시 움직이기 시작했을 때 톰킨스 씨는 중얼거렸다. "도대체 동시라는 것이 무엇인지 알 수가 없군요. 이 나라에서는 동시라는 것이 무의미한 것인가 보죠?"

"그럴 리는 없소. 그러나 동시라는 뜻은 어느 제한된 의미 외에는 갖고 있지 않지요" 하고 교수는 간단히 대답했다. "그렇지 않다면 내가 짐꾼의 증인이 될 도리가 없었을 거요. 자연계에서 어떤 종류의 물체 운동에도, 또한 신호의 전파에도 속도의 한계가 있기 때문에 동시라는 말이 우리가 흔히 사용하는 뜻에서의 의미를 잃게 되는 것이지요. 아마 이렇게 생각하면 더욱 쉽게 이해할 수 있겠지요. 즉 멀리 떨어진 곳에 당신 친구가 있다고 가정하고 그 친구와 편지를 주고받는 데 기차 편, 즉 우편 열차를 이용하는 것이 가장 빠른 교통수단이라고 합시다. 그런데 어느 일요일 당신 신상에 무슨 일이 일어났다고 하고, 동시에 같은 사건이 당신 친구에게도 일어날 것을 미리 당신이 알았다고 해도 수요일까지는 친구에게 이 소식을 전할 수가 없지 않겠소. 이번에는 이와 꼭 반대의 경우로 만일 당신 친구 되는 사람이 당신에게 닥쳐올 이 사건에 대하여 미리 알았다고 하더라도, 당신에게 소식을 전하기 위해서는 늦어도 지난주 목요일에는 소식을 보냈어야만 했겠지요. 그러니 이 목요일부터 다음 주 수요일까지의 6일간 당신 친구는 당신이 일요일에 겪게 될 운명을 알릴 수도, 또한 알 수도 없는 것이지요. 인과 관계란 관점에서 볼 때 당신 친구에게 이 6일간이란 말하자면 당신과 절교하고 있는 것과 같소."

"전보를 치면 어떻겠습니까?" 하고 톰킨스 씨가 제안해 보았다.

"그건 또 무슨 말씀이오? 우편 열차가 가장 빠르다고 미리 말하지 않았소. 실제로 이 나라에서는 그 정도의 속도가 가장 빠른 것이오. 우리가 살고 있는 곳에서는 광속이 가장 빠르다고는 하지만 라디오보다 더 빨리 신호를 보낼 수는 없는 것이지요."

"그렇지만 우편 열차의 속도를 넘어설 수는 없다고 하더라도 그것이 동시라는 것과 무슨 관계가 있단 말입니까? 내 친구도 나도 동시에 일요일 저녁 식사를 들 수 있지 않습니까?"

"아니오. 그와 같은 말은 너무 무의미하오. 한 관측자가 그것을 인정한다고 하더라도, 달리는 기차 안에서 관측하고 있는 다른 관측자는 당신이 일요일의 저녁 식사를 할 때 당신 친구가 금요일 아침이나 또는 목요일 점심을 들고 있다고 주장할 것임에 틀림없소. 한편 당신과 당신 친구가 동시에 식사하고 있는 것을 누군가가 관측했다고 할 때 아무래도 3일 이상 날짜가 틀릴 수도 또한 없는 법이지요."

"그런데 도대체 어떻게 그런 일이 생겨나는 것이지요?" 톰킨스 씨는 의심쩍은 표정으로 물어보았다.

"내 강의를 듣고 이미 알고 있을 줄 아오마는 그러한 일들은 매우 간단하지요. 속도의 최대 한계치는 다른 운동계에서 관측해도 불변이라는 이 사실을 인정한다면 그 결과로서……."

교수가 여기까지 이야기했을 때 마침 기차는 톰킨스 씨가 내려야 할 역에 도착했기 때문에 교수와의 대화는 끊기고 말았다.

톰킨스 씨가 해변의 호텔에 도착한 그다음 날 아침이었다. 마침 아침 식사를 들려고 넓은 유리창으로 아름답게 장식된 넓고 긴 베란다에 내려오니 그곳에는 놀라운 광경이 그를 기다리고 있었다. 베란다 한구석에 차분히 놓인 식탁에는 노교수와 아름다운 아가씨가 자리를 같이하고 있었고 그 아가씨는 노교수에게 무엇인가 즐거운 표정으로 이야기를 하면서 가끔 톰킨스 씨가 앉아 있는 식탁 쪽을 힐끔 바라보곤 했다.

「내가 기차 안에서 낮잠을 자고 있었으니 아주 바보같이 보였을 거야」라는 생각이 불현듯 떠오른 톰킨스 씨는 시간이 흐를수록 그런 실수를 저지른 자기 자신이 점점 미워져 화가 치밀어 올랐다. 그는 「그뿐이랴. 그 전에 교수한테 내가 어떻게 하면 더 젊어질 수 있겠는가 하는 멍텅구리 같은 질문을 했던 것도 아직 기억하고 있을 테지. 그렇지만 이런 기회를 통해 교수와 더 친근해지면 내가 여태까지 도저히 이해할 수 없었던 모든 일들에 대하여 그에게 자세히 물어볼 수가 있겠지」 하고 생각했다. 톰킨스 씨는 사실 자신이 단지 교수하고만 이야기를 하고 싶은 심정이 아님을 알면서도 스스로 인정하려 하지 않았다.

"아, 그렇지 그래. 자네가 내 강연을 듣고 있었던 것이 생각나는군." 식당을 나오면서 교수가 말했다.

그는 "내 딸일세. 이름은 모드(Maud)라고 하지. 그림을 공부하고 있네" 하면서 딸을 소개했다. 톰킨스 씨는 "만나 뵙게 되어 반갑습니다. 모드 양" 하고 정중히 인사하며 이렇게 아름다운 이름은 들어 본 적이 없다고 생각했다. "이렇게 경치가 아름다우니 필경 소재가 많아 훌륭한 스케치를 할 수 있으리라고 생각합니다."

"아마 머지않아서 내 딸이 자네에게 완성된 스케치를 보여줄 걸세." 교수는 말했다. "그런데 참, 내 강연을 듣고 조금이나마 얻은 것이 있다고 생각하나?"

"네, 있었습니다. 아주 많은 것을 얻었지요. 사실 저는 광속이 시속 수십 마일 정도밖에 안 되는 마을을 여행했을 때, 물질의 상대론적 수축이라든가 시계의 교묘한 동작 등 모든 것을 몸소 느끼며 경험했습니다."

"아, 그렇다면 그 다음번 강연에서 공간의 곡률과 뉴턴의 중력 현상의 관계에 대해 자세히 설명했을 때 꼭 들었어야만 했을 것을 참 아까운 기회를 놓쳤구먼. 하지만 다행히도 이곳 해변에서 충분한 시간이 있으니 자네에게 모든 것을 설명해 줄 수 있는 기회가 있을 것으로 생각하네. 이를테면 공간의 정부(正負)의 곡률 사이의 차이를 이해하는가?"

"아빠" 하며 심술이 난 듯 모드가 뾰로통하여 말했다.

"또 물리학 이야기신가요? 그렇다면 저는 밖에 나가 그림이나 그리다 오겠어요." "너 좋을 대로 하려무나." 노교수는 안락

미국 내의 주유소 분포

의자에 몸을 내던지듯 털썩 주저앉았다. "젊은 양반, 내가 보기에 자네는 수학 공부는 많이 한 것 같지 않구먼. 그렇지만 문제를 간단히 하기 위해 표면의 예를 들어 설명하면 아마 쉽게 알아들을 수 있을 걸세. 셸(Shell) 씨, 왜 자네도 이미 알고 있겠지만 주유소 주인 말일세. 그 셸 씨가 어떤 나라에(예를 들어 미국이라고 가정해 두세) 주유소가 균일하게 분포되고 있는가를 알려고 마음먹었다고 하세. 셸 씨는 어디인가 그 나라의 중앙, 캔자스시티(Kansas City)가 미국의 중심부라고 나는 생각하는데, 거기에 위치한 그의 사무소에 명령하여 그 시로부터 100㎞, 200㎞, 300㎞…… 이내에 있는 주유소 수를 셈하도록 했다고 하세. 셸 씨는 학교에서 배운 대로 원의 넓이는 반경의 제곱에 비례한다는 사실을 상기하여, 만약 주유소가 균일하게 분포되어 있다면 위와 같은 방법으로 계산한 주유소의 수가 제곱수인 1, 4, 9, 16…… 등으로 증가할 것으로 믿고 있겠지. 그러나 막상 보고를 받아 보니 실제로는 주유소 수가 1, 3.8, 8.5, 15.0…… 등으로 완만한 증가율을 보이고 있는 것을 보고 매우 놀라겠지.「이게 무슨 일이람! 미국 내에 있는 지배인들은 도대체 일을 어떻게 처리하고 있는 거야? 무슨 생각으로 캔자스시티 주변에만 집중적으로 주유소를 두었단 말인가?」흥분한 나머지 펄펄 뛸 것이 틀림없지. 그런데 자네, 그가 내린 결론이 당연한 것이라 생각하나?"

"옳겠지요." 무엇인가 딴생각에 잠겼던 톰킨스 씨는 무심결에 대답했다.

"틀렸어" 하고 교수는 엄숙한 어조로 말했다. "그는 지구 표면이 평면이 아닌 구면(球面)임을 잊은 거야. 구면 위에서 주어진 반경 안의 넓이는 반경을 증가시켜 감에 따라 평면일 때와 비교하여 훨씬 더디게 증가하지. 이런 일을 직접 볼 수 있지. 자, 지구본을 가지고 와서 잘 보게나. 가령 자네가 지금 북극에 있다고 하면 반자오선(半子午線)을 반경으로 한 원은 적도가 되며 그 안에 있는 넓이는 바로 북반구가 아닌가. 반경을 늘려 2배로 했다면 그 안에는 지구의 전 표면이 포함되는 셈이지. 즉 넓이는 평면의 경우처럼 4배가 되지 않고 2배가 되는 셈이지. 자, 이제는 좀 알겠나?"

"알겠습니다." 톰킨스 씨는 정신을 집중시키려고 노력하면서 대답했다.

"그런데 지금 말씀하신 곡률은 정(正)의 곡률인가요, 아니면

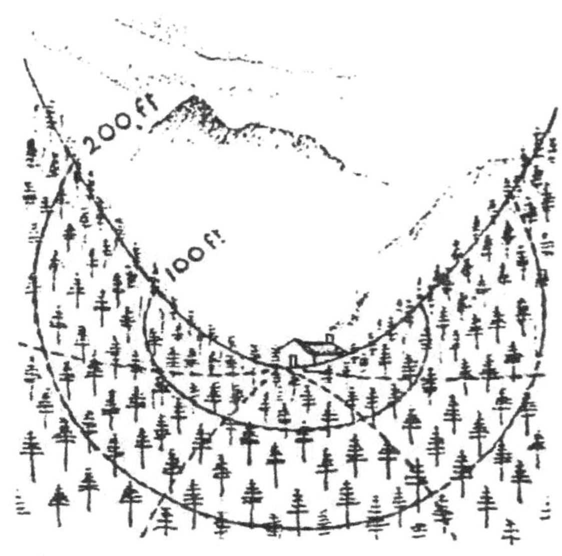

산골짜기의 오두막집

부(負)의 곡률인가요?"

"이것은 정의 곡률이라고 불리지. 그리고 자네가 지구에서 본 바와 같은 일정한 넓이를 가진 유한한 표면에 대응하는 것이지. 부의 곡률을 가진 면의 좋은 예로는 말안장을 들 수가 있겠군."

"안장이요?" 하고 톰킨스 씨는 되물었다.

"그렇지. 안장 말이야. 혹은 지구 표면에서 말하자면 두 산 사이에 낀 고갯길에 비유될 수 있겠지. 가령 식물학자가 그러한 고갯길에 있는 오막살이에 살고 있으면서 오막살이 주변에서 있는 소나무의 성장 밀도에 관해 흥미를 가지고 있다고 생각해 보세. 만일 그가 오막살이로부터 100m, 200m…… 범위 내에 자라고 있는 소나무의 개수를 셈했다고 하면 소나무의 개수는 거리의 제곱보다 더 빠른 비율로 증가한다는 것을 알 수 있겠지. 요지는 말안장 모양으로 주어진 면에서 어떤 반경 내의 넓이는 평면상에서 같은 반경으로 둘러싸인 넓이보다 더 넓다는 사실일세. 이런 것을 부의 곡률을 가진 면이라고 말하는 것이지. 만일 말안장 모양의 면을 평면상에 펼쳐 놓으려면 주름을 잡지 않을 수 없겠지. 그런데 구면을 이와 같이 평면상에 펼치려면 구면이 탄력을 지녀 스스로 늘어나지 않는 한 찢어야 하지 않겠나?"

"잘 알았습니다" 하고 톰킨스 씨는 대답했다. "교수님께서는 말안장 모양의 면이 만곡(彎曲)되어 있기는 하나 무한히 펼쳐져 있는 것이라고 말씀하시려는 것이지요?" "바로 맞았어" 하고 교수는 수긍했다. "말안장 모양의 면은 모든 방향으로 무한히 퍼져 있기 때문에 절대로 면상에서 스스로 폐곡면을 이루지 않지. 물론 좀 전에 예로 들었던 산골짜기 길의 경우에는 산을 내려와서 지구의 정의 곡률을 가진 면으로 나오면 이미 그 면은 부의 곡률을 갖는 면이 될 수 없지. 하지만 어디까지 가나 부의 곡률을 갖는 면을 생각할 수는 있겠지."

"그런데 선생님, 어떻게 이런 면을 만곡된 3차원 공간에 적용시킬 수 있다는 말입니까?"

"아까 설명한 것과 똑같은 걸세. 공간에 어떤 물체가 균일하게 분포되어 있을 경우를 생각해 보게. 균일하게 분포되어 있다는 말은 서로 이웃하는 두 물체 사이의 거리가 항상 같다는 것을 뜻하는 것이지. 그러니 자네가 있는 곳에서부터 여러 가지 거리 안에 있는 물체의 수를 셈해 보게나. 만일 셈하여 얻은 수가 거리의 제곱에 비례하여 증가한다면 공간은 평평한 것이고, 만일 증가하는 비율이 제곱보다 작거나 크거나 하면 그 공간은 정 또는 부의 곡률을 갖는 것이지."

"그러면 공간은 어떤 거리가 주어졌을 때 정의 곡률을 갖는 경우에는 그 거리 내의 부피가 작아지며, 부의 곡률의 경우에는 반대로 부피가 커진다는 것입니까?" 톰킨스 씨는 좀 놀란 듯한 표정으로 물었다.

"바로 그렇지" 하고 교수는 미소 지으며 대답했다.

"그러고 보니 자네는 내가 말한 뜻을 잘 이해한 것 같군. 우리가 살고 있는 이 대우주의 곡률이 정인가 또는 부인가를 알아내려면 먼 거리에 있는 물체의 수를 지금 설명한 것과 같이 셈해야 되지. 대성운(大星雲)에 대해서는 아마 들은 적이 있겠지만 그것은 천공에 균일하게 분포하고 있고 수십억 광년쯤 떨어진 먼 거리에 있는 것까지 보이지. 바로 이 대성운은 우주의 곡률을 음미하는 데 매우 편리한 존재일세."

"그러면 그런 관측 결과로부터 우리들의 우주가 유한한 것이며 닫혀 있는 것이라는 결론이 나오게 되는 것인가요?"

"글쎄, 이 문제는 사실 아직 해결되지 않은 문제일세. 아인슈타인 박사는 그의 우주론에 관해서 발표한 독창적인 논문에서 우주는 유한한 크기를 가지며 스스로 닫혀 있고 시간에 무관한 실체라고 주장하고 있지. 그 후 러시아의 수학자인 **프리드만**(Aleksandr Aleksandrovich Friedmann, 1888~1925)은 아인슈타인의 기본 방정식에 따르면 우주는 시간이 흐름에 따라 점점 팽창하거나 반대로 축소되어 갈 가능성이 있음을 지적했지. 이러한 그의 수학적 결론은 미국의 천문학자인 **허블**(Edwin Powell Hubble, 1889~1953)에 의해서 입증되었는데 그는 윌슨산 천문대(Mt. Wilson Observatory)에 있는 100인치 망원경을 사용하여 은하들이 서로 점점 멀어져 간다는 것, 다시 말하면 우주가 팽창해 간다는 것을 증명한 걸세. 그러나 아직도 의문의 여지가 있기는 해. 그것은 이러한 우주의 팽창이 한없이 계속될 것인지도, 혹은 먼 장래에 어떤 최대치에 도달한 후 다시 축소하기 시작할지도 모르기 때문이지. 이러한 의문의 해결은 오직 자세한 천문학적 관측이 이루어져야만 가능하지."

교수가 이야기를 하고 있는 동안 매우 신기한 변화가 주변에 일어나기 시작한 것 같았다. 복도 한끝이 극히 작아져 가면서 그 안에 있던 가구들을 몽땅 짓누르기 시작했다. 그런데 복도의 또 다른 한끝은 반대로 극히 커져, 온 세상을 다 삼켜 버리게 되지나 않을까 염려될 정도였다. 그 순간 번개같이 한 생각이 그의 머리를 스쳐 갔다. 만일 모드 양이 그림을 그리고 있을 해변의 공간이 이 우주로부터 끊겨 나가 버린다면 어쩌나 하는 생각이었다. 두 번 다시 그녀와는 만날 수 없게 된단 말이다! 그는 출구 쪽으로 단숨에 달려갔다. 마침 그때 교수가 "조심하게! 양자 상수(量子常數)도 미치기 시작했네!" 하고 크게 외치는 소리가 등 뒤에서 들려왔다.

해변에 다다랐을 때 톰킨스 씨는 처음에는 굉장히 많은 사람들이 붐비고 있구나 하고 생각했다. 수백 명이나 되는 아가씨들이 사방팔방으로 마구 뛰고 있지 않겠는가. 「도대체 이 많은 사람들 가운데서 모드 양을 어떻게 찾아내지?」 하고 걱정했다. 그런데 얼마 안 있어 이 모든 사람들이 하나같이 교수의 따님과 꼭 닮았다는 사실을 발견하고 이것은 필경 불확정성 원리의 장난에 지나지 않음을 깨달았다. 다음 순간 굉장히 큰 양자 상수의 파도가 한차례 지나가더니 해변에 모드 양이 놀란 표정을 하고 있는 모습이 보였다.

"아, 당신이었군요." 그는 혼잣말로 말했다. "큰 구름 덩이가 나를 덮치려는 게 아닌가 생각했어요. 햇볕이 쨍쨍 내리쬐어 머리가 좀 돈 모양이지요. 잠시 기다려 주시겠어요? 호텔에 가서 모자를 가지고 올게요." 모드 양이 말했다.

"안 돼요. 지금 서로 떨어지면 안 되겠어요." 톰킨스 씨는 단호하게 말했다. "지금 광속도에도 변화가 생긴 것 같아요. 당신이 호텔에 갔다 이곳에 다시 돌아왔을 때 나는 이미 할아버지가 되어 있을 겁니다."

"무슨 그런 잠꼬대 같은 말씀을 다 하세요" 하고 아가씨는 말했다. 그러면서도 그녀의 손목은 톰킨스 씨 손에 부드럽게 쥐어진 채였다. 그런데 두 사람이 호텔에 돌아오는 도중에 또 다른 불확정성 파도가 엄습하더니 톰킨스 씨도 아가씨도 다 같이 해변 가득히 퍼지고 말았다. 동시에 공간의 한 커다란 부분이 가까이에 있는 언덕으로부터 바위와 어부의 집들 둘레에 이상한 모양으로 굽이치며 퍼지기 시작했다. 태양 광선은 매우 큰 중력장에 의해 튕겨 나가 수평선에서 완전히 모습을 감추고 말았다. 톰킨스 씨는 한치 앞도 분간할 수 없는 암흑 속에 내동댕이쳐지고 말았다. 그에게는 잊을 수 없는 그 다정한 목소리를 듣고 제정신이 들 때까지, 백 년이나 되는 긴 세월을 보낸 것 같은 느낌이었다.

"저런! 아버지께서 물리학 이야기만 하시니 당신이 주무실 수밖에. 저하고 같이 수영하러 가시지 않겠어요? 오늘은 물이 수영하기에 꼭 알맞은데요" 하고 그녀는 말했다.

톰킨스 씨는 안락의자에서 마치 용수철에 튕기듯 벌떡 일어섰다. 「역시 꿈이었구먼……. 아니면 지금부터 꿈이 시작되는 것인지!」 톰킨스 씨는 마음속으로 생각하며 해변으로 가는 언덕길을 걸어 내려갔다.

4장
휘어진 공간, 중력 및 우주에 관한 교수의 강의

신사 숙녀 여러분!

오늘은 휘어진 공간(Curved Space)과 중력 현상의 상호 관계에 대해서 이야기할까 합니다. 휘어진 선이나 휘어진 면은 누구나가 쉽게 생각할 수 있으나 휘어진 3차원 공간이라고 말한다면 여러분은 이상한 표정을 지으며 아마 그것은 무엇인가 이상하고 초자연적인 것일 거라고 생각하겠지요. 휘어진 공간에 대한 일반적인 〈공포〉의 이유는 무엇일까요? 또 실제로 이런 관념이 휘어진 면이라는 관념에 비하여 이해하기 어려운 것일까요? 아마 여러분 중 많은 사람들이 조금만 생각해 보면 지구의 곡면이나 혹은 다른 예를 들자면 더욱 기묘하게 휘어진 말안장이 이루는 면들을 볼 수 있는 것처럼, 휘어진 공간의 모습을 〈외부로부터〉 볼 수가 없기 때문에 상상하기 어렵다고 말하겠지요. 그러나 이런 말을 하는 사람들은 만곡(Curvature)이라는 말의 엄밀한 수학적 정의를 인식하지 못하고 있다는 사실을 자백하고 있는 것과 다름없는 것입니다. 물론 이것은 보편적으로 쓰는 만곡이라는 언어의 뜻과는 다소 그 의미의 차이가 있습니다. 우리 수학자들은 어떤 면 위에 그려진 기하학적 도형의 성질이 평면상에 그려진 것과 다를 때 그 면을 만곡되어 있다고 표현하며 고전적 **유클리드**(Eukleides, Euclid, B.C 325~?)의 정리로부터 얼마만큼 차이가 생겼는가에 따라 곡률을 측정하고 있습니다. 평평한 지면에 삼각형을 그리면 우리가 기초

기하학에서 배웠듯 이 삼각형의 내각의 합은 2직각(180°)이 될 것입니다. 여러분이 이 종이를 구부려 원통이나 원뿔, 또는 더 복잡한 모양으로 변형시키더라도 그 위에 그려진 삼각형의 세 각의 합은 여전히 2직각으로 남아 있을 것입니다.

면의 기하학은 이렇게 변형에 의해서 변화를 받지는 않습니다. 그리고 〈내부적〉인 곡률이라는 관점에서 본다면 얻어진 면(휘어져 있는 것이 상식적이라 하겠다)은 평면과 똑같이 평탄합니다. 그러나 종이를 구면 또는 말안장 모양의 어떤 면에 딱 맞게 올려놓으려면 종이를 잡아당기지 않는 한 할 수 없고, 또 지구 위에 삼각형을 그리면(즉 구면 삼각형) 유클리드 기하학의 간단한 정리가 그 삼각형에서는 성립 불가능합니다. 실례를 들자면 두 자오선의 북반구 쪽에 있는 전반과 그 사이에 낀 적도에 의해 하나의 삼각형이 형성되는데 이 삼각형의 두 밑각은 모두 직각이 되며 꼭지각은 임의의 각이 되지요.

말안장 모양의 면 위에서는 반대로 삼각형의 내각의 합이 언제나 2직각보다 작다는 사실에 아마 여러분은 크게 놀랄 것입니다.

위에서 설명한 것같이 **면의 곡률을 결정하기 위해서는 그 면 위에서 성립되는 기하학을 연구해야만 되는 것**입니다. 그런데 단지 외부에서 보는 것으로만 판단한다면 잘못을 초래할 때가 흔히 있는 것이지요. 그리고 외부에서만 보아 원통의 면을 반지의 면과 똑같은 종류의 것으로 오인할 수도 있는데 아시다시피 전자는 실제적으로 평평한 것이고 후자는 완전히 만곡되어 있지요. 만곡이라는 뜻에 대하여 새롭고 엄밀한 관념에 익숙해지면 우리들이 살고 있는 공간이 만곡되어 있다든가 그렇지 않다든가 하는 물리학자들의 논의의 뜻을 이해하는 데 어려움을 느낄 필요가 없을 것으로 생각합니다. 요컨대 문제는 물리적 공간 속에 구성된 기하학적 도형이 유클리드 기하학의 일반적 정리를 따르느냐 혹은 따르지 않느냐를 보면 되는 것입니다.

그러나 우리들은 현실의 물리적 공간을 논하고 있으므로 우선 무엇보다도 **기하학에서 사용되는 용어에 대한 물리적인 정의**를 내려야겠습니다. 특히 도형을 구성하고 있는 직선이라는 개념에서 생각되는 상태를 고찰할 필요가 있다고 봅니다.

여러분은 모두 직선은 일반적으로 두 점 사이의 최단 거리로 정의된다는 사실을 이미 알고 계시리라 믿습니다. 직선이라는 상태는 두 점 사이에 실을 팽팽하게 잡아맴으로써 실현되기도 하며, 또 결국 이와 같은 것이지만 더 성의 있는 방법으로는 주어진 두 점 사이에 여러 개의 선을 긋고 그 선에 따라 정해진 길이의 자를 여러 개 연결해 가되, 그 자의 수가 최소가 되는 선을 찾아내면 그 선이 바로 두 점 사이를 잇는 최단의 선이 되는 것이지요.

직선을 찾아내려는 이런 방법들이 실은 물리적 조건들에 의존한다는 사실을 명시하기 위해 어떤 둘레를 규칙적으로 돌고 있는 큰 회전대를 생각해 봅시다. 이 회전대 둘레에 있는 두 점 사이의 최단 거리를 실험자 1이 측정하려 한다고 가정합시다. 그는 길이 10㎝의 막대기를 가득 담은 상자를 가지고 있는데 막대기를 가장 적게 써서 이 두 점 사이를 연결해 보려고 한다고 합시다. 회전대가 만일 멈추고 있는 상태라면 다음 그림에서 직선으로 표시한 선을 따라 막대기를 연결하겠지요. 그러나 그것이 회전하고 있다면 이미 지난 강연에서 말한 것처럼

과학자들이 회전대 위에서 무엇인가 측정하고 있다*
(역자 주: 그림에는 No. 4, No. 5가 표시되어 있지 않음)

자는 상대적인 수축을 받으며 회전대의 둘레에 가까운 것(따라서 큰 직선 속도를 가진 것)일수록 중심 가까이 놓인 것보다 더 큰 수축을 받게 됩니다. 따라서 한 개의 막대기로 되도록 긴 거리를 재기 위해 실험하는 사람은 막대기를 될 수 있는 한 중심 가까이에 놓으려고 무척 애쓰겠지요. 그렇지만 선의 두 끝은 회전대 둘레에 고정되어 있으므로 무턱대고 선 중앙의 막대기를 중심 쪽에 가까이 가져가는 것도 손해를 보게 되는 결과가 되는 것입니다.

---

* 그림의 「후컴의 서커스」란 이름은 케임브리지대학 출판부에서 일했고 은퇴하기 전에 이 판을 빛낸 많은 삽화를 그려 준 존 후컴 씨의 이름에서 딴 것이다.

그러니 결국 이 두 조건을 절충한 **최단 거리는 중심을 향해 약간 굽어 있는 곡선으로 나타낼 수 있다**는 결과가 되는 것입니다.

예를 들면 여러 개의 막대기 대신 연결하려는 두 점 사이에 실을 치는 경우라 해도 그 결과는 분명히 마찬가지입니다. 왜냐하면 실의 각 부분은 막대기 각각이 받는 상대론적 수축과 동일한 수축을 받기 때문입니다. 여기서 나는 회전대가 회전하기 시작했을 때 두 점 사이에 고정된 실에 변화가 생기는 것은 보통의 원심력 효과와는 아무런 관련도 없음을 강조하고 싶습니다. 실제의 경우 보통 원심력은 이와는 반대의 방향으로 작용하는 것이며, 또 원심력을 고려하지 않고 실을 아무리 강하게 잡아당겨 매었다고 하더라도 이러한 변화가 일어나지 않는 것은 아닙니다.

이번에는 회전대에 있는 관측자가 빛의 진로와 그려진 〈직선〉을 비교하여 이 결과를 조사한다고 하더라도 빛은 그가 마련한 선을 따라 진행한다는 사실을 알게 될 것입니다. 물론 회전대 옆에서 구경하고 있는 관측자에게는 광선은 조금도 휘어져 보이지 않을 것이며, 또한 움직이고 있는 관측자가 얻은 관측 결과는 대의 회전과 직선으로 전파하는 광선이 서로 합성되어 생겨난 것이라고 해석하겠지요. 그리고

「회전하고 있는 축음기의 레코드 위에 일직선으로 손을 움직여 자국을 내 보십시오. 물론 레코드 위에 그어진 자국은 구부러져 있겠지요. 바로 이와 같은 현상이랍니다.」

그러나 회전하는 대 위에서 관측하고 있는 사람은 그가 만든 곡선을 〈직선〉이라 부른다 해도 아마 조금도 의아하게 생각하지 않을 것입니다. 왜냐하면 그것은 최단 거리이며 그가 설정

한 좌표계에서는 광선과 **일치하기** 때문입니다. 이번에는 회전대 둘레에 세 개의 점을 선택하고 그 점들을 직선으로 연결하여 삼각형을 만들면, **이 경우에는 내각의 합이 2직각보다 작게 되어** 그는 비로소 자기 주위에 있는 공간이 만곡되어 있음을 옳게 판단하게 되는 것이지요.

또 다른 예를 들어 봅시다. 같은 회전대 위에 두 관측자(관측자 2와 3이라고 불러 두자)가 대의 둘레와 직경을 측정하여 원주율 π를 계산하려 했다고 가정해 봅시다. 2라는 관측자가 가지고 있는 자는 그 길이의 방향이 회전운동 방향과 직각을 이루고 있으므로 회전의 영향을 받지 않습니다. 한편 관측자 3은 자의 길이가 항상 수축을 받고 있으므로 대가 회전하고 있지 않을 때보다 둘레의 길이가 좀 더 긴 값으로 측정될 것입니다. 따라서 3의 결과를 2의 결과로 나누어 주면 교과서에 실려 있는 **π의 값보다 큰 값**이 얻어지는 것이며 이것 또한 공간의 만곡에 기인하는 것이 분명합니다.

길이의 측정에 있어서만 회전의 영향을 받는 것은 아니지요. 회전대 둘레에 놓인 시계는 큰 속도를 갖게 되므로 앞선 강연에서 설명드렸듯이 그 결과에 따라 대 중심에 놓인 시계보다 천천히 갈 것입니다.

만일 지금 두 실험자(4와 5)가 대 중심에서 서로 시계를 맞추어 놓은 다음, 5는 그의 시계를 둘레 쪽으로 옮겨 간다고 합시다. 얼마 후 다시 중심 위치로 되돌아와 자기 시계와 중심에 놓여 있던 시계를 비교해 보면 그의 시계의 시간이 훨씬 뒤지고 있음을 발견하게 될 것입니다. 이러한 사실로 말미암아 회전대 위에서의 위치가 다르면 모든 물리적 변화는 또한 다른 속도로 일어난다는 결과를 초래하게 됩니다.

자, 이번에는 두 실험자가 실험을 멈추고 기하학적 측정에서 얻어진 기이한 결과에 대한 원인을 찾는다고 합시다. 그리고 그들이 이용했던 회전대가 밀폐되어 있어 창문이 없었기 때문에 주위의 물체와 그들이 상대적으로 운동하고 있었음을 알 수 없었다고 가정해 봅시다. 그들은 과연 이 모든 관측 결과가 운전대가 설치되어 있는 〈고정된 지반〉과의 상대적인 회전에 기인하는 것이 아니라 순전히 그들이 서 있는 회전대의 물리적 상태에 기인하는 것이라고 설명할 수 있겠습니까?

그들이 서 있었던 회전대 위의 물리적 상태와 그것이 있음으로 해서 비로소 관측으로 얻어진 기하학상의 변화를 설명할 수 있는 〈고정된 지반〉 위의 물리적 상태의 차이를 찾아 보면, 바로 모든 물체를 대의 중심에서부터 둘레 쪽으로 잡아당기려는 무엇인가 새로운 힘이 존재한다는 것을 인정하게 될 것입니다. 그리고 관측된 효과가 이 힘의 작용에 기인한다고 결론을 내리는 것은 극히 자연스러운 귀결이라 하겠지요. 즉 예를 들어 두 개의 시계가 있을 경우 한쪽 시계는 새로운 힘이 작용하는 방향을 따라 중심으로부터 더 멀리 떼어 놓았기 때문에 다른 한쪽의 시계보다 느리게 간다고 하는 것과 같지요.

그러나 이 힘은 〈고정된 지반〉 위에서는 관측되지 않는 **새로운** 힘일까요? 모든 물체는 중력이라고 불리는 힘에 의해서 언제나 지구 중심으로 잡아당겨지고 있다는 것을 우리들은 알고 있지 않습니까? 물론 앞에서의 경우는 원형 회전대의 둘레를 향하여 힘이 작용했으나 지금 이 경우에는 지구 중심을 향한 중력이 작용하고 있는 것이지요. 이것은 단지 힘의 분포만이 서로 다르다는 것을 나타내는 것뿐입니다. 그렇지만 여러분에게 어떤 불균일한 운동을 하고 있는 좌표계에 의해서 만들어지는 〈새로운 힘〉이 중력과 거의 동등한 힘처럼 보인다는 것을 증명하기란 과히 어려운 일은 아닙니다.

별나라를 탐험할 수 있도록 설계된 로켓이 별들의 중력을 받지 않을 만큼 먼 공간에서 자유로이 떠돌아다니고 있다고 상상해 봅시다. 따라서 이러한 로켓의 내부에 있는 모든 물체나 로켓으로 탐험을 하는 승무원인 실험자는 무게를 가지고 있지 않다고 할 수 있습니다. 쥘 베른(Jules Verne, 1828~1905)의 유명한 소설의 주인공 즉 달나라로 날아가는 미셸 아르당(Michel Ardent)이나 그의 동료처럼 공중을 자유로이 날아다닐 수 있을 것입니다.

또한 엔진이 시동되고 로켓이 움직이기 시작하여 점차 속도를 더해 간다고 합시다. 그러면 그 내부에서 어떤 일이 일어날까요? 로켓이 가속되고 있는 동안 그 내부에 있는 모든 물체는 로켓의 맨 아래쪽을 향해 움직이려는 경향이 있으리라고 하는 것은 무엇보다 쉽게 짐작할 수 있겠지요. 이와 똑같은 내용의 말이지만 바꾸어 표현한다면 반대로 로켓의 밑바닥이 이 물체들을 향해 움직이고 있다고 할 수 있는 것입니다. 예를 들어 만약 실험자가 한 개의 사과를 손에 쥐고 있다가 떨어뜨렸다고 합시다. 그 사과는 한결같은 속도, 즉 사과를 떨어뜨리는 순간 로켓의 속도와 같은 속도로 운동을 계속합니다. 그러나 로켓 자체가 가속되고 있으므로 선실 바닥은 점차 속도가 커져 나중에는 점점 사과가 있는 쪽으로 뒤따라가 부딪치게 되고 말겠지요. 이 순간부터 사과는 계속해서 가속도에 눌린 채 마루와의 영원한 접촉 상태를 유지합니다.

그러나 로켓에 타고 있는 실험자에게는 이러한 일은 마치 사과가 어떤 가속도를 가지고 〈떨어져〉 로켓 안의 마루와 부딪치고 난 후에, 사과 자체가 가진 무게 때문에 마루와 접촉하고 있는 것처럼 보일 것입니다. 여러 가지 물체들을 떨어뜨려 보고 그제서야 그는 비로소 모든 물체는(공기의 마찰을 무시한다면) 똑같은 가속도를 가지고 떨어진다는 사실을 인정하게 되겠지요. 그리고 이러한 결과를 보고 갈릴레오 갈릴레이(Galileo Galilei, 1564~1642)에 의해서 발견된 자유 낙하의 법칙임을 상기하겠지요. **실제로 그가 타고 있는 가속된 로켓 내에서의 현상과 일반적인 중력 현상 사이에는 조그마한 차이도 발견할 수 없을 것입니다.** 그래서 그는 안심하고 괘종시계를 사용할 수도 있고, 또 책장에 놓아도 날아갈 염려가 없다고 생각할 것입니다. 또한 아인슈타인의 초상화를 못에다 걸어 놓을 수도 있겠지요. 이 아인슈타인이야말로 진정 좌표계가 갖는 가속도와 중력장이 동등하다는 것을 최초로 지적한 장본인이며, 이러한 사실을 바탕으로 그는 소위 일반상대성 이론을 발전시켰던 것입니다. 그런데 우리가 여기에서 맨 처음 예로 들었던 회전대의 경우에서처럼 갈릴레이나 뉴턴이 중력을 연구했을 당시에는 알려지지 않았던 현상들을 이제는 인정해야 하겠지요. 로켓 선실을 지나는 광선은 로켓의 가속도에 의해서 구부러져 반대쪽 벽에 걸쳐진 막 위의 다른 장소를 비춰 주게 됩니다. 외부의 관측자가 본다면 물론 이러한 결과는 광선의 한결같은 직선 운동과 관측 선실의 가속 운동이 합성되었기 때문이라고 판단하겠지요. 즉 세 개의 광선에 의해서 만들어지는 삼각형의 내각의 합은 2직각보

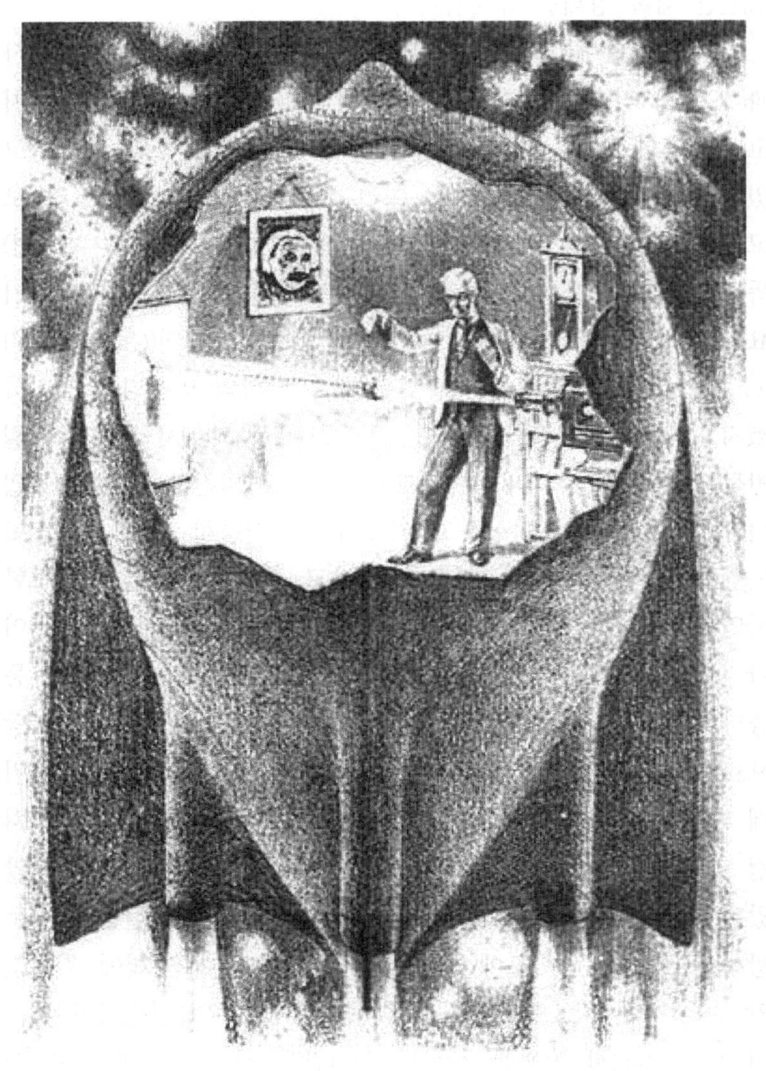

마룻바닥은 사과를 뒤따라가 결국 부딪치고 만다

다 커지며 원주와 직경의 비가 원주율(π)보다 크게 됩니다. 지금까지 우리는 가속계 가운데 가장 간단한 두 가지 경우를 예로 들어 고찰했는데, 위에 말한 것과 같은 동등성은 불변이거나 또는 변형 가능한 좌표계가 어떤 형태의 운동을 하고 있든 성립하는 것입니다.

여기서 우리는 매우 중요한 의문에 부딪치게 됩니다. 지금까지 가속 좌표계에서는 흔히 알려져 있으나 중력장에서는 볼 수 없었던 현상들을 관측할 수 있다는 것을 우리는 보아 왔습니다. 예를 들어 광선의 만곡이라든가 시계 진행의 늦어짐과 같은 새로운 현상이 거대한 질량으로 말미암아 생겨난 중력장 안에도 과연 존재하고 있는 것일까, 바꾸어 말하면 가속도의 효과와 중력의 효과가 서로 유사할 뿐 아니라 어쩌면 동일한 것은 아닐까 하는 의문이 생기겠지요.

물론 교육에서 흔히 이야기하는 발견적(Heuristic) 자세라는 입장에서라면 이 두 종류의 효과는 완전히 같은 것이라고 인정하고 싶은 심정은 태산 같으나, 결정적인 해답은 역시 직접 실험을 함으로써만 주어져야 할 것입니다. 실험에 의해서 이와 같은 새로운 현상들이 중력장 내에서도 존재한다는 사실이 입증되어 우주를 지배하는 법칙의 간결성과 내적 정연성(內的整然性)을 희구하는 인간 본연의 심정에 또 한 번 만족을 줄 수 있었던 것입니다. 물론 가속도의 장과 중력장이 동등하다는 가설로부터 예측되는 효과는 매우 작은 것이긴 합니다. 그렇기 때문에 과학자들은 각별히 이와 같은 효과를 애써 찾으려고 노력한 결과 겨우 발견하게 되었던 것입니다.

앞에서 인용한 가속계의 경우를 다시 쓰자면 가장 중요한 두 가지 상대론적 중력 현상들, 즉 시계 진행 속도의 변화 및 광선의 만곡의 크기의 정도를 쉽게 짐작할 수 있지요.

우선 맨 처음에 회전대의 경우를 논의의 대상으로 놓고 이야기합시다. 기초 역학에 의하면 중심으로부터 거리가 r인 장소에 있는 단위질량을 가진 질점에 작용하는 원심력은 공식

$$F = r\omega^2 \quad \cdots\cdots\cdots\cdots \quad (1)$$

로 주어진다고 알려져 있습니다. 여기서 ω는 대의 회전각 속도를 표시합니다. 질점을 중심으로부터 대 둘레로 움직여 가는 동안 이 원심력에 의해서 이루어지는 일(work)은

$$W = \frac{1}{2}R^2\omega^2 \quad \cdots\cdots\cdots\cdots \quad (2)$$

로 표시되는데 이 식에서 R은 대의 반경을 나타냅니다.

이미 언급한 동등성의 원리로부터 F는 대 위의 중력과 동일하며 W는 중심과 대 둘레 사이에서의 중력 퍼텐셜(Gravitational Potential)의 차와 같다고 해야 하겠지요.

자, 여기서 지난번 강연 때 설명드린 사실, 즉 v의 속도로 운동하고 있는 시계에서의 시각의 늦어짐은

$$\sqrt{1 - (\frac{v}{c})^2} = 1 - \frac{1}{2}(\frac{v}{c})^2 + \cdots \quad \cdots\cdots\cdots \quad (3)$$

이라는 인자로 주어진다는 것을 상기하십시오. 만일 v가 c에 비해서 작은 값이라면 (3)에서 2항 이하는 무시할 수 있습니다. 한편 각속도의 정의에 의해 $v=R\omega$이므로 〈지연 인자〉는

$$1 - \frac{1}{2}(\frac{R\omega}{c})^2 = 1 - \frac{W}{c^2} \quad \cdots\cdots\cdots\cdots\cdots\cdots \quad (4)$$

로 표시되며 이 수식으로부터 시계가 놓인 장소의 중력 퍼텐셜의 차이에 의해서 시계의 진행 속도가 변화한다는 것을 알 수 있습니다.

이 식에 의하면 한 개의 시계를 에펠탑(La tour Eiffel, 높이 300m)의 맨 아래층에 놓고 다른 한 개의 시계를 탑 꼭대기에 놓아두었다고 할 때, 두 시계 사이의 퍼텐셜의 차는 매우 작으므로 아래층에 놓인 시계는 불과 0.999,999,999,999,97배만큼 위쪽의 시계보다 더디게 됩니다.

한편 지구의 표면과 태양 표면 사이의 중력 퍼텐셜의 차는 훨씬 커서 이 경우에는 0.999,999,5배만큼 늦게 가며 이러한 차는 실제로 매우 정밀한 측정에 의해서 입증되고 있습니다. 물론 시계를 태양 표면까지 가지고 가서 그 시계의 움직이는 상태를 조사해 본 사람은 현재 아무도 없습니다. 그러나 물리학자들은 이보다 더 좋은 방법을 알고 있지요. 분광기를 써서 태양 표면에서의 여러 가지 진동의 주기를 관측할 수 있는데 이렇게 해서 관측된 원소와 동일한 원소를 실험실의 분젠등(Bunsen Burner)으로 태워 분광기로 그 원자의 진동 주기를 측정하여 비교하는 방법입니다. 태양 표면에 있어서의 원자의 진동은 (4)를 통해 주어지는 인자만큼 늦으며 그 원자로부터 발생되는 빛은 지구상의 광원으로부터 나오는 경우보다 좀 더 붉은 빛을 띠고 있습니다. 소위 이 〈적색 편이(Red-Shift)〉라는 현상은 실제로 태양이나 여러 별의 빛의 분광에서 볼 수 있으며 태양이나 별의 경우에는 스펙트럼이 정밀하게 측정되어 그 실제 결과는 이론식에서 얻어지는 값과 완전히 일치하고 있습니다.

이런 식으로 〈적색 편이〉가 실제로 존재한다는 것이 알려졌는데 이는 태양에서 일어나는 변화가 그 표면에서의 높은 중력 퍼텐셜 때문에 분명히 어느 정도 늦게 진행된다는 것을 입증하는 것입니다.

중력장에서의 빛의 만곡 현상을 측정하기 위해서는 앞서 예로 든 로켓을 이용하는 것이 편리합니다. ℓ을 로켓의 선실을 가로지르는 길이라고 한다면 빛이 이 거리를 달리는 데 걸리는 시간인 t는

$$t = \frac{\ell}{c} \quad \cdots\cdots\cdots\cdots\cdots\cdots \quad (5)$$

가 됩니다. 이 시간 사이에 g의 가속도로 움직이고 있는 로켓은 다음과 같은 기초 역학의 공식에 의해 주어진 L의 거리만큼 진행한다는 결과가 나옵니다.

$$L = \frac{1}{2}g^{t^2} = \frac{1}{2}g\frac{\ell^2}{c^2} \quad \cdots\cdots\cdots\cdots\cdots\cdots \quad (6)$$

따라서 빛의 진행 방향의 변화를 나타내는 각 Ø는

$$\phi = \frac{L}{\ell} = \frac{1}{2}\frac{g\ell}{c^2} radians \quad \cdots\cdots\cdots\cdots\cdots\cdots \quad (7)$$

정도의 크기가 되며 빛이 중력장 속을 통과한 거리(ℓ)가 크면 클수록 더 커집니다. 여기서는 물론 로켓의 가속도(g)는 중력의 가속도와 같다고 해야 합니다. 만일 내가 빛으로 하여금 이 강의실을 가로지르게 한다면 ℓ은 대략 1,000㎝가 되겠고 지구 표면의 중력의 가속도(g)는 981㎝/sec^{2}이고 광속도(c)는 c=3.10^{10}

㎝/sec이므로

$$\phi = \frac{100 \times 981}{2 \times (3.10^{10})^2} = 5.10^{-16} radians = 10^{-10} \sec of\ \text{arc} \quad \cdots \quad (8)$$

가 됩니다.

그러나 이렇게 미미한 빛의 만곡 현상은 명확하게 관측할 수 없다는 것을 짐작하겠지요. 하지만 태양 표면 가까이에서 g의 값은 27,000이나 되고 또한 태양의 중력장 속을 통과하는 거리는 매우 길기 때문에 이런 경우를 정밀하게 계산해 보면 태양 표면 가까이를 통과하는 빛의 편차는 대략 1.75초 정도가 됩니다. 이러한 결과는 천문학자들이 개기일식 때 태양 둘레에 보이는 별의 위치 변화를 관측한 값과 정확하게 일치합니다. 이러한 결과로 가속도의 효과와 중력 효과가 완전히 같은 것이라는 사실이 또 한 번 관측에 의해서 입증된 셈이지요.

이야기가 여기까지 이르게 되고 보니 공간의 만곡이라는 문제로 다시 되돌아갈 수 있게 되었습니다. 가장 합리적인 직선의 정의를 빌면 불균일하게 운동하고 있는 좌표계에서 성립하는 기하학은 유클리드 기하학과는 아주 상반되며, 이러한 공간을 만곡된 공간이라고 부르는 것이 옳다는 사실을 상기하십시오. 어떤 중력장도 좌표계의 가속도와 같으므로 중력장이 존재하는 공간은 어떤 공간이든 만곡된 공간이라는 것을 의미하게 됩니다. 또한 한 걸음 더 나아가 중력장은 바로 **공간이 만곡되어 있다는 사실의 물리적 표현에 불과**하다고 말할 수 있습니다. 따라서 각 점에 있어서 공간의 만곡은 질량 분포에 의해서 정해지며 무거운 물체 근방에서 공간의 곡률은 최대가 됩니다. 나는 여기서 만곡된 공간의 성질이나 그것이 어떻게 질량 분포에 의존하느냐를 나타내는 매우 복잡한 수학적 분석 방법에 관하여 깊이 파고 들어갈 생각은 없으나, 다만 이 곡률은 일반적으로 한 개의 수로 정해지는 것이 아니라 10개의 수치로 정해진다는 사실을 지적해 두고자 합니다. 이 10개의 수라는 것은 인력 퍼텐셜 $g_{\mu\nu}$의 성분들이며 내가 앞에서 W라는 문자로 표시한 고전 물리학에서의 중력 퍼텐셜을 일반화한 것입니다. 이에 대응하여 각 점에 있어서의 곡률은 보통 $R_{\mu\nu}$로 표시되는 10개의 곡률 반경들로 주어집니다. 이들 곡률 반경은 물질 분포와 다음과 같은 아인슈타인의 기초 방정식에 의해서 서로 연결됩니다.

$$R_{\mu\nu} - \frac{1}{2}g_{\mu\nu}R = -kT_{\mu\nu} \quad \cdots\cdots\cdots\cdots\cdots\cdots\cdots \quad (9)$$

여기서 $T_{\mu\nu}$는 무게가 있는 물질의 밀도나 속도, 그리고 이로부터 이루어진 중력장의 여러 가지 성질에 관계되는 양입니다.

이 연설을 끝맺음에 앞서 방정식 (9)로부터 얻어지는 가장 흥미로운 결론을 하나 여러분에게 소개하고자 합니다. 균일하게 질량으로 채워진 공간, 즉 예를 들면 별이나 성군(星群)으로 충만되어 있는 우리가 실재하는 이 공간과 같은 것을 생각해 보면, 개개의 별 가까이에서 군데군데 곡률이 크게 되어 있는 곳을 제외하고는 공간은 **넓은 범위에 걸쳐서 균일하게 규칙적으로 만곡되어 있는 경향을 가질** 것이라는 결론에 도달합니다. 수학적으로는 여러 가지 해(解)가 존재할 수 있는데, 그 가운데 하나는 **폐쇄된 유한 용적을 갖는 공간**에 대응되는 해이며 또 다른 해는 내가 이 강연의 첫머리에서 설명한 바 있는 **말안장 모양에 가까운 무한한 공간**에 대응됩니다. 방정식 (9)에서 얻어진 두 번째로 중요한 결론은 이와 같이 만곡된 공간은 팽창이나 수축 상태를 계속해야 한다는 것입니다. 이러한 결론을 물리적으로 풀이하면 공간을 가득 채우고 있는 물체가 서로 멀어져 가거나 또는 반대로 서로 점점 가까워진다는 것을 뜻합니다. 그리고 유한한 용적을 갖는 폐쇄된 공간에 있어서는 팽창과 수축이 주기적으로 번갈아 일어난다는 것을 나타냅니다. 이것이 소위 우주의 맥동이라고 불리는 상태지요. 한편 무한한 〈말안장〉 모양의 공간은 영구히 수축 또는 팽창 상태에 있는 것입니다.

위에 설명한 바와 같이 여러 가지 수학적인 가능성 가운데 어느 것이 우리가 살고 있는 이 공간에 대응하는 것일까 하는 문제는 물리학자보다도 천문학자에 의해서 해결되어야 할 문제이며, 나는 이제 그것에 대해서 더 이상 언급하지 않겠습니다. 나는 단지 공간이 유한이냐, 무한이냐 또는 팽창하고 있다면 언젠가는 다시 수축하지 않겠는가 하는 문제는 아직 확실한 결말이 나 있지 않으나, 천문학에서의 관측에 의하면 분명히 우리들이 살고 있는 이 공간이 팽창을 계속하고 있다는 사실만은 확실히 말해 두겠습니다.

5장
맥동하는 우주

해변의 호텔에 도착한 첫날 저녁, 식사를 마치고 톰킨스 씨는 노교수와는 우주론에 대해서, 한편 교수의 따님과는 예술에 대해서 많은 이야기를 나누고 난 후 침실로 돌아가 침대에 몸을 던지며 모포를 머리까지 뒤집어썼다. 보티첼리(Sandro Botticelli, 1445?~1510 : 이탈리아의 화가)와 본디(Hermann Bondi, 1919~2005), 살바도르 달리(Salvador Dali, 1904~1989: 에스파냐의 초현실주의 화가)와 프레드 호일(Fred Hoyle, 1915~2001), 르메트르(Georges Lemaitre, 1894~1966)와 라 퐁텐(Jean de La Fontaine, 1621~1695 : 프랑스의 우화 작가) 등 조금 전 이야기 속에서 나온 여러 인물들이 피로에 젖은 그의 머릿속에 뒤범벅이 되어 마구 떠오르더니 마침내 그는 깊은 잠에 빠지고 말았다.

밤도 상당히 깊었을 때였다. 톰킨스 씨는 푹신한 침대 위에 누워 있는 것이 아니라 무엇인가 딱딱한 물건 위에 누워 있는 것 같은 이상한 기분이 들어 곧 잠에서 깨었다. 눈을 떠 보니 큰 바위 위에 엎드려 있는 것이 아닌가. 처음에는 바닷가에서 흔히 볼 수 있는 바위가 아닌가 하는 생각도 했으나 그것이 곧 직경이 10m나 되는 아주 큰 바윗덩어리이며 더구나 무엇 하나 받치는 것이 없음에도 그것이 허공에 떠 있다는 것을 알아차렸다. 그리고 바위 표면은 푸른 이끼로 뒤덮여 있었으며 군데군데 갈라진 틈바구니에선 관목까지도 자라나 있었다. 바위 주위의 공간은 무엇인지 알 수 없는 희미한 빛이 환하게 비치고 굉장히 뿌연 먼지가 마구 일고 있었다. 그런데 이렇게 지독한 먼지는 미국 중서부 지방의 모래바람을 묘사한 영화에서조차도 찾아 볼 수 없는 것이다. 손수건을 코에 대면 잠시 동안은 좀 괜찮은 것 같은 기분이 들었으나 그 주위의 공간에는 이 먼지 이상으로 위험한 것이 있었다. 머리 정도 또는 그보다도 더 큰 돌들이 그가 있는 바위 근처의 공중에서 소용돌이치며 때때로 괴상하고 둔탁한 소리를 내며 바위 위에 부딪치는 것이었다. 또한 그가 있는 바위와 거의 비슷한 크기를 한 큰 바윗돌이 하나둘씩 좀 떨어진 곳에 떠돌아다니는 것도 볼 수 있었다. 주위를 둘러보면 혹시 발밑으로 떨어져 저 먼지 구덩이 속으로 같이 파묻혀 버리는 것은 아닐까 하는 두려움에 시종 툭 튀어나온 바위의 한 부분을 잔뜩 움켜잡고 있었다. 그러나 시간이 흐름에 따라 그는 점점 대담해져 바위 모퉁이 가까이까지 기어가서 정말로 바윗돌을 지탱하고 있는 것이 없는가를 확인하려고 했다. 이렇게 해서 바위 둘레를 약 1/4 이상이나 돌아보았지만 놀랍게도 바위 위에서 굴러떨어지지도 않았을 뿐만 아니라 시종 자기가 자신의 무게로 바윗돌 위에 눌리고 있음을 깨달았다. 처음 자기가 있었던 장소와는 딱 반대편이 되는 바위 뒤쪽에 있는 흔들흔들하는 돌 틈바구니 사이로 들여다보니 정말로 이 바윗덩이를 지탱하고 있는 물건은 아무것도 없음을 확인할 수 있었다. 그런데 뜻밖에도 그곳에 하얀 수염을 길게 기른 키가 큰 사람이 어렴풋한 광선 속에 서 있는 것을 보고 깜짝 놀랐다. 얼핏 보기에 고개를 숙인 채 수첩에 무엇인가 적고 있는 것 같았다. 그 사람은 바로 노교수임이 분명했다.

그제서야 톰킨스 씨는 조금씩이나마 여러 가지 의문점을 차츰 이해하게 되었다. 학생 시절에 지구라는 것은 둥글고 큰 바위와 같은 것이며 태양 주위의 공간을 자유로이 운동하고 있다고 배운 생각이 났다. 지구의 반대편에 서 있는 두 대척지(對蹠地)의 사람들 또한 생각났다. 그렇지! 지금 있는 이 바위도 매우 작은 천체의 하나임에는 틀림없고, 따라서 그 표면에 있는 모든 물체를 잡아당기고 있는 것이겠지. 그러고 보니 그와 노교수만이 이 보잘것없는 작은 행성의 주민들인 셈이라고 생각되었다. 이러한 사실을 알게 되자 그는 다소 안심이 되었다. 바위에서 떨어질 위험성이 없어진 것만이라도!

"좋은 아침입니다" 하고 톰킨스 씨는 인사를 하며 노인의 주의를 그가 열중하고 있는 계산에서 떼어 놓으려고 했다. "여기에서는 아침이 없네"라고 교수는 수첩에서 눈을 돌리며 대답했다.

"여기에는 태양도 없으며 반짝이는 별 하나 없다네. 다행히도 여기서는 바위 표면의 물체가 화학 변화를 일으키고 있으니 그래도 괜찮다고나 할까? 그렇지도 않다면 이 공간의 팽창을 관측할 수도 없게 된다네"라고 말한 후 교수는 다시 수첩으로 눈길을 돌렸다.

톰킨스 씨는 좀 언짢은 생각이 들었다. 이 우주 속에서 단 한 사람의 인간을 만난 것인데 그가 그렇게도 가까이하기 어려운 인물이라니! 그런데 뜻하지 않게 조그마한 운석 하나가 마침 교수가 들고 있던 수첩 위에 떨어져 수첩은 그들이 있는 행성으로부터 멀리멀리 날아가 버렸다. "아마 다시 수첩을 되찾을 길이 없겠지요?" 수첩이 공중으로 날아가며 점점 작아지자 톰킨스 씨는 말했다.

"그와는 반대일세. 공간이 무한히 펼쳐져 있는 것이 아니라

이곳에서는 아침이란 것은 없네

는 것을 알게 될 거야. 아, 그래 그래, 자네는 학교에서 공간은 무한하며 두 개의 평행선은 결코 서로 교차하지 않는다고 배웠겠지. 그런데 이러한 일은 보통 인간이 살고 있는 공간에 있어서나 지금 우리가 있는 이 공간에 있어서도 진실이라고 할 수는 없네. 물론 전자의 공간은 아주 크지. 그 크기를 과학자들은 현재 대략 10,000,000,000,000,000,000,000마일 정도라고 추정하고 있지. 보통 사람에게는 무한하다는 말을 들을 정도로 엄청나게 먼 거리지. 그러니까 그러한 공간에서 수첩을 놓쳤다고 하면 되돌아오기까지는 놀랄 만큼 긴 시간이 필요하게 되는 셈일세. 그러나 지금 이곳에서는 좀 사정이 다른 것 같네. 내 손에서 수첩을 놓치기 바로 전에 한 계산으로는 이 공간의 직경이 불과 5마일밖에 안 된다는 것인데, 비록 급격하게 팽창하고 있다고는 하지만 말이야. 수첩은 아마 반 시간도 안 되어 되돌아올 걸세."

"그렇다면 그 수첩은 호주 원주민이 즐겨 쓰고 있는 부메랑처럼 곡선을 그리며 날아가다 다시 제자리로 돌아온다는 말씀인가요?" 하고 톰킨스 씨는 용기를 내어 물었다.

"그런 종류의 것이 아닐세. 실제로 어떻게 되어 가는가를 알고 싶다면 지구가 구형이라는 사실을 몰랐던 옛날 그리스인의 경우를 생각해 보는 것이 도움이 될 걸세. 그 그리스인이 어느 누구에게 끊임없이 북쪽을 향해 똑바로 가라고 명령했다면, 명령을 받은 주자가 남쪽 방향으로부터 그에게로 되돌아왔을 때 얼마나 놀라웠을지 상상해 보게나. 옛날 그리스인들은 세계가 돈다(이 경우에는 지구를 도는 셈이 된다)는 생각은 전혀 갖지 않았기 때문에 명령을 받은 자가 길을 잘못 들어 남쪽으로부터 되돌아온 것이라고 생각할 것임에 틀림없지. 그런데 실제로는 한결같이 지구상에 그릴 수 있는 가장 빠른 선을 따라 앞으로 진행했으나 지구는 한 바퀴 돌았기 때문에 반대 방향으로부터 되돌아온 것일세. 내 수첩도 날아가는 도중에서 돌과 부딪쳐 진로를 벗어나지만 않는다면 마찬가지의 결과가 일어날 걸세. 자, 아직도 수첩이 보이는지 쌍안경으로 보게나."

톰킨스 씨는 쌍안경을 들여다보았다. 너무 뿌옇게 떠 있는 지독한 먼지 때문에 저 멀리 날아가는 수첩은 가물가물하게 보이는 정도였다. 그리고 책은 물론 멀리 있는 것들은 모두 붉은 색조를 띠고 있는 사실에 약간 놀라지 않을 수 없었다. 잠시 후 그는 "교수님! 수첩이 되돌아오고 있습니다. 점점 크게 보이는군요" 하고 큰 소리로 외쳤다.

"아닐세. 아직도 점점 멀어져 가고 있는 중이야. 그것이 마치 되돌아오는 것처럼 모양이 점점 커지는 듯이 보이는 것은 폐쇄된 구형 공간에서는 빛을 집속*시키는 특별한 작용이 있기 때문일세. 이야기를 다시 그리스인의 예로 되돌려 보세. 가령 빛이 항상 지구의 둥근 표면을 따라서 진행한다면(예를 들어 대기의 굴절에 의해서 이러한 일이 일어났다고 해도 좋다) 성능 좋은 쌍안경으로 명령을 받은 그 주자가 여행을 계속하는 동안 줄곧 볼 수가 있을 거야. 한번 지구본을 들여다보면 알 수 있듯이 그 표면에서 가장 곧은 선, 즉 자오선이 한 극으로부터 퍼져 나가 적도를 지나서는 다시 반대쪽 극에 모이는 것이 분명하지. 빛이 자오선을 따라 진행한다 하고 자네가 한쪽 극에 있다면 자네로부터 점점 멀어져 가는 사람은 그가 적도를 넘어설 때까지는 멀어져 갈수록 작게 보이겠지만, 적도를 지나서부터는 모양이 점점 커져서 마치 그가 되돌아오는 것처럼 착각을 느낄걸세. 비록 그의 앞모습이 아니라 뒷모습을 보게 되겠지만. 그가 반대쪽 극에 도착했을 때는 마치 자네 바로 곁에 서 있는 것처럼 크게 보일 걸세. 그러나 그를 직접 만져 볼 수는 없다네. 구면 거울 속에 비친 상을 만져 볼 수 없는 것과 같은 현상이지. 이러한 2차원인 지구의 표면인 경우에서 유추해 본다면 기묘한 3차원 공간 내의 빛에서는 어떤 일이 일어나겠는가를 상상할 수 있을 걸세. 자, 이제는 수첩의 모습도 꽤 가까이 보일 텐데."

톰킨스 씨가 쌍안경을 눈에서 떼고 보아도 정말 몇 m 안 되는 곳에 수첩이 와 있었다. 그러나 아주 이상한 것은 그 수첩의 모습은 윤곽도 분명치 않을 뿐더러 어딘가 형태도 일그러져 있어 교수가 적어 놓았던 수식도 확실히 분간할 수 없을 정도

* 편집자 주: 빛이 한군데로 모이는 일

였다. 수첩 전체가 초점이 맞지 않을 뿐더러 현상이 덜 된 사진 같았다.

“보다시피 지금 보이는 것은 단지 수첩의 상(像)에 지나지 않는다네. 빛이 우주를 반 바퀴 돌았기 때문에 몹시 상이 일그러져 있는 걸세. 이것이 상이란 것을 확실히 알려면 자, 보게나. 책 뒤에 있는 돌들이 상을 뚫고 비쳐 보이지.”

톰킨스 씨는 수첩을 만져 보려고 손을 내밀었으나 손에는 아무 반응이 없고 상을 뚫고 지나갈 뿐이었다.

“지금 그 수첩은 우주의 반대 극에 매우 접근하고 있네. 자네가 지금 보고 있는 상은 바로 그러한 두 개의 상들일세. 두 번째의 상은 자네 뒤에 있네. 이 두 개의 상이 겹쳐졌을 때 진짜 수첩은 딱 반대쪽 극에 있게 되네.”

톰킨스 씨는 교수의 말을 들을 경황이 없었다. 그는 기초 광학에 있어서는 오목 거울이나 렌즈에 의해서 물체의 상이 어떤 모양으로 생기는가를 생각해 내려고 열중하고 있었기 때문이다. 드디어 그가 생각해 내려는 노력을 포기했을 때는 이미 수첩의 두 개의 상은 다시 서로 반대 방향으로 진행하고 있었다.

“그런데 왜 공간이 휘어지거나 또는 이러한 기괴한 일이 일어나는 것입니까?”

“질량을 가진 물질이 있기 때문일세. 뉴턴이 중력 법칙을 발견했을 때에는 중력을 아마 보통 있는 힘, 예를 들어 두 물체 사이를 탄력 있는 실로 연결했을 때 볼 수 있는 형태의 힘처럼 생각했지. 그런데 중력이 작용하는 상황에서는 어떤 물체도 그 무게나 크기와는 상관없이 같은 가속도를 가지고 같은 운동을 한다는 사실이 아주 이상하게 여겨졌지. 물론 공기에 의한 마찰이라든가 등등을 고려에 넣지 않는 경우의 이야기이기는 하지만……. 질량을 갖는 물질에는 거의 근본적 작용으로 공간을 만곡시킬 성질이 있다는 것, 중력장에서는 모든 운동체의 궤적이 휘어지는데 이것은 공간 자체가 휘어져 있기 때문이라는 것을 처음으로 명확하게 한 사람이 바로 아인슈타인이네. 수학을 충분히 알고 있지 못한 자네에게는 좀 지나치게 어려운 문제라고 생각하지만."

"바로 그렇습니다" 하고 톰킨스 씨는 교수의 말을 거들고 난 후 다시 말했다.

"그러나 만일 물질이 없었다면 학교에서 배운 기하학이 성립하게 되어 평행선은 영원히 서로 교차하는 일이 없겠지요?"

"그럴지도 모르지. 그러나 그러한 말은, 조사할 사람도 존재할 수 없다는 말이 되지."

"그래요? 그렇다면 유클리드도 존재할 수 없었다는 말이 되고 따라서 절대 공허한 공간에 관한 기하학이 성립될 수 없었단 말인가요?"

그러나 교수는 이러한 형이상학적인 공론에 말려드는 것을 분명히 싫어하는 것 같았다.

얼마 후 수첩의 상은 다시 원래의 방향으로 멀어지더니 되돌아오기 시작했다. 이번에는 앞서보다 훨씬 흐려져서 거의 분간하기 어려울 정도였다. 빛이 우주를 한 바퀴 완전히 돌아왔기 때문이라고 교수는 설명했다.

그는 "다시 한 번 뒤돌아보게나. 내 수첩이 세계 일주 끝에 드디어 돌아왔네" 하며 손을 내밀어 수첩을 잡아 호주머니 속에 넣었다.

"보다시피 이 우주에는 모래 먼지나 돌들이 아주 많아 도저히 주위의 것들을 분간하기 어렵네. 자네도 봐서 알고 있겠지만 우리들 주변에는 그 모습이 분명치 않은 그림자 같은 것이 많이 있는데 아마도 이것들은 대부분 우리들의 상이거나 우리들 주변에 있는 물체의 상들일 걸세. 하지만 모래 먼지나 또는 공간의 불규칙한 만곡 때문에 아주 일그러져 있어 어느 것이 어느 것인지 분간하기조차 어렵게 되어 있네."

"우리들이 먼저 살고 있던 훨씬 큰 우주에서도 이와 같은 일이 일어날 수 있을까요?"

"암, 그렇지. 그러나 그 우주는 아주 크기 때문에 빛이 우주를 일주하는 데 몇십억 년이나 걸리게 되지. 자네는 자신의 뒷머리를 이발하는 것을 거울의 도움 없이 볼 수 있다는 말이 되네. 물론 이발소에 간 지 수십억 년 지난 후에나 가능한 일이지만, 그리고 아마 별 사이에 있는 여러 먼지들로 인해서 그 모습이 흐릿하게 되어 버리겠지만. 여담이기는 하나 영국의 어느 천문학자가 추측한바 현재 하늘에서 보이는 별 가운데는 아주 먼 옛날에 존재했던 별의 상에 지나지 않는 것들도 있으리라고 하네."

교수가 해 준 여러 이야기를 애써 이해하려 했기 때문에 아주 피곤해진 톰킨스 씨는 무심코 주위를 둘러보았는데 날씨가 아까와는 완전히 달라져 있음을 깨닫고 매우 놀랐다. 주위의 먼지도 많이 가라앉은 것 같아 얼굴을 가렸던 손수건을 뗐다. 작은 돌들이 날아다니던 일도 뜸해졌으며 그 돌들이 바위에 충돌하는 소리도 맥없이 작아졌다. 지금 두 사람이 서 있는 바위와 거의 같은 크기의 큰 바위가 처음에는 두서너 개 보이더니 점점 멀어져 갔으며 지금은 보일까 말까 할 정도로 멀리 사라져 가고 있었다.

"아무래도 상당히 편안해진 것 같은데. 조금 전까지도 날아다니는 돌에 맞을까 봐 항상 마음 졸이고 있었는데" 하고 톰킨스 씨는 혼잣말로 중얼거리더니 교수를 보고 이렇게 말했다.

"어째서 주위의 모습이 달라졌는지 그 까닭을 설명해 주시지 않겠습니까?"

"그것은 아주 쉬운 일이지. 우리들이 있는 이 작은 우주는 급격하게 팽창하고 있는 중일세. 우리가 이곳에 온 후부터 그 크기가 5마일이던 것이 100마일 정도까지 커졌다네. 나는 이곳에 오자 멀리 있는 것들이 붉게 보이는 것을 알고 곧 팽창하고 있다는 사실을 알았지."

"그렇습니다. 제게도 멀리 있는 것들이 모두 붉게 보이더군요" 하고 톰킨스 씨가 말했다.

"그런데 그런 일이 왜 팽창한다는 사실을 뒷받침하는 것인가요?"

"열차가 가까이 올 때 기적 소리는 고음으로 들리지만 열차가 지나가면 반대로 아주 저음으로 들린다는 사실을 경험한 적이 있겠지?" 하고 교수는 물었다.

"그것이 바로 음원(音源)의 속도가 음의 고저를 바꾸게 된다는 소위 도플러* 효과(Doppler Effect)라고 하는 것이지. 공간 전체가 팽창하고 있을 때에는 그 안에 있는 모든 것이 관측자로부터 떨어져 있는 거리에 비례하는 속도를 가지고 멀어져 가

* 역자 주: Christian Doppler, 1805~1853

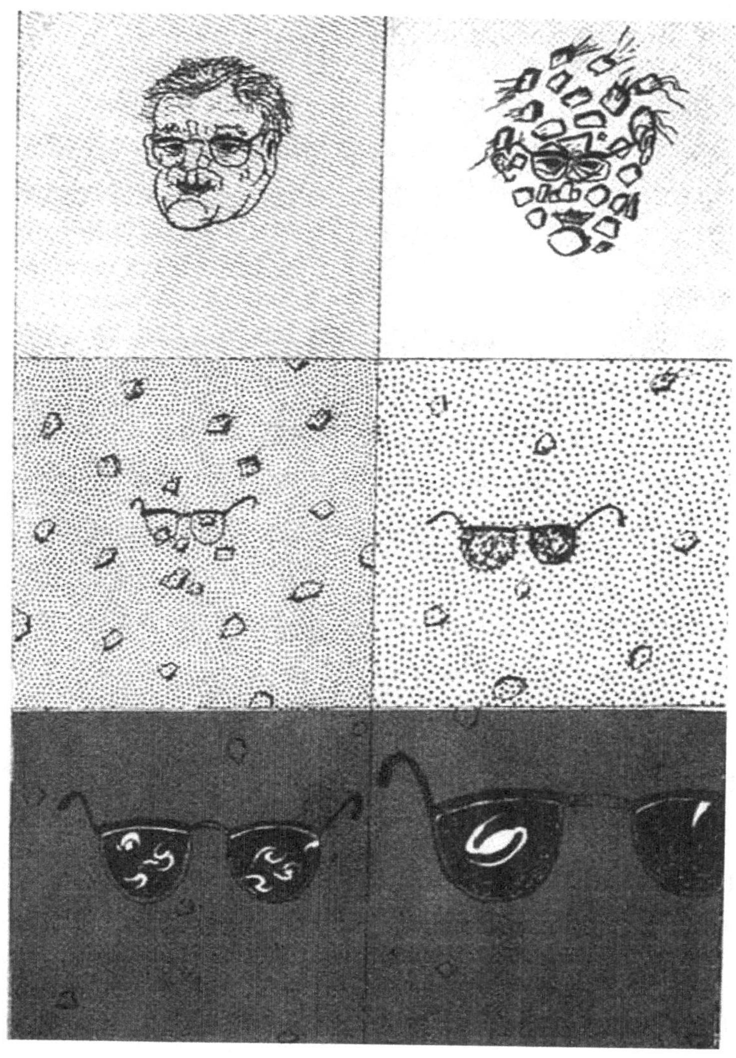

우주는 한없이 팽창하며 또 식어 가고 있다

는 것이야. 따라서 그런 물체들로부터 발생되는 빛은 점점 붉게 되며 이 빛은 광학에서 낮은 쪽의 피치(Pitch: 음높이)에 해당하네. 멀면 멀수록 움직이는 속도는 점점 빨라지며 더욱 붉게 보이게 되지. 우리가 먼저 있던 안락한 우주도 역시 팽창하고 있으며 천문학자들은 이 붉게 보이는 현상을 적색 편이라는 말로 부르며 이것으로부터 아주 멀리 있는 성운까지의 거리를 추정하고 있다네.

예를 들면 가장 가까이 있는 것의 하나인 소위 안드로메다(Andromeda) 성운에서는 붉게 보이는 정도가 0.05%이며 이러한 값은 빛이 80만 년 걸려서야 도달할 수 있는 거리에 해당하는 것이지. 그러나 현재 망원경을 이용하여 겨우 보일까 말까 하는 먼 거리에 있는 성운의 거리는 대략 15% 정도 붉게 되며 수억 광년의 거리에 있지. 아마도 이러한 성운은 대체로 넓은 하늘의 적도 중간부 부근에 있는 것으로 보이며 지구의 천문학자들에게 알려져 있는 공간의 전 부피는 전 우주 부피의 상당한 부분을 차지하고 있는 것 같네. 현재로서는 팽창 속도는 매년 0.000,000,01% 정도로 늘고 있는데, 이는 1초마다 우주의 반경이 1000만 마일씩 늘어나고 있다는 사실이 되지. 지금 이 작은 우주에서는 확대되는 속도가 훨씬 빠르며 1분에 1% 정도씩 늘어나고 있네."

"그런데 언제까지나 팽창 일로에 있고 멈추지 않는 것입니까?" 하고 톰킨스 씨는 물었다.

"물론 팽창을 멈추게 되겠지" 하고 교수는 대답했다. "멈춘 후에는 다시 수축하기 시작하는 거야. 어떤 우주에서도 매우 작은 상태와 매우 큰 상태 간을 왕복하는 거야. 큰 우주에서는 이 주기가 상당히 길어 아마도 수십억 년 정도가 된다고 생각하나 이 작은 우주에서는 그 주기가 불과 두 시간 정도밖에는 안 되지. 우리들은 지금 팽창할 대로 팽창하여 가장 크게 된 상태에 있는 것을 보고 있다고 짐작되네. 꽤 추워진 것 같은데 자네도 느끼고 있나?"

실제로 전 우주를 충만하게 채우고 있는 열복사는 지금 이 순간 아주 큰 용적에 퍼져야 하므로 둘이 있는 이 작은 행성에 돌아오는 열의 몫은 매우 작았으며 따라서 온도도 어느점까지 내려가 버렸다.

"다행히도 원래 상당한 복사가 있어 왔기 때문에 이 정도까지 팽창해도 아직 어느 정도 열을 받을 수가 있지. 그렇지 않다면 아주 추워서 주위의 공기도 응결하여 액체가 되어 버리고 우리들은 동사할지도 모를 일이야. 그런데 벌써 다시 수축하기 시작하여 얼마 안 있어 다시 따뜻해지겠지."

하늘을 쳐다보고 있던 톰킨스 씨는 멀리 보이는 물체의 색깔이 붉은색으로부터 점차 보라색으로 바뀌어 가고 있는 것을 알았다. 교수의 설명을 빌리면 이러한 변화는 전체가 모두 두 사람이 있는 곳을 향하여 움직이기 시작했기 때문이라고 했다. 그는 또한 기차가 가까이 다가올 때는 기적 소리가 고음으로 들리게 된다는 교수의 말을 되새기고 공포심에 사로잡히고 말았다.

그는 "지금 이 순간에 모든 것이 수축하고 있다면 얼마 안 있어 우주 전체에 있는 큰 돌이란 돌은 모두 이곳으로 집중되어 우리들은 깔려 버리게 되는 것이 아닙니까?" 하고 걱정스러운 듯 교수에게 물어보았다.

교수는 "틀림없이 그렇게 될 걸세" 하고 태연하게 대답했다. "그러나 그렇게 되기 전에 온도가 아주 높아져서 우리들은 모두 개개의 원자로 완전히 해체되고 말 걸세. 말하자면 우주의 종언(終焉) 광경의 축소판이라고나 할까? 모든 것이 뒤범벅이 되어서 한결같이 고온의 가스체가 되어 버리지. 그리고 단지 새롭게 시작되는 팽창과 더불어 새로운 생명이 움트게 되는 거야."

"아, 큰 우주에서는 선생님이 말씀하시는 것처럼 종말을 고할 때까지 몇십억 년이나 걸린다고 하는데 여기서는 이렇게도 빠르다니. 잠옷만 걸쳤는데도 더워서 못 견디겠어요."

"잠옷을 벗지 않는 게 좋겠네. 벗는다고 한들 무슨 소용이 있어. 자, 엎드려서 되도록 오랫동안 관측이나 하게나."

톰킨스 씨는 대답하지 않았다. 뜨거운 공기는 견딜 수 없었으며 모래 먼지는 그때 이미 매우 심하게 주위에 몰려들었으나 부드럽고 따뜻한 담요에 감겨 있는 듯한 기분이었다. 그가 자유로워지려고 몸부림치던 중 그의 손 하나가 차디찬 공기 중에 불쑥 튀어나오게 되었다.

그때 그의 머리에 처음으로 떠오른 생각이란 「이 무자비한 우주에 구멍이라도 파 놓았으면……」 하는 것이었다. 이에 대하여 교수와 상의해 보았으면 하고 생각했으나 교수의 모습은 찾아 볼 수 없었다. 그 대신 어렴풋한 아침 햇살 속에 언제나 다름없는 침실 안의 가구들이 보이기 시작했다. 그가 담요에 돌돌 말려 자고 있다가 마침 한 손을 담요 밖으로 내밀었을 때였다. 그는 「새로운 생명은 팽창과 더불어 시작한다」고 하는 노교수의 말을 되새겨 보았다.

「고맙게도 우리의 우주는 아직도 팽창하고 있는 중이구나!」 생각하며 그는 아침 목욕을 하러 침실을 나섰다.

6장
우주 오페라

아침 식사 때의 일이었다. 톰킨스 씨가 바로 지난밤 꾸었던 꿈 이야기를 교수에게 들려주었더니 노교수는 오히려 좀 의아스러운 듯한 표정을 지으며 듣고 있었다.

"우주의 와해란 생각해 보면 물론 아주 극적인 종말이라 할 수 있겠지. 그러나, 내 생각으로는 은하 상호 간의 후퇴 속도가 매우 크기 때문에, 현재 팽창하고 있는 이 상태가 멈춰지고 다시 수축하여 마침내는 서로 부딪쳐서 파멸해 버리고 마는 일은 결코 일어나지 않을 걸세. 아마 우주는 한없이 팽창을 계속하여 그 결과 이 우주 공간에서 은하의 분포는 점점 희박하게 될 걸. 은하를 구성하고 있는 모든 별들이 핵연료의 소진으로 타 없어져 버릴 때 우주는 무한히 퍼져 있는 차디차고 어두운 하늘의 집합체로 변하고 말 거야.

그러나 이와는 전혀 다른 의견을 가지고 있는 천문학자들도 한편에는 있단 말일세. 그들은 소위 정상 상태(Steady State)의 우주론을 주장하고 있으며 이 이론에 따르면 우주는 시간의 경과와는 상관없이 불변 상태라는 거야. 즉 우주는 헤아릴 수 없이 오랜 과거로부터 현재의 모습과 같은 상태로 존속해 왔으며 또한 앞으로도 무한한 장래까지 현재와 똑같은 상태를 그대로 유지해 간다는 거지. 물론 이러한 주장은 대영제국의 영광이 이 세계에서 영원히 존속할 것이라는 그 황홀한 주장과 일맥상통하는 것이기는 하나, 나는 이 이론이 옳다고 생각하지는 않

톰킨스 씨는 검은 신부복과 칼라를 단 사람을 보았다

네. 그것은 그렇다 치고 이 새로운 이론의 창안자 중 한 사람인 케임브리지대학의 이론천문학 교수가 이 문제를 주제로 작곡한 오페라 작품이 있는데 그 오페라의 초연이 다음 주, 코번트가든(Covent Garden) 극장에서 열리게 된다네. 왜, 자네도 내 딸 모드와 같이 들으려고 입장권을 예약해 두지 않았었나. 가 보면 아주 재미있을 걸세."

해협에 접해 있는 그 어느 곳에서와 마찬가지로 바닷가의 기온이 내리고 장마가 시작되자 그들은 해변을 떠나 다시 집으로 돌아왔다. 그 후 며칠이 지나 톰킨스 씨와 모드 양은 오페라하우스의 푹신푹신하고 빨간 벨벳으로 씌운 의자에 둘이 나란히 앉아 무대 앞에 내려진 막이 오르기를 기다리고 있었다.

서곡은 빠르고 웅장하게(Precipitevolissimevolmente)로 시작되었는데 어찌나 열중했던지 오케스트라의 지휘자는 서곡의 연주가 끝나기까지 두 번씩이나 그가 입은 예복의 옷깃을 고쳐야 할 정도였다. 드디어 막이 올라가자 어찌나 무대가 밝은지 청중들은 모두 두 손으로 눈을 가리지 않고는 못 배길 정도였다. 무대로부터 나오는 강렬한 광선으로 말미암아 홀 전체가 순식간에 대낮같이 밝아지고 천장은 물론 복도까지 빛의 바다를 이루었다.

차츰 빛은 어두워져 가고 어느덧 톰킨스 씨는 그 스스로가 어두운 공간에 떠 있었으며 더욱이 마치 밤의 축제 때 흔히 볼 수 있는 불붙은 수레처럼 빠른 속도로 회전하는 불빛으로 조명되고 있음을 깨달았다. 연주하는 모습은 보이지 않았지만 오케스트라의 음악은 오르간 음악처럼 은은히 울려 퍼지기 시작하였고 그 순간 톰킨스 씨는 검은 옷과 칼라를 단 한 성직자가 서 있음을 볼 수 있었다. 오페라 대사에 따르면 그는 바로 벨기에에서 온 조르주 르메트르 신부로 그는 흔히 '대폭발(Big Bang)' 이론이라는 별명으로 알려진 우주 팽창론을 처음으로 제창한 사람으로 알려져 있다. 톰킨스 씨는 그가 부른 아리아의 첫 구절을 아직도 기억한다.

원자는 만물의 근원!
삼라만상은 원자로 이루어졌다네!
극미의 단편도
또 저 중천에 수놓인 은하도
근원의 에너지를 지닌 원자들이 이룩한 것!
방사성 원자!
삼라만상은 원자로 이루어졌다네!
아, 만물의 원자여—.
그대는 바로 주께서 창조하신 것!

O, Atome prreemorrdiale!
All-containeeng Atome!
Deessolved eento frragments exceedeengly small.
  Galaxies forrmeeng,
  Each wiz prrimal enerrgy!
O, rradioactif Atome!
O, all-containeeng Atome!
O, Univairrsale Atome—
  Worrk of z'Lorrd!

긴 진화의 역사는 말한다.

이젠 재와 연기만을 내뿜는 짚 더미만을 남긴 그 옛날의 거대한 불꽃을.

지금 우리는 불탄 재와 끄트러기 위에 두 발 딛고 서 있으며 우리는 사라져 가는 태양에 직면하고 있다. 지난날의 그 영광을 되새겨 보고자 애쓰면서…….

아, 만물의 원자여—.

그대는 바로 주께서 창조하신 것!

Z'long evolution
Tells of mighty firreworrks
Zat ended een ashes and smouldairreeng weesps.
  We stand on z'ceendairres
  Fadeeng suns confrronteeng us,
Attempteeng to rremembairre

Z'splendeur of z'origine.
O, Univairrsale Atome—
Worrk of Z'Lorrd!

르메트르 신부의 아리아가 끝난 다음에는 무대 위에 키가 훤칠하게 큰 한 친구가 나타났는데(역시 오페라 대사에 의하면) 그는 러시아의 물리학자인 조지 가모프로서 지난 30년간 미국에서 휴가를 보내고 있다고 한다. 다음은 그가 부른 노래이다.

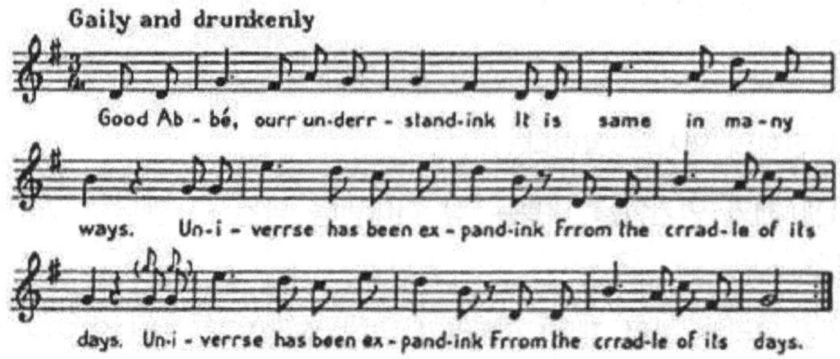

나의 다정한 벗 신부님!
우리들의 관점에는 서로 같은 데가 많군요.
우주는 팽창해 왔어요.
그것도 요람의 시대로부터…….
우주는 팽창해 왔어요.
그것도 요람의 시대로부터…….

Good Abbé, ourr underrstandink
It is same in many ways.
Universe has been expandink

Frrom the crradle of its days.
Univerrse has been expandink
Frrom the crradle of its days.

그대는 우주가 진화되어 운동하게 되었다고 했겠지요.
나는 그대 말을 믿지 않소.
우리는 견해가 달랐었지요.
오늘날의 이 우주가 어떻게 이룩되었는가에.
우리는 견해가 달랐었지요.
오늘날의 우주가 어떻게 이룩되었는가에.

You have told it gains in motion.
I rregrret to disagrree,
And we differr in ourr notion
As to how it came to be.
And we differ in ourr notion
As to how it came to be.

우주는 그 옛날 중성자로 된 액체였다오.
과거나 미래나 우주는 무한한 것.
우주는 또한 불멸의 존재.
과거나 미래나 우주는 무한한 것.

It was neutrron fluid —— neverr

Prrimal Atom, as you told.
It is infinite, as everr
It was infinite of old.
It is infinite, as everr
It was infinite of old.

끝없이 넓은 누각(樓閣)에서
기체는 서로 충돌하여 최후를 고했고
그리하여 여러 해 전에(수십억 년 전에)
가장 조밀한 상태로 뭉치게 되었다오.
그리하여 여러 해 전에(수십억 년 전에)
가장 조밀한 상태로 뭉치게 되었다오.

On a limitless pavilion
In collapse, gas met its fate,
Yearrs ago(some thousand million)
Having come to densest state.
Yearrs ago(some thousand million)
Having come to densest state.

그 어느 결정적 시기에
온 우주는 찬란한 빛이 넘쳐흘렀으며
그리고 빛이 물질로 변했음은 다시없는 장한 일.
그리고 빛이 물질로 변했음은 다시없는 장한 일.

All the Space was then rresplendent
At that crrucial point in time.
Light to matterr was trranscendent
Much as meterr is, to rrhyme.
Light to matterr was trranscendent
Much as meterr is, to rrhyme.

우주는 또한 불멸의 존재.
굉장히 많은 빛으로부터
눈곱만큼의 물질이 생겨났지요.
태고에 있었던 거창한 충돌의 반도(反跳)*로부터
엄청난 팽창이 시작될 때까지
태고에 있었던 거창한 충돌의 반도로부터
엄청난 팽창이 시작될 때까지

Forr each ton of rradiation
Then of matterr was an ounce,
Till the impulse t'warrd inflation
In that grreat prrimeval bounce.
Till the impulse t'warrd inflation
In that grreat prrimeval bounce.

---

* 편집자 주: 되튐. 한 입자에서 입자가 방출되거나, 또는 그 입자에 다른 입자가 부딪쳤을 때, 그 입자가 튕겨 되돌아오는 현상

빛은 서서히 사라지고
수억 년이 지나는 동안
이제는 빛보다 훨씬 많은
물질이 생겨났지요.
이제는 빛보다 훨씬 많은
물질이 생겨났지요.

Light by then was slowly palink.
Hundrred million yearrs go by ……
Matterr, over light prrevailink,
Is in plentiful supply.
Matterr, over light prrevailink,
Is in plentiful supply.

그 후 물체는 융합하기 시작했고
(진스*의 가설에서처럼)
거대한 기체 형태의 먹구름은
원시의 은하를 창조했다오.
거대한 기체 형태의 먹구름은
원시의 은하를 창조했다오.

Matterr then began condensink
(Such are Jeans' hypotheses).

---

* 역자 주: Sir. James Hopwood Jeans, 1877~1946

Giant, gaseous clouds dispensink
Known as prrotogalaxies.
Giant, gaseous clouds dispensink
Known as prrotogalaxies.

원시의 은하는 조각이 나서
밤하늘을 날아 흩어져 갔으며
그들로부터 별들은 탄생하여
여기저기 천공을 수놓았소.
그들로부터 별들은 탄생하여
여기저기 천공을 수놓았소.

Prrotogalaxies were shatterred,
Flying outward thrrough the night.
Starrs werre forrmed frrom them, and scattered
And the Space was filled with light.
Starrs werre forrmed frrom them, and scatterred
And the Space was filled with light.

은하는 끝없이 흐르고
별들은 마지막 불빛을 낼 때까지 타오르겠지.
우리들의 우주가 엷게 퍼져 생명을 잃고 암흑으로 변할 때까지…….
우리들의 우주가 엷게 퍼져 생명을 잃고 암흑으로 변할 때까지…….

Galaxies arre everr spinnink,
    Starrs will burrn to final sparrk,
Till ourr universe is thinnink
    And is lifeless, cold and darrk.
        Till ourr universe is thinnink
        And is lifeless, cold and darrk.

톰킨스 씨가 기억하기로는 세 번째 아리아는 오페라 작곡자 자신이 불렀는데, 그는 밝게 반짝이는 은하들로 둘러싸인 우주 공간에서 갑자기 그 모습을 나타냈다. 호주머니 속에서 갓 탄생한 은하를 끄집어내어 손에 들고 노래를 불렀다.

시간이 흐르고 흐르는 동안
우주가 생겨난 것은 절대로 아니었네.
우주가 있는 것은 하느님의 뜻.
우주는 예나 이제나 또 영원히 그 모습 그대로이지.
본디나 골드*도 그렇게 말했고 나 또한 그렇게 믿고 있다네.
오, 코스모스! 변함없이 머물러 있으리.
한결같이 변치 않는다고 우리는 믿는다네!

The universe, by Heaven's decree,
Was never formed in time gone by,
But is, has been, shall ever be—
For so say Bondi, Gold and I.
Stay, O Cosmos, O Cosmos, stay the same!
We the Steady State proclaim!

해묵은 은하들은 소멸해 타 버리며 시야에서 사라지지만
우주는 예나 이제나 또 영원히 그 모습 그대로이지.
오, 코스모스! 변함없이 머물러 있으리.
한결같이 변치 않는다고 우리는 믿는다네!

The aging galaxies disperse,
Burn out, and exit from the scene.
But all the while, the universe

* 역자 주: Thomas Gold, 1920~2004

Is, was, shall ever be, has been.
　Stay, O Cosmos, O Cosmos, stay the same!
　We the Steady State proclaim!

그리고 또 새로운 은하는 언제나같이 허무로부터 탄생하는 것이니(이때 르메트르와 가모프는 아무 대꾸도 하지 않았다)
우주는 변치 않았으며 또 변치 않으리.
오, 코스모스! 변함없이 머물러 있으리.
한결같이 변치 않는다고 우리는 믿는다네!

And still new galaxies condense
　From nothing, as they did before.
(Lemaitre and Gamow, no offence!)
　All was, will be for evermore.
　　Stay, O Cosmos, O Cosmos, stay the same!
　　We the Steady State proclaim!

이러한 영감에 가득 찬 말이 쏟아져 나왔음에도 불구하고 우주 공간을 장식하던 모든 은하들은 점차 빛을 잃고 사라져 갔으며, 마침내는 벨벳으로 된 무대막이 무겁게 내려졌고 커다란 오페라 홀 안에 있는 촛불들이 일제히 밝혀졌다.

"여봐요, 시릴(Cyril)" 하는 모드의 목소리가 들렸다. "언제 어디서나 조는 버릇이 있다는 것쯤은 저도 알고 있지만 코벤트 가든에서만은 제발 졸지 마세요. 공연하는 동안 당신은 줄곧 자고 있었답니다."

톰킨스 씨가 모드를 그녀 아버지 집으로 데리고 돌아왔을 때 교수는 갓 우송된 『월보(Monthly Notices)』를 손에 들고 안락의자에 앉아 있었다.

"공연은 어땠나?" 하고 교수가 물었다. "네. 아주 훌륭했어요" 하고 톰킨스 씨가 대답했다. "저는 영원한 우주라는 아리아에 각별히 감명을 받았지요. 그 아리아는 정말 믿음직했답니다." "그 이론에 대해서는 조심해야 되네" 하고 교수가 말했다. "「반짝인다고 모든 것이 금은 아니다」라는 속담을 자네들은 알고 있겠지. 나는 지금 막 마틴 라일(Martin Ryle, 1918~1984)이라고 하는 역시 케임브리지대학에 있는 사람이 쓴 기사를 읽고 있었거든. 그는 거대한 전파 망원경(Radio-Telescope)을 만들어 냈는데, 팔로마산(Mt. Palomar)에 있는 200인치 광학 망원경으로 관측할 수 있는 거리보다 몇 배나 더 먼 거리에 있는 은하의 위치를 측정할 수 있단 말일세. 그의 관측 결과에 따르면 아주 먼 거리에 있는 은하들은 우리에게 가까이 있는 은하들보다 서로 근접하여 분포되고 있다는 거야."

"그렇다면 우리들 주변에서는 은하들이 띄엄띄엄 존재하며 우리로부터 멀리 떨어져 있는 곳일수록 은하의 분포 밀도가 점점 커진다는 말씀인가요?"

"천만의 말씀" 하고 교수가 말했다. "빛은 어떤 일정 속도로 달리기 때문에 먼 곳에 있는 것을 관측했다는 것은 바로 먼 옛날에 있었던 일을 관측했다는 말과 같다는 사실을 알아야 돼. 예를 들면 빛이 태양에서 이곳까지 도달하려면 8분이라는 시간이 걸리니까 태양 표면에서 화염이 지금 막 일어났다면 지금부터 8분이 지나서야 지상에 있는 천문학자들에 의해서 관측이 된다는 말이지. 우리에게 가장 가까운 곳에 있는 안드로메다 별자리에 속하는 한 나선은하(螺旋銀河)의 사진은 자네도 천문학 서적에서 본 일이 있을 테지만, 그 은하는 대략 지구로부터 100만 광년만큼의 거리에 있기 때문에 사실 그 사진은 그 은하가 100만 년 전에 어떤 모습을 하고 있었던가를 보여 주는 셈이야. 같은 이치로 해서 라일이 본 것, 정확히 말하자면 라일이 전파 망원경을 써서 보았던 것은 우주로부터 멀리 떨어진 곳에 수십억 년 전에 있었던 어떤 상태를 지금에서야 관측할 수 있었던 것이라는 말일세. 가령 이 우주가 정말로 변하지 않는 정상 상태를 지속한다면 그 모습은 시간이 지났다고 해서 변하면 안 되겠고, 또 지금 바로 여기서 측정한 아주 머나먼 거리에 있는 은하들이 그보다 더 가까운 거리에 있는 은하들보다 더 밀집해 있어도 안 되고, 또 더 서로 드문드문 떨어져 있어서도 안 될 게 아닌가. 그런데 라일이 관측한 바에 의하면 먼 곳에 있는 은하들이 서로 더 가깝게 위치하고 있음을 보여 주고 있는데 이런 사실은 바로 수십억 년 전에는 이 우주 공간 어디서나 은하들이 지금보다 더 밀집해 있었음을 말해 주는 것과 다름없어. 그런 사실은 우주가 변함없다는 정상 상태설에 모순되는 것이며 은하들은 점점 흩어져 나가 공간에서의 분포 밀도가 적어져 간다는 원래의 주장을 뒷받침해 주고 있지. 그러나 물론 우리는 라일이 얻은 관측 결과를 더 정확히 확인할 때까지 속단을 내리는 일을 삼가고 기다려 봐야 할 것일세"

그러더니 교수는 "그런데 참" 하고 호주머니에서 한 장의 접은 쪽지를 꺼내 보이며 "이 쪽지에는 바로 이 대목에 대해서 시에 소양이 있는 내 동료 한 사람이 읊은 시가 적혀 있다네"

라고 말했다.

교수는 그 시를 읽어 내려갔다.

「여러 해 동안의 자네 수고는 헛수고였어, 나를 믿게나」 하고 라일 씨는 호일* 씨에게 말했다네.

「정상 상태의 우주란 이미 낡은 이야기.

나의 이 두 눈을 의심치 않는 한

'Your years of toil,'
Said Ryle to Hoyle,
'Are wasted years, believe me.
The steady state
Is out of date.
Unless my eyes deceive me,

나의 망원경은 그대의 기대를 조각내 놓았단 말일세.

그대의 주장은 거부당하고 있어.

한마디로 말하면

우리의 우주는 하루하루 커지고 있으며 희박해지고 있는 중이야!」

My telescope
Has dashed your hope;
Your tenets are refuted.
Let me be terse:

* 역자 주: Fred Hoyle, 1915~2001

Our universe
Grows daily more diluted!'

호일 씨는 대답했지. 「내가 알기로는 르메트르나 가모프를 자네가 가르치는 것 같은데,

집어치우게!

그 건달들!

그리고 그들의 헛소리(Big Bang)—.

왜 그들을 부채질하는 건가?

Said Hoyle, 'You quote
Lemaitre, I note,
And Gamow.
Well, forget them!
That errant gang
And their Big Bang—
Why aid them and abet them?

이것 보게, 내 친구야,

우주에는 시작도 또 종말도 없단 말일세.

본디나 골드나 내가 늙어서 머리가 다 벗겨질 때까지

그렇게 주장하겠네.」

You see, my friend,
It has no end

And there was no beginning,
As Bondi, Gold,
and I will hold
Until our hair is thinning!'

「그렇지 않아!」 하고 라일이 외쳤네.
성난 목소리로 발을 구르며,
「누구나 볼 수 있듯이
머나먼 곳에 있는 은하는 더
조밀하게 분포되어 있지.」

'Not so!' cried Ryle
With rising bile
And straining at the tether;
'Far galaxies
Are, as one sees,
More tightly packed together!'

「나를 몹시 화나게 하는구먼!」
호일 씨는 마침내 감정을 폭발시켰다네.
그의 주장은 다시 엮으면
「새로운 물질은 아침저녁으로 매일같이 생겨나는 것
우주의 모습은 변하지 않네!」

'You make me boil!'
Exploded Hoyle,
His statement rearranging;
'New matter's born
Each night and morn
The picture is unchanging!'

「집어치우게, 호일!

그렇지 않다는 것을 보여 주겠어.」(점점 재미있어져 간다)

「좀 기다리면 자네에게 정신이 들도록 해 주마」 하고 라일 씨가 말했다네.*

'Come off it, Hoyle!
I aim to foil
You yet'(The fun commences)
'And in a while,'

* 이 책의 초판이 발행되기 약 2주일 전에 호일이 쓴 「우주론에 있어서의 최근의 발전」이라는 제목의 논문이 발표되었다(Nature, 1965년 10월 9일, p. 111). 이 논문에서 호일은 다음과 같이 쓰고 있다. 「라일과 그의 공동 연구자들은 오랫동안 전파로 은하들을 조사해 온 결과…… 관측된 전파 자료가 가리키는 바에 의하면 우주는 오늘날보다 과거에 있어서는 더 조밀하게 분포되어 있었다는 것으로 나타났다.」 이 논문을 읽기는 했지만 이 책의 저자인 나로서는 이 〈우주 오페라〉에 나오는 아리아의 내용을 조금도 뜯어고칠 생각은 없다. 그 까닭은 오페라라고 하는 것은 한번 작곡해 내면 그대로 고전이 되어 버리기 때문이다. 사실 오늘날에 이르기까지도 오셀로(Othello)에 의해서 교살당한 데스데모나(Desdemona)는 그녀가 숨을 거둘 때까지 아름다운 아리아를 노래 부르고 있지 않은가.

Continued Ryle,
'I'll bring you to your senses!'

"자, 이 싸움에서 어떤 결론이 나올지 매우 궁금한걸" 하고 톰킨스 씨는 말하고 나서 모드의 뺨에 키스를 해 주고 두 사람에게 잘 자라는 인사를 했다.

7장
양자로 당구 놀이를

어느 날 톰킨스 씨는 온종일 그가 근무하는 은행에서 판에 박은 듯한 토지 관리 사무에 시달려 피곤해질 대로 피곤해진 몸을 이끌고 집으로 돌아오는 길이었다. 마침 맥줏집 앞을 지나치다 딱 한 잔만 마실 셈으로 그 집으로 들어섰다. 한 잔은 또 한 잔으로 불어 몇 잔째 잔을 비우니 그는 거나하게 취기가 돌았다. 맥줏집 바로 뒤쪽에 당구장이 있고 그 방 안의 한가운데 놓인 당구대에는 팔소매를 걷어붙이고 당구를 치는 사람들로 가득 차 있었다. 그는 언젠가 이곳에 왔었던 것이 어렴풋이 기억났다. 그때에는 같이 온 친구가 그에게 당구를 가르쳐 주겠다고 데리고 왔던 것이다. 당구대 가까이 다가서서 게임을 자세히 들여다보았다. 그런데 정말 기묘하기 짝이 없었다. 한 사람이 공을 대 위에 놓고 큐(당구를 치는 막대기)로 쳤다. 그런데 굴러가는 공을 지켜보고 있자니 놀랍게도 공은 여러 곳으로 〈퍼지기(Spread Out)〉 시작하는 것이 아닌가. 대 위에 깔린 녹색 천 위를 굴러가는 공의 기묘한 모습은 〈퍼진다〉고 표현할 도리밖에는 다른 적절한 말이 없는 그러한 모습이었으며, 공은 뚜렷한 윤곽을 잃어 점점 모양이 허물어져 가는 것 같았다. 마치 그것은 대 위를 굴러가는 한 개의 공이 아니고 서로 조금씩 겹쳐져 있는 여러 개의 공처럼 보였다. 톰킨스 씨는 예전에 간혹 이와 비슷한 현상을 목격한 적이 있었으나 오늘은 한 방울의 위스키도 마시지 않았으므로 지금 어째서 이러한 현상이 일

흰 공이 모든 방향으로 튕겨 나간다

어나는가를 도저히 알 수 없었다.

「자, 이 죽처럼 퍼져 있는 한 개의 공이 다른 공과 어떤 모양으로 충돌하는가를 관찰해야겠어!」 하고 그는 마음먹었다. 당구를 치고 있는 사람은 분명히 선수임에 틀림없는 것이, 굴러간 공은 문자 그대로 다른 공과 정확히 정면충돌했던 것이다. 충돌하는 순간 큰 소리가 났으나 정지하고 있던 공과 또한 부딪친 공도 모두(톰킨스 씨가 보기에는 어느 것이 어느 쪽인지 분명히 분간할 수는 없었지만) 모든 방향으로 튕겨 나갔다. 정말로 그것은 신기한 일이 아닐 수 없었다. 이제는 죽같이 생긴 공이 단지 두 개만 있는 것이 아니었다. 셀 수 없이 많은 공들이 모두 흐릿하게 죽처럼 되어 가면서 원래의 충돌 방향으로부터

180° 각도 내로 튕겨 나가는 것이 아닌가. 그 광경은 오히려 충돌을 일으킨 장소로부터 어떤 특수한 파동이 퍼져 나간다고 말하는 것이 더 적절한 표현이라 할 수 있는 그러한 광경이었다. 그러나 톰킨스 씨는 원래의 충돌 방향에서 공의 흐름이 최대가 되어 있다는 사실을 알 수 있었다.

"S파의 산란이군" 하는 귀에 익은 듯한 목소리가 등 뒤에서 들려왔다. 목소리의 주인공은 바로 노교수였다.

"아, 선생님!" 톰킨스 씨는 큰 소리로 외쳤다. "여기에도 휘어진 것이 있습니까? 당구대는 완벽한 평면같이 보이는데도요."

"자네 말 그대로일세" 하고 교수는 대답했다. "당구대는 완전무결하게 평탄하지. 그런데 지금 자네가 보고 있는 것은 실은 양자역학적 현상이라네."

"아, 그러면 행렬이라는 말씀이신가요?" 하고 톰킨스 씨는 다소 비꼬는 듯이 말했다.

"아니, 오히려 운동의 불확정성이라 하는 것이 옳겠지" 하고 교수는 대답했다. "이 당구장의 주인이라고 하는 사람이, 내 나름대로 이야기하라면, 〈양자 비대증(Quantum Elephantism)〉이라고 불러야 하는 그런 병에 걸린 물건들을 모으고 있다네. 실제로 자연계에 존재하는 물체는 모두 양자 법칙에 따르게 되는데, 이와 같은 현상을 지배하고 있는 소위 양자 상수라고 하는 것은 아주 작은 값이라네. 사실 그 수치는 소수점 이하에 붙는 0의 개수가 27개나 되거든. 그런데 이 당구공에서는 그 상수의 값이 아주 크지. 거의 1에 가까울 정도로 크니까 말이야. 그런 까닭에 자네는 과학이라는 학문이 매우 정묘한 방법을 구사하여 겨우 관측해 낼 수 있었던 현상을 두 눈으로 손쉽게 볼 수 있었던 것일세" 하고 교수는 말을 맺고서 잠깐 생각에 잠기는 듯하였다.

"구태여 따지고 싶은 생각은 없으나 이 당구장 주인이 어디서 이런 공을 입수했는지에 대해 알고 싶다네. 좀 엄밀하게 말하자면 이런 것들은 우리가 살고 있는 세계에서는 존재할 수 없는 물건이라네. 이 세계의 모든 물체들은 제각기 양자 상수를 가지고 있는데 모두 매우 작은 값뿐이라네."

"아마 어딘가 딴 세계에서 수입한 물건일지도 모르지요" 하고 톰킨스 씨가 말했으나 이 말에 교수는 만족하지 않은 듯 미심쩍다는 표정이었다. "공이 퍼져 나가는 것을 자네는 분명히 보았겠지" 하고 교수는 다시 말문을 열고 나서 "그러한 현상은 당구대 위에서 공의 위치가 확실하게 결정되지 못한다는 것을 의미하는 것이지. 실제로 공의 위치를 정확하게 표시할 수는 없다네. 기껏해야 공이 「대강 여기에 있다」라고 말하든가 「공의 일부는 어딘가 다른 곳에 있다」라고 말할 수 있을 뿐일세."

"아주 괴상하군요." 톰킨스 씨가 중얼거렸다.

"아니지, 반대로 지극히 당연한 일이야." 교수는 힘주어 말했다. "어떤 물체에 있어서도 이러한 현상은 언제나 일어나고 있다는 뜻에서 하는 말일세. 단지 양자 상수는 그 값이 매우 작은 데다가 일반적으로 사용되어 온 관측 방법이라는 것이 조잡하기 때문에 일반 사람들에게는 이러한 불확정성이 눈에 띄지 않았던 걸세. 따라서 위치라든가 혹은 속도라든가 하는 것은 언제나 확실하게 결정된 값만을 갖는다는 잘못된 결론에 도달하게 되는 거지. 실제에 있어서는 이 두 가지 양이 언제나 어느 정도까지는 불확정한 것이야. 한쪽 양을 정확하게 결정하려면 다른 한쪽 양은 더욱더 불확실하게 되어 버린다네. 양자 상수라고 하는 것은 실은 이 두 가지 양의 불확실한 관계를 지배하지. 자, 보고 있게나. 내가 이 공을 삼각형 모양의 나무 상자에 넣어 공의 위치를 확실하게 제한해 볼 테니까."

공이 상자 안에 놓이자마자 삼각형 모양의 상자 안 전체가 상아 빛깔로 찬란하게 빛났다.

"자. 보게." 교수가 말했다. "나는 공이 있을 자리를 몇 인치 정도인 삼각형 상자 속에 제한했거든. 그 때문에 공은 상자 안에서 매우 빠른 속도로 운동하고 있지."

"그것을 멈추게 할 수는 없나요?" 톰킨스 씨가 물었다.

"아, 그것은 물리적으로 불가능한 일이야. 밀폐된 공간 내에 있는 물체는 무엇이든 어떤 종류의 운동을 계속하고 있어. 우리들 물리학자는 이러한 운동을 영점 운동(Zero-Point Motion)이라고 말하고 있다네. 예를 들어 원자에 있는 전자의 운동과 같은 것일세."

톰킨스 씨가 우리 안에 갇힌 호랑이와 비슷한 모습으로 상자 안을 이리저리 뒹굴고 있는 공을 바라보고 있자니 매우 이상한 일이 눈에 띄었다. 공이 삼각형 상자의 벽으로부터 〈스며 나와〉 다음 순간에는 당구대에서 먼 쪽에 있는 한구석으로 굴러가 버렸다. 더구나 이상한 것은 분명히 공이 상자의 벽을 넘어서 굴러 나온 것이 아니라는 사실이다. 당구대 표면에서 위로 높이 뛰어오르지도 않았는데 벽을 지나 공이 밖으로 나왔던 것이다.

"자, 이제는 보셨지요. 선생님의 〈영점 운동〉은 도망을 치지 않았습니까? 이래도 공이 선생님이 말씀하시던 그 법칙에 따르

중세에 등장하는 유령처럼

고 있다고 하시겠어요?" 하고 톰킨스 씨가 반박하듯 말했다.

"물론 따르고 있고말고. 사실 이것은 양자론에서 볼 수 있는 가장 재미있는 결과의 하나야. 어떤 물체도 벽을 통과한 후 도망칠 수 있는 에너지를 가지고 있다면 상자 속에 가두어 둘 수는 없는 것이라네. 조만간 벽으로 스며 나와 도망가 버리게 되니까 말일세" 하고 교수가 대답했다. "그렇다면 오늘부터 다시는 동물원에 구경 가는 일일랑 절대로 금해야 되겠습니다" 하고 톰킨스 씨는 단호한 결심을 피력했다. 그는 우리 안에 갇힌 호랑이나 혹은 사자가 벽으로 스며 나오는 무서운 광경을 상상했던 것이다. 그러고 나니 그의 생각은 약간 방향을 바꾸어 차고 안에 안전하게 넣어 둔 자동차가 마치 중세에 등장하는 유령처럼 차고의 벽으로 스며 나오는 광경을 상상해 보았다.

그리고 교수에게 이렇게 물었다. "얼마나 기다려야 하겠습니까? 자동차 말입니다. 즉 이 당구공과 같은 이런 재료가 아니고 실제 강철로 만든 자동차가 벽돌로 쌓아올린 벽으로 스며 나올 때까지 걸리는 시간을 말씀드리는 겁니다. 저는 그게 꼭 보고 싶거든요."

교수는 머릿속에서 재빨리 계산하고 나더니 "대략, 1,000,000,000,…,000,000년쯤은 걸리겠지" 하고 대답했다.

톰킨스 씨는 그의 직장인 은행에서 익힌 회계로 이미 큰 숫자에는 익숙해져 있는 터였지만 그래도 교수가 말한 숫자에 붙은 엄청난 0의 개수에는 도저히 따라갈 수 없었다. 어쨌든 그것은 자기의 자동차가 도망가 버릴 염려를 하지 않아도 될 만큼 충분히 긴 기간이었다.

"선생님의 말씀을 모두 긍정한다 하더라도 그러한 일을 어떻게 관측한다는 말씀입니까? 우리들은 이런 종류의 공을 가지고 있지도 않은데."

"당연한 질문일세. 물론 자네가 흔히 취급하고 있는 정도의 크기의 물체에서 양자 현상을 찾을 수 있다고는 말할 수 없지. 그러나 중요한 점은 양자론을 질량이 매우 작은 물체, 즉 예를 들면 원자라든가 혹은 전자라든가 하는 것에 적용시킬 때 비로소 그 효과가 점점 뚜렷해지는 거야. 이러한 작은 입자에 대해서는 양자 효과가 매우 크기 때문에 보통 통용되던 역학은 전혀 적용시킬 수 없다네. 두 개의 원자의 운동은 자네가 지금 본 두 개의 당구공이 충돌하는 모습과 똑같고, 원자에 있는 전자의 운동은 나무 상자 안의 당구공의 〈영점 운동〉과 아주 흡사한 것이야."

"원자도 차고로부터 빈번히 도망쳐 나옵니까?" 하고 톰킨스 씨가 물었다.

"물론 나오지. 자네도 방사성 물질에 대한 이야기는 들었을 테지. 즉 원자가 갑자기 붕괴되어 매우 속도가 빠른 입자를 방출한다는 그런 현상 말일세. 그것은 원자라기보다는 원자의 중심부에 있는 원자핵이라 불리는 것, 즉 비유하자면 차고와 같은 것이지. 물론 그 안에 들어 있는 것은 자동차가 아니고 입자이기는 하지만 그 입자가 핵의 벽으로 스며 나와 도망쳐 버리거든. 때로는 1초 동안도 그 안에 머물러 있지 않는 경우가 있다네. 이러한 핵 안에서는 양자 현상이란 극히 당연한 일이지."

교수의 장황한 이야기에 피로를 느낀 톰킨스 씨는 막연히 주위를 둘러보았다. 방 한구석에 걸려 있는 큰 괘종시계가 눈에 띄었다. 길고도 고색창연한 시계추가 묵직하게 좌우로 움직이고 있었다.

"자네는 이 세계에 흥미가 있는 것 같군" 하고 교수가 말했다. "이것도 좀 별난 기계지. 지금은 아주 구식이 되어 버렸지만 이 시계로 말하자면 사람들이 양자 현상을 처음으로 생각해냈을 때의 방법과 똑같은 방법을 나타내고 있네. 이 시계추는 진폭을 어느 정해진 크기만큼 크게 할 수 있도록 되어 있지. 그러나 요사이는 시계 제조업자들이 모두 신식 시계만을 만들려고 한단 말이야."

"아, 내가 이 복잡한 모든 일들에 관하여 이해할 수 있었으면……" 하고 톰킨스 씨가 깊은 한숨을 내쉬었다.

"그렇다면 잘되었네. 마침 나는 지금 양자론에 관한 강연을 하러 가는 길에 이 술집 앞을 지나치다 창 너머로 자네가 보이길래 들른 것이라네. 강연 시간에 늦지 않으려면 나는 지금 이 자리를 떠나야 하겠어. 자네도 같이 가려나?" 하고 교수가 물었다.

"네, 물론 가겠어요!" 톰킨스 씨가 말했다.

여느 때와 마찬가지로 강당은 수많은 학생들로 붐볐으며 계단이나마 겨우 앉을 자리를 마련할 수 있었음을 톰킨스 씨는 다행스럽게 생각했다.

"신사 숙녀 여러분!

먼젓번에 두 차례에 걸친 강연에서 모든 물리적 속도에는 어느 최대 한계치가 있다는 사실의 발견과 아울러 직선이라는 관념을 새로운 관점에서 분석함으로써, 우리는 왜 공간과 시간에 관한 고전적 관념을 근본적으로 수정해야 했는가에 대해서 이야기한 바 있습니다.

그러나 물리학의 기초에 대한 비판적인 분석은 이런 정도의 수확으로 멈춰지지 않고 더욱 놀랄 만한 발견과 결론을 가져왔던 것입니다. 나는 지금부터 양자론이라는 이름으로 알려진 물리학의 한 분야에 관해서 이야기하고자 합니다. 이 내용은 공간이나 시간 그 자체의 성질에는 그리 관계가 있는 것은 아니나, 공간이나 시간에 있어서의 물질 상호 간의 작용 및 운동의 양상에 중점을 둔 것입니다. 고전 물리학에 있어서는 어떤 두 물체 간의 상호작용도 실험 조건 여하에 따라 얼마든지 작게 할 수 있습니다. 즉 실제로 0으로 할 수도 있다는 것은 언제나 자명한 것으로 인정되어 왔던 것입니다. 예를 들어 어떤 과정에서 주어진 열을 알아보려 할 때 온도계를 넣게 되면 온도계 자체가 어느 정도의 열을 빼앗기 때문에 관측하려는 과정의 정상적인 상태를 교란시킬 염려가 있다고 하면, 실험자는 더욱 작은 온도계를 쓰거나 또는 매우 부피가 작은 열전대(熱電對)를 사용함으로써 이러한 교란을 필요한 실험 오차 이내로 억제할 수가 있다는 생각입니다.

어떤 종류의 물리적 과정이라 할지라도 관측으로 인한 교란을 받지 않고 요구되는 정확도만큼 대상을 관측한다는 것이 원리적으로 가능하다고 믿어 의심치 않았기 때문에, 어느 누구도 이러한 일을 엄밀하게 수식화하여 검토하려 들지 않았을 뿐 아니라 이러한 모든 문제들을 순전히 기술적인 난점의 탓으로 보려고 했습니다. 그러나 금세기 초부터 축적되기 시작한 새로운 실험적 사실들은, 끊임없이 물리학자들로 하여금 사태는 매우 복잡하며 **자연계에는 상호작용함에 있어 결코 넘을 수 없는 어떤 한계가 있다**는 정확한 결론을 내릴 수밖에 없게 만들어 왔던 것입니다. 이러한 자연계에 존재하는 정확성의 한계는 일상생활에서 겪는 모든 과정에서는 무시할 수 있을 정도로 작은 것이지만, 원자나 분자와 같이 매우 작은 역학계에서 일어나는 상호작용을 취급할 때는 매우 중요해지는 것입니다.

1900년에 독일의 물리학자인 **막스 플랑크**(Max Planck, 1858~1947)는 물질과 복사(輻射) 간의 평형 상태를 이론적으로 연구하던 중 놀랄 만한 결론을 얻어 내는 데 성공했습니다. 즉 **물질과 복사 간의 상호작용은 우리가 언제나 생각하고 있는 것과 같이 연속적으로 변하는 것이 아니라 불연속적인 충격이 연달아 일**

어나는 것이며, 상호작용의 근본적인 과정은 일정량의 에너지가 물질로부터 복사로, 또는 복사로부터 물질로라는 식으로 서로 주고받는 것이라고 생각하지 않는 한 그와 같은 평형은 성립할 수 없다는 것입니다. 필요한 평형을 얻고 또한 실험적인 사실과의 일치를 얻기 위하여는, 개개의 충격에 의해서 서로 주고받는 에너지의 양과 에너지의 천이 과정에 수반되는 진동수(주기의 역수) 간에 간단한 수학적 비례 관계를 도입하지 않을 수 없었던 것이지요.

이와 같이 하여 플랑크는 이 비례 상수를 h라는 부호로 표시할 때 천이를 일으키는 에너지의 최소 단위, 즉 양자는

$$E = h\nu \quad \cdots\cdots\cdots\cdots\cdots\cdots \quad (1)$$

로 표시되어야 한다는 사실을 인정했던 것입니다. 여기서 ν라 함은 진동수를 표시하고 있습니다. 상수 h는 6.547×10^{-27}ergs ×second라는 크기의 값을 가지며 일반적으로는 플랑크 상수 또는 양자 상수라고 불리고 있습니다. 그 값의 크기가 이렇게 작기 때문에 양자 현상은 일상생활에서는 거의 관측되지 않습니다.

플랑크의 가설은 아인슈타인에 의해서 더욱 발전을 보게 되었습니다. 그는 그때부터 몇 해가 지난 후에 **발산되어 나오는 복사만이 일정한 이산치**(離散値: 띄엄띄엄한 값)**를 취하게 되는 것이 아니라, 복사는 언제나 불연속적인 구조를 가지며 그가 광양자**(光量子)**라고 명명한 여러 개의 불연속적인 값을 가진 〈에너지의 다발〉로 이루어져 있다**는 결론에 도달하게 되었습니다.

광양자가 운동하고 있는 이상 에너지($h\nu$) 외에 역학적 운동

량도 가지고 있어야만 하며 이 값은 상대론적 역학에 의해 당연히 에너지를 광속도(c)로 나눈 값과 같아야만 합니다. 빛의 진동수와 그의 파장(λ)의 사이에는 $v=\frac{c}{\lambda}$라는 관계가 성립하므로 광양자의 역학적 운동량은

$$P = \frac{h\nu}{c} = \frac{h}{\lambda} \quad \cdots\cdots\cdots\cdots \quad (2)$$

로 나타낼 수 있습니다.

운동체와의 충돌에 의해서 일어나는 역학적 작용은 운동량 때문에 일어나는 것이므로 광양자의 작용은 파장이 짧아짐에 따라 증가된다는 결과가 됩니다.

광양자와 그로부터 유도되는 에너지와 운동량의 가설이 옳다는 사실을 가장 명확하게 실험적으로 증명한 것은 미국의 물리학자인 **아서 콤프턴**(Arthur Compton, 1892~1962)에 의한 실험 연구의 결과였습니다. 그는 광양자와 전자 간의 충돌 현상을 연구하던 중 광양자가 작용함으로써 운동하게 되는 전자는, 마치 앞에 말한 수식 (1) 및 (2)에 의해서 주어진 에너지와 운동량을 가진 입자에 부딪혔을 때와 똑같은 운동을 한다는 결론을 얻었습니다. 광양자 자신도 또한 전자와 충돌을 일으킨 후에는 진동수에 어떤 변화를 가져오게 되나 이것이 이론에서 예상했던 결과와 매우 잘 들어맞았던 것입니다.

오늘날 복사의 양자론적 성질은 물질과의 상호작용에 관한 한 훌륭하게 확립되어 있는 실험적 사실이라 할 수 있습니다.

이 양자 관념은 덴마크의 유명한 물리학자인 **닐스 보어**(Niels Bohr, 1885~1962)에 의해서 한층 더 발전을 보았습니다. 그는

1913년에 다음과 같은 가설을 최초로 제창했는데, 즉 **모든 역학계에서 내부 운동이 취할 수 있는 가능한 에너지는 불연속적인 값뿐이며 또한 운동 상태는 단계적으로만 변할 수 있다는 것**입니다. 또 이때 일정량의 에너지가 이러한 천이에 수반하여 방출된다는 것입니다. 역학계의 가능한 상태를 결정해 주는 수학적 법칙은 복사의 경우보다는 훨씬 복잡하므로 여기서는 이와 관련된 수식을 다루지 않겠지만 다만 다음 사실만은 지적해 두고자 합니다. 즉 광양자의 경우 그 운동량이 빛의 진동에 의하여 결정되는 것처럼, 역학계 안에서 운동하는 모든 입자의 운동량도 그것이 운동하고 있는 공간 영역의 기하학적 크기와 관계가 있다는 것입니다. 그 크기의 정도는

$$P_{\text{입자}} \cong \frac{h}{\ell} \quad \cdots\cdots\cdots\cdots\cdots\cdots \quad (3)$$

로 주어집니다. 여기서 ℓ은 운동 영역의 길이를 표시하고 있습니다. 양자 상수가 극히 작은 값이기 때문에 원자나 분자의 내부처럼 미소한 영역에서 일어나는 운동의 경우에만 양자 현상은 중요성을 띠게 됩니다.

미소한 역학계에 일련의 불연속적인 상태가 존재한다는 사실을 가장 직접적으로 증명한 사람은 **제임스 프랑크**(James Franck, 1882~1964)와 **구스타프 헤르츠**(Gustav Hertz, 1887~1975)입니다. 그들은 전자의 에너지를 여러 가지로 바꾸어 가면서 원자에 부딪쳐 입사 전자의 에너지가 일정한 불연속적인 값들에 도달했을 경우에만 원자 상태에 뚜렷한 변화가 일어난다는 사실을 알아냈습니다. 전자의 에너지를 어떤 값들보다 작게 했을 때에는 원자에서 아무런 효과도 관측되지 않았답니다. 그 이유

는 하나하나의 전자에 의해서 운반되는 에너지량이 원자를 최초의 양자 상태로부터 다음의 양자 상태로 끌어올리는 데 불충분했다는 것입니다.

이처럼 전기 양자론이 발전되어 온 당시의 상황은 고전 물리학의 기초 개념 및 원리의 수정이었다고는 말할 수 없는 것입니다. 오히려 어느 정도 신비적이라고 한 양자 조건에 의해서, 고전적으로 가능한 한 연속적인 변화를 하는 운동 가운데서 일련의 불연속적인 〈허용〉된 운동만을 골라내기 위한 어느 의미에서는 인위적으로 가해진 제한이었다고 말할 수가 있겠습니다. 그러나 고전 역학의 법칙과 정밀한 실험의 요청에 의해서 탄생하게 된 양자 조건과의 관계를 더욱 깊이 고찰해 가면 이들을 포함한 역학계가 논리적인 모순을 초래하며, 또한 경험적으로 얻어진 양자적 제한이 고전 역학의 기초를 이루고 있는 근본 개념을 무의미한 것으로 만들어 버린다는 것을 알게 됩니다. 실제에 있어 고전 이론에서의 운동에 관한 기본 관념은 어떤 운동체에서도, 주어진 시간에 공간의 어느 정해진 위치를 점유하게 되며 또 그 운동 궤도상에서의 위치가 시간적 변화에 따라 결정되는 일정한 크기의 속도를 갖게 된다는 것입니다.

고전 역학이라는 정묘함을 극대화한 전당(殿堂)의 모든 기초를 이루고 있던 위치, 속도, 또는 궤도에 관한 기본적 개념은 다른 모든 개념과 같이 우리들 주위에서 일어나는 현상들을 관측하여 얻은 결과를 토대로 이룩되었던 것이므로, 경험이 없고 아직 탐사된 바 없는 영역으로 들어감에 따라 공간 및 시간에 대한 고전적 관념의 경우와 마찬가지로 더욱 발전된 새로운 관념을 낳게 한다는 것은 극히 자연스러운 일이라 하겠습니다.

내가 누군가에게, 운동체가 어떤 순간에 있어서도 일정한 위치를 점하여 시간이 경과함에 따라 궤도라고 불리는 일정한 선을 그린다고 믿는 근거는 무엇이냐고 질문한다면, 질문받은 사람은 반드시 「운동을 관측하면 바로 그렇게 되고 있기 때문」이라고 대답할 것입니다. 궤도라는 고전적 개념을 이루게 한 장본인인 이 방법을 분석해 봅시다. 그리고 실제로 어떤 결정적 결과를 초래하는가에 대해 알아보기로 합시다. 이를 위해서 어떤 물리학자가 얼마든지 감도가 좋은 장치를 사용하여 실험실 벽으로부터 던져진 한 작은 물체의 운동을 추적하려 애쓴다고 가정해 봅시다. 그는 물체가 어떤 운동을 하는가를 직접 '봄'으로써 관측하려고 생각하여 작기는 하나 매우 정밀한 경위의(經緯儀, Theodolite)를 사용하겠지요. 물론 운동체를 보기 위하여는 조명을 비추지 않을 수 없겠지요. 그런데 빛은 일반적으로 물체에 압력을 가하게 되어 물체의 운동을 교란하게 될 염려가 있다는 것을 알고 있으므로 관측하는 순간에만 짧은 섬광 조명을 사용하기로 결정합니다. 우선은 궤도상의 점을 10개소만 관측하기로 작정했다고 합시다. 그리하여 10회에 걸쳐 조명을 물체에 비춰 주더라도 빛의 압력의 전 효과가 필요한 정밀도 이내에 머물도록 가급적 강한 섬광원을 선택하겠지요. 그리하여 필요한 정밀도로 궤도상의 점을 10개소만큼 정할 수 있게 되는 셈입니다.

이번에는 그가 되풀이 실험을 계속하여 100군데의 점을 정하려고 한다 합시다. 계속해서 100번이나 조명을 비추면 상당히 물체의 운동에 영향을 준다는 사실을 알기 때문에, 이 두 번째 실험을 위하여 준비해 둔 먼젓번의 1/10 정도를 가지고 있는 섬광등으로 된 실험 장치를 사용합니다. 1,000개소의 점을 측정하려는 제3의 실험 장치로서는 최초의 실험 때 사용한 섬광등의 1/100 정도로만 강한 것을 씁니다.

이 방법을 더욱 밀고 나가 조명 강도를 한없이 줄여 가면, 이때의 오차가 맨 처음에 선택한 한도를 넘지 않도록 하면서도 궤도상의 점을 얼마든지 많이 결정해 줄 수 있습니다. 이와 같이 고도로 관념적이기는 하나 원리적으로 완전히 가능한 이 방법은 〈운동체를 봄〉으로써 궤도의 모양을 찾아내는 매우 논리적인 방법이라 할 수 있겠지요. 그리고 아마 여러분도 고전 물리학의 견지에서 분명히 가능한 것이라 의심치 않을 것으로 생각합니다.

그러나 여기서 양자론적 제한 조건을 도입하여 어떤 복사 작용도 광양자라는 형태로만 천이할 수 있다는 사실을 고려한다면 과연 어떤 일이 일어나는가를 살펴보기로 합시다. 우리들은 지금까지 관측자가 운동하는 물체를 비추어 주는 빛의 광량을 어디까지든지 줄여 갈 수 있다고 생각해 왔으나, 이제와서 우리는 아무리 광량을 줄여 가더라도 한 개의 작용 양자 이하로는 줄여 갈 수 없다고 생각해야겠습니다. 광양자가 모두 운동물체로부터 반사되든가 아니면 하나도 반사되지 않든가, 두 가지 중 어느 하나만이 일어날 것이며 후자가 일어날 경우에는 관측할 수 없게 되겠지요. 물론 광양자의 충돌에 의해서 받는 작용은 파장이 길게 됨에 따라 작아집니다. 관측자는 이러한 사실을 알고 있으므로 관측의 횟수를 늘리는 수고를 덜려고 아마도 더욱 긴 파장의 빛을 관측하는 데 사용하려고 시도하겠지요. 그러나 관측자는 이런 경우 또 다른 곤란에 직면하게 될

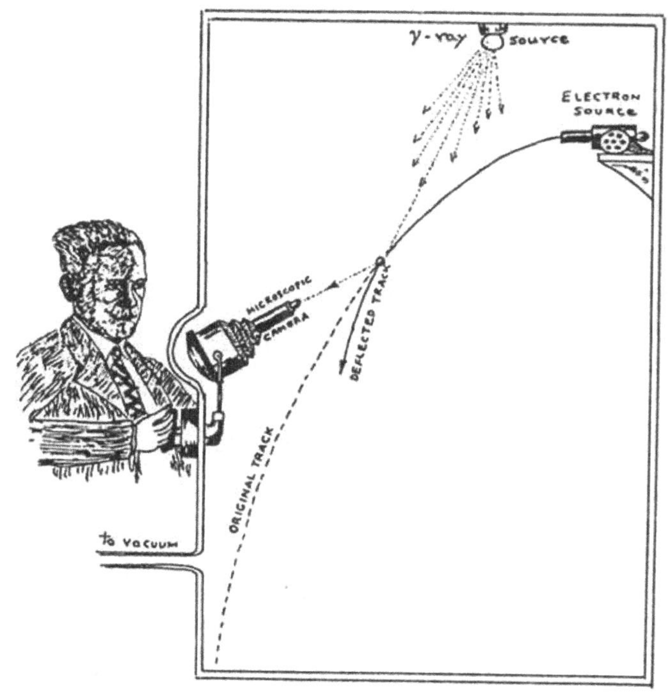

하이젠베르크의 γ선 현미경

것입니다.

사용하는 빛의 파장보다 짧은 부분을 자세하게 조사할 수 없다는 것은 잘 알려져 있는 사실입니다. 실제로 누구도 벽을 칠하는 데 쓰는 붓으로는 미세한 그림을 그릴 수가 없겠지요! 이와 같이 점차 더 긴 파장의 빛을 사용해 갈수록 각 점의 위치를 결정하는 일은 더욱 망치게 마련이며 궁극에 가서는 각 점의 위치가 실험실의 크기만큼, 아니 어쩌면 그보다 더 큰 불확정도를 갖게끔 되어 버릴 것입니다. 그래서 마침내 관측자는 관측점의 수와 각 점의 위치의 불확정도를 절충할 수밖에 없게 되어 결국은 고전 물리학자가 얻었던 바와 같이 수학적으로 정밀한 궤도는 결코 얻지 못할 것입니다. 기껏해야 어느 정도의 폭을 지닌 어렴풋한 띠 모양의 궤도를 얻는 것이 고작일 것이고 만일 그가 궤도라는 관념을 얻고자 이 실험을 했다면 그가 얻은 결과는 고전적 관념과는 아주 다른 것이 되겠지요.

위에서 논한 방법은 광학적인 방법이었으니 이번에는 역학적인 방법으로 이 같은 실험을 할 수 있는가를 따져 볼 수 있습니다. 이런 목적으로 어떤 종류의 매우 작은 역학적 장치를 고안할 수가 있었다고 합시다. 예를 들어 작은 방울을 스프링 끝에 달아매고 역학적 물체가 그 근방을 지날 때 그의 통과를 알려 줄 수 있는 그런 장치 말입니다. 이와 같은 방울을 운동체가 통과하리라고 생각되는 공간에 여러 개 늘어놓을 수 있으며 이렇게 함으로써 물체가 통과하면 〈방울의 움직임〉이 궤도를 가리키게 됩니다. 고전 물리학에 따르면 방울의 크기를 얼마든지 작게, 그리고 얼마든지 민감하게 할 수 있기 때문에 작은 방울을 무한히 퍼뜨려 놓은 그런 국한적인 경우에도 궤도의 모양을 얼마든지 정확하게 알아낼 수 있는 것입니다. 그러나 역학계에는 양자적 제한이 가해지기 때문에 이와 같은 경우에 있어서도 우리가 고전 역학에서 바랐던 것과 같은 상황은 성립하지 않게 되는 것입니다. 만일 방울의 크기가 매우 작은 경우에는 운동체로부터 빼앗는 운동량이 (3) 식에 의해서 아주 커지게 되어 단 한 개의 방울과 충돌하고도 운동 상태는 매우 교란을 받게 되지요. 만일 방울의 크기가 크다면 이번에는 각 점의 위치의 불확정도가 매우 커지게 됩니다. 결국 이런 방법으로 얻어지는 궤도란 역시 불투명하게 퍼져 있는 띠 모양의 것이 되

용수철 위에 달린 작은 종들

고 맙니다.

지금까지 예를 들어 설명한 것은 모두 실험하는 사람이 궤도를 관측하려는 노력을 하는 경우이기 때문에 혹시 여러분에게 이러한 문제가 단지 기술적인 문제인 듯한 인상을 주게 되어, 비록 앞선 관측자가 사용했던 것과 같은 방법으로 궤도를 정할 수 없었더라도 이런 문제를 풀 다른 어떤 복잡한 장치를 고안해 낼 수만 있다면 바라는 결과를 얻을 수 있을 것으로 여러분이 생각하게 되지 않을까 염려가 됩니다. 그러나 제가 여기서 여러분에게 특별히 강조하고자 하는 일은 지금까지 논의한 일들이 어느 특정한 물리학 실험실에서 이루어진 것이 아니며, 단지 물리학적인 측정에 관한 가장 일반적인 의문을 관념화한 데 지나지 않는다는 사실입니다. 이 세계에 존재하는 여러 가지 종류의 작용이 복사장(輻射場)에 의한 것인가 또는 순수하게 역학적인 것인가의 그 어느 하나에 속하는 한은, 아무리 교묘히 고안된 측정 방법일지라도 반드시 결국에 가서는 이 두 가지 방법에 귀착되고 마는 것이며 따라서 동일한 결과를 얻게 되는 것이지요. 이런 관념적인 측정 장치가 물리적 세계에 모두 적용 가능한 한은 정확한 위치라든가 정밀한 궤도의 모양이라든가 하는 것은 양자 법칙에 지배되는 세계에서는 통용될 수 없는 무의미한 것입니다.

다시 실험 이야기로 되돌아가 양자 조건에 의해서 주어진 제한을 수학적으로 표시해 보기로 합시다. 지금까지 얘기해 온 두 가지 방법에서, 위치의 결정이라는 문제와 운동체의 속도의 교란이라는 문제 사이에는 언제나 서로 양립할 수 없는 무엇인가가 있음을 우리는 이미 알고 있습니다. 광학적인 방법 쪽을 우선 생각해 본다면 역학에 있어서의 운동량 보존의 법칙으로부터, 입자가 광양자와 충돌하면 그의 운동량에 광양자의 운동량과 같은 정도의 불확정도를 가져오게 합니다. 그런 까닭에 (2) 식을 사용하여 입자의 운동량의 불확정도를

$$\Delta P \text{ 입자} \cong \frac{h}{\lambda} \quad \cdots\cdots\cdots\cdots\cdots\cdots \quad (4)$$

로 표시할 수 있습니다. 이 관계식과 입자의 위치의 불확정도가 파장에 의해서(즉 $\Delta q \cong \lambda$) 주어짐을 생각한다면

$$\Delta P \text{ 입자} \times \Delta q \text{ 입자} \cong h \quad \cdots\cdots\cdots\cdots \quad (5)$$

라는 결과를 얻게 됩니다.

역학적인 방법에 있어서는 운동체의 운동량은 〈방울〉이 빼앗는 양만큼 불확정도를 지니게 됩니다. (3) 식을 이용하고 또한 이 경우에 있어서 위치의 불확정도는 〈방울〉의 크기로 주어지는 ($\Delta q \cong \lambda$)라는 사실을 감안하면 다시 앞선 경우와 동일한 제한식에 도달하게 되지요. (5) 식은 독일의 물리학자인 **베르너 하이젠베르크**(Werner Heisenberg, 1901~1976)에 의해서 처음으로 수식화된 것인데 이 관계식은 기본적인 불확정성—양자론적 관계, 즉 **위치를 명확하게 결정하려 하면 그만큼 운동량에 불확정도를 가져오며 그 역도 똑같이 성립함**을 나타내는 것입니다.

운동량이라는 것은 운동하는 물체의 질량과 그 속도를 서로 곱한 것으로 주어지므로

$$\Delta v \text{ 입자} \times \Delta q \text{ 입자} \cong \frac{h}{m \text{ 입자}} \quad \cdots\cdots\cdots \quad (6)$$

라는 관계식으로 바꾸어 쓸 수 있습니다. 흔히 우리가 취급하고 있는 물체에서는 이 값은 상상도 하기 어려울 만큼 작은 값이 되고 맙니다. 예를 들어 가벼운 먼지 입자의 경우 이 입자가 0.000,000,1g의 질량을 가지고 있는 것이라면 그 위치나 속도를 다 같이 0.000,000,01%까지 정확하게 측정할 수 있답니다. 그러나 10^{-29}g의 질량을 갖는 전자의 경우에 있어서는 곱 $\Delta v \times \Delta q$의 값은 100 정도 크기의 값이 되지요. 원자 내 전자의 속도는 전자가 원자에서 이탈하지 않는 한 적어도 $\pm 10^{10}$㎝/sec라는 범위 내의 값일 것이므로 위치의 불확정도는 10^{-8}㎝가 됩니다. 이 값은 바로 원자 한 개의 크기와 맞먹는 값입니다. 이런 정도로 원자 내 전자의 〈궤도〉가 퍼져 있으므로 〈궤도〉의 〈두께〉가 원자의 반경과 같게 됩니다. **따라서 전자**

가 원자핵 주변 전체에 동시에 존재하는 것처럼 보이게 되는 것이지요.

지금까지 20분간에 걸쳐 운동에 관한 고전적 관념을 비판함으로써 얼마나 처량한 결과가 얻어지는가를 여러분에게 알리려고 저는 노력했습니다. 세련되고 엄밀히 정의된 고전적 관념이 산산조각이 나 버리고 대신 형태 없는, 말하자면 죽 같은 것으로 바뀌고 말았습니다. 여기서 여러분은 어떻게 하여 여러 현상을 이렇게 흐리멍텅한 불확정성이라는 관점에서 기술하려 하는가 하는 의문을 던지겠지요. 이런 질문에 대해 우리들이 고전적 관념을 타파하기는 했으나 아직 새로운 관념의 엄밀한 수식화에는 도달하지 못했다고 대답할 수밖에 없는 형편입니다.

지금부터 이에 대하여 말씀드릴까 생각합니다. 물체가 퍼져 있기 때문에 물체의 위치를 일반적으로 수학적인 점으로, 또한 운동의 궤도를 수학적인 선으로 정의할 수 없다면 공간의 각 점에 있어서의, 말하자면 〈죽의 밀도〉를 표현할 수 있는 지금까지와는 다른 기술 방법을 써야 한다는 것은 분명한 일입니다. 수학적으로는 연속 함수(유체 역학에서 사용되고 있는 것과 같은 것)를 사용하는 것을 뜻합니다. 물리학적으로는 「이 물체는 대부분 여기에 존재할 것이나, 부분적으로는 거기에도, 또 저기에도 존재한다」라고 말한다든가, 「이 동전은 내 호주머니 안에 75%, 그리고 당신 호주머니 안에 25% 존재한다」든가 하는 표현을 사용할 수밖에 없게 되었다는 말이 됩니다. 이런 이야기를 하면 여러분들은 놀라서 눈이 둥그렇게 되겠지만, 양자 상수의 값은 매우 작으므로 일상생활에 있어서는 이와 같은 일이 있을 수 없지요. 그러나 원자 물리학을 연구하려 할 때에는 우선 무엇보다 먼저 이런 표현에 익숙해져 둘 것을 권장하는 바입니다.

여기서 〈존재의 밀도〉를 표시하는 함수가 일반적인 3차원 공간에 있어서 물리적 실재성(實在性)을 갖는 것이라는 등의 잘못된 생각은 갖지 않도록 주의하기 바랍니다. 실제로 예를 들어 두 개의 입자의 운동을 기술하는 경우에 제1의 입자가 어떤 위치에 있으며, 동시에 제2의 입자가 다른 어떤 장소에 있다는 그런 문제를 취급하지 않을 수 없습니다. 이런 경우 6개의 변수(두 입자의 좌표)를 사용해야 하지만 이 변수들을 3차원 공간 안에 배치할 수는 없는 노릇입니다. 더 복잡한 계에서는 더욱 많은 변수를 갖는 함수를 사용해야 하겠지요. 이런 뜻에서 〈양자역학적 함수〉는 고전 역학에 있어서 다입자계(多粒子系)의 〈퍼텐셜(위치) 함수〉나 통계 역학에 있어서 한 계의 〈엔트로피(Entropy)〉와 닮았다고 할 수가 있겠지요. 이것은 단지 운동을 기술하거나, 주어진 조건하에서 어떤 특수한 운동의 결과를 예측하는 데 도움이 될 뿐인 것입니다. 물리적 실재성은 입자에 국한되어 있는 것이며 반면 입자의 운동은 단지 우리가 **기술**하는 데 그치는 것이라 하겠습니다.

어느 정도까지 입자, 또는 여러 개의 입자로 된 입자가 공간에 퍼져 있는가를 기술할 수 있는 함수에 대하여 어떤 특정한 수학적 기호를 붙일 필요가 있습니다. 이것을 오스트리아의 물리학자인 **에르빈 슈뢰딩거**(Erwin Schrödinger, 1887~1961)가 'Ψ $\overline{\Psi}$'라는 기호로 표시했답니다. 그는 또한 이 함수의 변화를 구할 수 있는 방정식을 처음으로 유도한 사람이기도 합니다.

나는 여기서 슈뢰딩거의 기초 방정식의 수학적인 증명을 자세하게 언급하려는 생각은 없으나 이 함수를 필요로 한 동기가 어떤 것이었나에 대하여 주의를 기울여 주었으면 합니다. 이 요청 가운데 가장 중요한 것은 매우 이상한 요청이라 하겠지만, **물질 입자의 운동을 기술하는 함수가 파동으로서의 모든 성질을 갖추도록 방정식을 세워야 한다**는 것입니다.

물질 입자의 운동에 파동적 성격을 부여해야 할 필요성은 원자 구조에 대한 이론적인 연구에서 연유하는 것이며 프랑스의 물리학자 **루이 드 브로이**(Louis Victor de Broglie, 1892~1987)에 의해서 처음으로 지적되었습니다. 그 후 수년이 지나 물질 입자의 운동이 지닌 파동성은 여러 실험을 통해 확고하게 입증되었으며, 이 실험들은 작은 간격을 통과하는 전자선에 **회절 현상**이 일어난다는 것과 **간섭 현상**이 분자와 같이 비교적 크고 복잡한 입자에 있어서도 일어난다는 것을 가르쳐 주었습니다.

물질 입자에서 파동적 성격이 관측된다는 사실은 운동에 관한 고전적 개념의 견지로서는 전혀 이해할 수 없는 일이었으므로 드 브로이 자신도 약간 부자연스러운 견해라 생각했는지, 그는 파동이 입자의 운동을 지시한다고 하는 대신 파동이 〈수반〉된다고 표현했던 것입니다.

그러나 고전적 개념이 타파되자 곧 운동을 연속 함수로서 기술하는 방법이 착안되었으며 그 결과 파동성의 필요성이 매우 용이하게 이해되게 되었답니다. 함수 $\Psi\bar{\Psi}$의 전파는 구태여 말하자면, 한쪽 끝만을 가열한 벽에서 열이 전도되는 것과 같은 것이 아니고 오히려 같은 벽을 통하여 전달되어 나가는 역학적인 변형(음향)과 비슷하다고 할 수 있겠습니다. 수학적으로는 지금부터 설명하는 바와 같이 일정한 함수형이라기보다는 오히려 제한된 함수형을 필요로 하는 것입니다. 이와 같은 기본 조건과 또한 양자 효과가 무시될 수 있을 정도로 큰 질량을 가진 입자에 적용시킬 경우에, 방정식이 고전 역학에서의 방정식과 똑같은 것이 되어야 한다는 부가적인 요구에 의해서 방정식을 구한다는 문제는 오히려 순수한 수학상의 연습 문제처럼 되고 맙니다.

만약 여러분들이 최후로 얻어지는 방정식이 어떤 것인지 궁금해하신다면 여기에 그 방정식을 써 보겠습니다.

$$\nabla^2\Psi + \frac{4\pi mi}{h}\dot{\Psi} - \frac{8\pi^2 m}{h}U\Psi = 0 \quad \cdots\cdots \quad (7)$$

위의 방정식에서 함수 U는 입자(질량 m)에 작용하는 힘의 퍼텐셜을 표시하며 이는 주어진 힘이 작용할 때의 운동 문제에 대한 일정한 해를 주는 것입니다. 이 〈슈뢰딩거 파동 방정식(Schrödinger's Wave Equation)〉이 탄생하고부터 40년간 물리학자들은 이 방정식을 원자의 세계에서의 여러 현상을 풀이하는 데 적용하여 가장 완전하고 논리적으로 모순이 없는 원자상(原子像)을 발전시켰습니다.

여러분 가운데는 내가 지금까지 양자론에 관련되어 흔히 논의되는 행렬이라는 말을 사용하지 않았던 것에 대하여 아마 좀 이상하게 생각했을지도 모르겠습니다만, 나로서는 매우 솔직하게 말해서 '행렬'이라는 것이 과히 맘에 들지 않았기 때문에 이를 사용하지 않고 설명해 왔던 것입니다. 그러나 여러분이 행렬과 같은 양자론의 수학적 수단을 전혀 모르고 지낸다면 곤란하므로 한두 마디 설명을 하고 지나가렵니다. 한 개의 입자나 혹은 복잡한 역학계의 운동은 앞서 말한 바와 같이 언제나 일정한 연속 파동 함수로써 기술됩니다. 이 함수들은 때로는 매우 복잡한 형태를 갖기도 하지요. 그래서 복잡한 음향이 여러 개의 단순한 화음으로 구성되어 있는 것과 같이 이들 역학계도 여러 개의 단순한 진동, 소위 〈고유 함수(Proper Functions)〉로 구성되어 있다고 생각하여 표현할 수가 있습니다. 모든 복잡한 운동은 그 속에 간직한 여러 성분의 진폭에 의해서 나타낼 수 있는 것입니다. 성분의 수는 제한이 없으므로 진폭을 나타내는 무한개의 수의 표를

$$\begin{matrix} q_{11} & q_{12} & q_{13} & \cdots \\ q_{21} & q_{22} & q_{23} & \cdots \\ q_{31} & q_{32} & q_{33} & \cdots \\ \cdots & \cdots & \cdots & \end{matrix} \qquad \cdots\cdots\cdots\cdots \qquad (8)$$

로 나타냅니다. 이와 같이 비교적 간단한 연산 법칙에 따르는 표를 어떤 주어진 운동에 대응하는 '행렬'이라고 부릅니다. 일부 물리학자들은 파동 함수 그 자체를 다루지 않고 이 행렬을 즐겨 써서 연산을 하기도 하지요. 이처럼 때로는 〈행렬 역학(Matrics Mechanics)〉이라는 이름으로 불리는 이 역학은 실은 일반적인 〈파동 역학〉의 수학적 변형에 지나지 않습니다. 그런 까닭에 주로 중요한 문제에 관해서 논해 왔던 이 강연에서는 이런 문제를 깊이 언급할 필요는 없다고 생각합니다.

시간이 넉넉지 않아 양자론이 더욱 발전되어 상대성 이론과의 관련을 갖게 되는 데까지 설명할 수 없음을 매우 유감스럽게 생각합니다. 이러한 발전은 주로 영국이 낳은 물리학자 **폴 에이드리언 모리스 디랙**(Paul Adrien Maurice Dirac, 1902~1984)

의 연구에 의한 것이며 매우 흥미로운 여러 결과를 밝혀냈고 또한 극히 중요한 실험상의 발견을 선도하는 역할을 했답니다. 언젠가는 이러한 문제를 논할 기회가 있으리라고 믿으며 오늘은 여기서 끝맺으려고 합니다. 이 일련의 강연이 물리적 세계에 대한 양자역학적 개념을 확실히 파악하는 데 도움이 되고 또한 여러분의 마음속에 더욱 연구해 보고자 하는 의욕을 낳게 하기를 바랍니다."

8장
양자의 밀림

다음 날 아침 톰킨스 씨가 잠자리에서 깨는 듯 마는 듯 하고 있을 때 누군가가 방 안에 있는 것 같아 잠이 깨었다. 방 안을 둘러보니 노교수가 의자에 앉아 무릎 위에 지도를 펼쳐 놓고 무엇인가 열심히 조사하고 있었다.

"자네, 나를 따라오겠나?" 하고 교수가 고개를 들고 말했다.

"네! 어디로 말입니까?" 하고 톰킨스 씨는 대답하면서도 교수가 어떻게 이 방에 들어왔는지를 궁금히 여기고 있었다.

"코끼리를 보러 양자의 밀림으로 말일세. 물론 코끼리뿐만 아니고 다른 동물들도 같이 보게 되겠지. 우리들이 전번에 간 적이 있는 당구장의 주인이 그곳에서 쓰고 있는 당구공의 재료가 되는 상아의 출처를 나에게 몰래 이야기해 주었다네. 지금 이 지도 위에 붉은 잉크로 표시해 둔 부분이 보이나? 이 속에 갇혀 있는 것은 모두 매우 큰 양자 상수를 가지고 있어 양자 법칙을 따르고 있는 것으로 생각되네. 원주민들은 이 장소를 악마의 집이라 하여 두려워하고 있기 때문에 혹시 길잡이를 할 안내인을 구하기가 힘들지 않을까 걱정하고 있는 참이라네. 원주민들과 같이 가려면 빨리 준비하게. 배를 타고 한 시간 남짓이면 갈 수 있지만 가는 도중에 리처드 경(Sir. Richard)을 데리러 가야 한단 말이야."

"리처드 경이란 어떤 분입니까?" 하고 톰킨스 씨가 교수에게 물어보았다.

“자네 그분을 아직 모르나?” 하고 되묻는 교수는 분명히 그가 모르고 있는 것에 대해서 놀란 것 같았다.

“그는 호랑이 사냥의 명수라네. 내가 재미있는 수확이 있을 것이라고 보증했더니 우리와 동행하기로 결정했지.”

두 사람이 부두에 다다르니 마침 리처드 경의 사냥총과, 교수가 양자의 밀림 근방에서 산출되는 광석에서 추출한 납으로 만든 특수한 탄환을 가득 담은 여러 개의 긴 상자들을 배에 싣고 있는 중이었다. 톰킨스 씨가 화물을 선실에서 정리하고 있자니 배는 엔진 소리를 요란히 내며 마침내 항구를 빠져나가기 시작했다. 이번 해로의 여행에선 이렇다 할 일이 없었기 때문에 톰킨스 씨는 인상적인 동양의 어느 마을에 도착할 때까지 거의 시간 가는 줄 몰랐다. 이 마을은 신비스러운 양자의 밀림이 있는 곳으로부터 그다지 멀지 않은 곳에 있는 식민지의 마을이었던 것이다.

“지금부터 깊숙한 오지에 들어가기 위해서 코끼리를 한 마리 사야 할 텐데 원주민들이 우리를 따라오려고는 하지 않을 것이니 결국 우리들이 손수 코끼리를 타고 이리저리 다녀야 할 판일세. 그런데 톰킨스 군, 어디 자네가 코끼리 구해 오는 일을 맡아 주지 않겠나? 나는 과학상의 관측을 해야 하므로 매우 바쁘고 또 리처드 경은 사냥을 해야만 하니 어쩌겠나?”

마을 변두리에 자리 잡고 있는 코끼리 시장에 온 톰킨스 씨는 바로 그 스스로가 조종해야 할 거대한 몸집의 코끼리를 힐끗 보고는 그만 우울해졌다. 리처드 경은 코끼리에 관해서 해박한 지식을 가지고 있으므로 보기에 그중 훌륭하게 보이는 코끼리 한 마리를 골라 가지고는 주인에게 그 값을 물었다.

"흐릅 한웩 오 호봇 훔. 하고리 호, 하라함 오 호호 호히" 하고 햇빛에 흰 이빨을 반짝거리며 원주민이 대답했다.

"이 친구 꽤 비싼 값을 부르는군" 하고 리처드 경이 통역해 들려주었다. "그러나 양자의 밀림에서 잡아 온 것이니 흔히 있는 코끼리보다는 훨씬 비싸다고 하는군요. 이것을 사기로 할까요?"

"좋을 대로 하지" 하고 교수가 말했다. "때때로 양자의 나라로부터 코끼리가 도망쳐 나와 원주민에게 붙잡히는 일이 있다는 이야기를 배에서 들었지. 다른 지방의 코끼리보다 훨씬 우수하고, 더군다나 우리들의 이번 탐험에서는 밀림에 익숙해져 있는 이 코끼리가 아주 안성맞춤이 아닌가!"

톰킨스 씨는 코끼리 몸의 이곳저곳을 두루 살펴보았다. 정말로 아름다운 거구의 짐승이었으나 동물원에서 보아 오던 코끼리와 별다른 차이는 찾아 볼 수 없었다. 그는 교수를 향하여 "양자의 코끼리라고 말씀하셨지만 저에게는 흔히 볼 수 있는 코끼리와 별로 다른 것 같지 않은데요. 게다가 이것과 같은 종류의 코끼리의 상아로 만든 당구공처럼 해괴한 짓도 전혀 안 하지 않습니까. 양자의 코끼리라면 왜 사방팔방으로 이놈의 몸체가 퍼져 나가지 않지요?"

"자네는 좀 이해력이 부족하구먼" 하고 교수가 말했다. "그것은 질량이 아주 크기 때문일세. 나는 전에 위치와 속도의 불확정도는 그 질량에 따라 달라진다는 것, 즉 질량이 크면 클수록 불확정도가 작아진다고 틀림없이 이야기해 주었을 텐데. 그런 이유로 양자 법칙이란 보통 세계에서는 먼지처럼 가벼운 입자에서조차도 관측되지 않지만 그 10억 배의 10억 배나 가벼운 양자에서는 매우 중요한 역할을 하게 되는 것일세. 그런데 양자의 밀림에서는 양자 상수가 상당히 크지만 코끼리처럼 아주 무거운 짐승의 동작에서까지 현저하게 양자 효과가 나타날 정도로는 크지 않단 말이야. 양자 코끼리의 위치의 불확정도를 알려면 코끼리 몸체의 윤곽을 아주 면밀하게 조사해 보아야 한다네. 이놈의 몸체 모양이 약간 흐릿하게 보이지. 시간이 흐름에 따라 이 불확정도는 서서히 심해져 가고 원주민들이 말하기를 양자의 밀림 속에 있는 오래된 코끼리는 긴 털로 몸이 덮여 있다고들 이야기하는데 실은 이런 말이 전해진 원인이 바로 불확정도에서 오는 것이라고 나는 믿고 있다네. 그러나 몸체가 작은 짐승에게서는 매우 현저한 양자 효과를 볼 수 있을 것으로 나는 기대하고 있지" 하고 교수가 말해 주었다.

「말 등에 올라타고 탐험에 나서지 않은 것이 천만다행이군」 하며 톰킨스 씨는 속으로 생각했다. 「만일 양자의 말을 탔더라면 아마 말이 안장 밑에 있는지 또는 불확정성 원리로 흩어져 저 산골짜기에 있는지 분간하기 어려운 경우가 생기게 될 게 틀림없어.」

교수와 라이플(Rifle)을 가진 리처드 경은 코끼리 등 위에 얹힌 광주리 안으로 들어갔으며, 톰킨스 씨는 코끼리를 부리는 새로운 역할을 떠맡고 긴 장대를 손에 쥔 채 코끼리 뒷덜미 위에 자리 잡고 앉았다. 그리고 모두 신비스러운 밀림을 향해 출발했다.

마을 사람들로부터 밀림까지 한 시간 남짓 걸린다는 이야기를 들은 톰킨스 씨는 그 사이에 코끼리의 양쪽 귀로 몸의 평형을 잡으며 교수로부터 조금 더 자세히 양자 현상에 관해서 설명을 듣기를 원했다.

그는 "선생님, 괜찮으시다면 저에게 좀 더 이야기해 주시겠습니까?" 하고 교수 쪽을 뒤돌아보며 말했다. "어떤 까닭에 질량이 작은 물체에는 기괴한 일이 생기는 것입니까? 또 선생님이 가끔 말씀하시는 양자 상수란 쉽게 말해서 어떤 뜻입니까?"

"아, 과히 어려운 문제는 아닐세. 양자 세계의 모든 물체 가운데 기묘한 일이 나타나는 까닭은 관측하는 사람이 그 물체들을 보고 있기 때문일세" 하고 교수가 풀이해 주었다.

"말하자면 그들 물체가 부끄럼을 탄단 말인가요?" 하고 톰킨스 씨가 웃으며 말했다.

"〈부끄럼을 탄다〉 같은 말을 써서는 안 되네" 하고 교수가 정색을 하고 말했다. "요지는 운동 상태를 관측하기 위해서는 그 운동을 교란할 수밖에 없다는 데 있지. 실제로 물체의 운동에 관하여 안다는 것은 운동체가 감각에, 또는 사용되고 있는 관측 장치에 무엇인가 작용을 미친다는 것을 의미하기 때문이야. 작용-반작용의 법칙으로부터 측정 장치도 또한 물체에게 작용하게 된다는 결론이 나오는 것이지. 말하자면 운동 상태가 〈손상된다〉는 뜻일세. 그리하여 결론적으로 위치와 속도에 불확정도가 생기게 되네."

"하지만 교수님" 하고 톰킨스 씨가 말을 이었다. "제가 당구장에서 공에 손을 댔다면 그거야 분명히 공의 운동을 교란한 것이 되겠지만, 저는 단지 공을 바라보고만 있었답니다. 그래도 역시 공의 운동을 교란한 결과가 되는 것인가요?"

"물론 그렇고말고. 암흑 속에서는 공을 볼 수가 없지만 광선을 비춰 주면 그 광선이 공에 의해서 반사되기 때문에 우리 눈에 보이는 거야. 그 광선이 공에 작용하여, 우리들은 이것을 빛의 압력이라 부르고 있는데, 공의 운동에 〈교란〉을 주게 되지."

"그러나 매우 정밀하고 감도가 높은 장치를 사용한다면 장치가 운동체에 미치는 작용을 무시할 수 있을 정도로 작게 할 수 있지 않을까 생각되는데요?"

"바로 그와 같은 생각이 **작용 양자**(Quantum of Action)가 발견되기 이전까지 고전 물리학에서 받아들여져 왔던 것이지. 금세기 초에 어떤 물체에 미치는 작용도 어떤 한계보다 더 작게는 할 수 없다는 사실이 밝혀졌지. 그 한계를 양자 상수라고 부르며 흔히 기호 h로 표시되고 있네. 일반 세계에서는 작용 양자가 매우 작아 보통 사용하는 단위로 표시한다면 그 값의 크기는 소수점 이하로 0이 27개나 붙게 되기 때문에, 양자와 같이 매우 질량이 작아 조그만 작용에도 영향을 받게 되는 가벼운 입자의 경우에서만 중요한 의의를 갖게 돼. 지금 우리들이 가고자 하는 양자의 밀림은 그 작용 양자가 매우 큰 곳이야. 그곳은 온전한 동작이 허용되지 않는 거친 세계이며 이 세계에 살고 있는 사람들이 고양이 머리를 쓰다듬어 주려 해도 고양이는 전혀 감지하지 못하거나, 또는 첫 애무의 양자로 목뼈를 부러뜨리게 되거나 둘 중의 어느 한 현상이 일어날 거야."

"잘 알아들었습니다" 하고 톰킨스 씨는 사색에 잠긴 듯한 표정으로 말했다. "그러나 아무도 보고 있지 않은 곳에서는 물체는 흔히 생각되는 것과 같은 운동을 하고 있는 것이 아니겠어요?"

"아무도 보고 있지 않을 때는 물체가 어떤 운동을 하고 있는지 아무도 모르기 때문에 그와 같은 자네의 질문은 물리적으로는 무의미하지."

"그런 걸까요?" 하고 톰킨스 씨가 큰 소리로 말했다. "어딘지 철학 문제 같지 않습니까?"

"철학이라고 말하고 싶으면 그렇게 불러도 좋다네." 교수는 분명히 기분이 언짢은 것 같았다. "그러나 실제에 있어서는 **알 수 없는 현상에 관하여는 논하지 말지어다** 하는 바로 이런 것이 현대 물리학의 근본적인 태도일세. 철학자가 듣는다면 무시할지 모르겠으나 현대 물리학 이론은 모두 이 원리에 기초를 두고 있지. 예를 들어 그 유명한 독일의 철학자 **칸트**(Immanuel Kant, 1724~1804)도 물체의 성질들에 대하여 「우리 눈에 어떻게 보이느냐」 하는 것보다 「물질 자체가 어떻게 존재할 수 있는가」 하고 사색하는 일에 그의 일생을 바치고 말았어. 현대 물리학자에게는 소위 〈관측할 수 있는 것(Observable)〉, 즉 주로 관측 가능한 성질만이 의의를 가지며 현대 물리학은 모두 〈관측할 수 있는 것〉 간의 상관관계에 그 기초를 두고 있어. 정 할 일이 없다면 관측 불가능한 것을 생각해 보는 것은 자유야. 자네가 그런 것을 만들어 내고 싶으면 그것은 자네 마음대로 하게. 그러나 존재를 확인할 수 있는 가능성도 없으며 또한 이용할 수도 없다네. 그래서 나는……."

바로 이때 맹수의 무서운 포효가 대기를 진동시켰다. 코끼리가 몸을 몹시 심하게 경련시켰기 때문에 하마터면 톰킨스 씨는 밑으로 떨어질 뻔했다. 호랑이의 한 무리가 사방팔방에서 코끼리를 동시에 습격한 것이다. 리처드 경은 재빨리 총을 겨누어 가장 가까이에 있는 호랑이 한 마리의 미간을 향해 방아쇠를 당겼다. 다음 순간 톰킨스 씨는 리처드 경이 사냥꾼에게 공통인 혼잣말을 꽤 크게 지껄이는 것을 들었다. 총알은 분명히 호랑이의 머리를 관통했을 텐데 호랑이는 조금도 상처를 입지 않았다.

"자꾸만 쏘아 대게!" 하고 교수가 외쳤다. "정확히 겨냥하지 않아도 상관없으니 둘레를 막 쏴 대! 호랑이는 한 마리뿐이야. 단지 이 둘레에 퍼져 있을 뿐이지. 해밀터니언(Hamiltonian)만 걷어 올리면 되겠는데."

교수도 한 자루의 총을 손에 쥐더니 겨냥했다. 하늘을 찌르는 듯한 총성과 양자 호랑이의 포효가 뒤섞여 밀림을 진동시켰다. 모든 것이 끝날 때까지 상당히 긴 시간이 경과한 것처럼 톰킨스 씨는 느꼈다. 총알 하나가 호랑이의 〈급소에 맞자〉 놀랍게도 호랑이는 순식간에 하나의 몸체가 되어 높이 솟았고, 호랑이의 시체는 공중에 호(弧)를 그리며 저 멀리 종려나무 그늘 있는 데 떨어졌다.

"교수님, 해밀터니언이란 어떤 사람입니까?" 하고 주위가 조용해지자 톰킨스 씨가 물었다. "유명한 사냥꾼이었던 그는 이미 고인이 되었지만 무덤 속에서 끌어내어 우리를 도와달라고 할 생각이었나요?"

"이것 참. 내가 실수했네" 하고 교수가 대답했다. "사냥하는데 너무 정신이 팔린 나머지 자네가 모르고 있는 말을 내가 했나 보군. 해밀터니언은 두 물체 간의 양자적 상호작용을 나타내는 수학적 표현일세. 이것은 이러한 수학적 형식을 처음으로 사용한 아일랜드(Eire, Ireland)의 수학자 **해밀턴**(William Rowan Hamilton, 1805~1865)의 이름에서 딴 말이지. 양자의 탄환을 많이 쏘아 대 탄환과 호랑이의 상호작용의 확률을 증가시키고자 말하고 싶었던 거라네. 양자의 세계에서는 보는 바와 같이 정확히 겨냥할 수도, 또한 목표물을 틀림없이 맞출 수도 없는

코끼리를 둘러싸고 습격하는 호랑이들

거야. 총알이 퍼져 있는 데다가 과녁 자체도 퍼져 있기 때문에 말할 수 있는 것은 언제나 명중시킬 수 있는 일정한 확률만이 있을 뿐이라는 거지. 백발백중 맞출 수는 없어. 우리의 경우에는 호랑이를 쓰러뜨릴 때까지 적어도 30발을 쏘았으니까. 목표물에 명중된 탄환의 작용은 매우 커서 호랑이가 멀리 나동그라진 걸세. 이와 같은 일이 우리들의 세계에서도 언제나 일어나고 있지만 그 규모가 작아서 우리가 알아차리지 못하는 것에 지나지 않아. 앞서도 말한 것처럼 보통 세계에서 이와 같은 현상을 알려면 원자처럼 작은 입자에 대해서 연구해야 되는 거야. 원자는 비교적 무거운 핵과 그 주위에 돌고 있는 몇 개의 전자로 구성되어 있다는 사실을 알고 있겠지. 처음은 누구나가 원자핵 주위를 돌고 있는 전자의 운동을 마치 태양 주위를 돌고 있는 행성의 운동과 꼭 닮은 것으로 생각하기 쉽지만, 자세히 연구해 보면 흔히 통용되고 있는 운동에 관한 개념은 원자와 같이 미세한 세계에서는 조잡한 개념에 지나지 않음을 알게 되지. 원자 내부에서 중요한 역할을 하고 있는 작용은 기본적인 작용 양자와 같은 정도의 크기이므로 전체의 상(像)은 넓게 퍼져 있게 된다네. 원자핵 주위를 돌고 있는 원자의 운동은 여러 가지 점에서 코끼리를 빙 둘러싸고 있는 것처럼 보였던 호랑이의 운동과 비슷한 것이야."

"그러면 우리가 호랑이를 겨누어 쏜 것처럼 누군가 전자를 쏜 사람이 있었습니까?" 하고 톰킨스 씨가 질문했다.

"암, 물론 있고말고. 원자핵 자신이 때때로 매우 큰 에너지를 갖는 광양자, 즉 기본적인 작용 단위(Action-Units)의 빛을 방출한단 말이야. 또는 원자 외부로부터 광선을 투사시켜 전자를 쏠 수도 있지. 이렇게 하면 우리가 호랑이를 쏘았을 때 일어나는 일과 같은 현상이 일어나지. 여러 개의 광양자는 전자에 영향을 주지 않고 그 곁을 지나 빠져나가 어느 하나가 전자와 작용하게 되면 전자를 원자 밖으로 튕겨 나가게 하지. 양자계라는 것은 서서히 작용을 받는 일은 없어. 전혀 작용을 받지 않든가 아니면 큰 변화를 일시에 받거나 그 어느 한쪽만이 가능한 거야."

「양자의 세계에서는 고양이 새끼를 쓰다듬어 준다는 것이 그만 고양이를 죽게끔 한다는 이치와 같은 것이구먼」 하고 톰킨스 씨는 혼자 생각했다.

"노루 떼다! 여러 마리 있다!" 하고 리처드 경은 외치고는 재빨리 총을 집었다. 그러고 보니 정말 노루의 대군이 대나무 숲 사이에 보이기 시작했다.

「이 노루들은 훈련을 잘 받은 것 같군」 하고 톰킨스 씨는 생각했다. 「연병장에서 훈련받는 군인들처럼 줄을 맞추어 달리고 있는데 여기에도 무슨 양자 효과라는 것이 있어서 그런 것일까?」

노루 떼는 코끼리 쪽으로 굉장히 빠른 속도로 다가오고 있었다. 리처드 경은 총을 겨누었다. 그러나 이때 교수가 그를 제지하며 말했다.

"쏜다 해도 헛수고일세. 한 마리의 짐승이 회절격자 속을 지나갈 때는 총을 쏘아도 여간해서 맞지 않는 법이야."

"네? **한 마리**뿐이라고요?" 리처드 경은 놀랍다는 듯 소리쳤다. "적어도 수십 마리는 있는데 한 마리뿐이라니!"

"자네, 잘못 보고 있네. 한 마리의 노루가 무엇인가에 놀라

교수가 말리려고 했을 때 리처드 경은 쏠 채비가 되어 있었다

대나무 숲속을 달리고 있는 것이야. 〈퍼져 있는〉 물체는 모두 보통의 빛과 비슷한 성격을 지니고 있기 때문에, 즉 예를 들어 저 대나무들처럼 규칙적으로 일정한 간격으로 줄지어 서 있는 것들 사이를 지나갈 때 회절 현상을 일으키게 돼. 회절 현상에 관해서는 학교에서 배웠겠지만 우리들은 지금 물질의 파동으로서의 성격을 이야기하고 있는 거야."

그러나 리처드 경이나 톰킨스 씨나 둘 다 〈회절〉이라는 신비스럽게 들리는 말의 뜻을 전혀 모르고 있기 때문에 그 이상의 교수와의 대화는 끊기고 말았다.

양자의 나라 안에서 더욱 깊숙이 진입해 들어감에 따라 가지각색의 흥미진진한 현상들을 볼 수 있었다. 질량이 작기 때문에 어디에 있는지 전혀 알 수 없는 양자의 모기라든가 매우 신기한 양자의 원숭이도 볼 수 있었다. 그들은 얼마 안 가서 원주민의 마을로 여겨지는 곳에 다다랐다.

"이 지방에 인간이 살고 있다고는 생각 못 했어" 하고 교수가 말했다. "저 떠들썩한 소리는 무슨 축제라도 하고 있는 것이 분명해. 끊임없이 방울을 울려 대는 소리를 들어 보게나."

불을 크게 지펴 놓고 그 둘레를 거친 춤을 추며 도는 원주민의 그림자만으로는 아무리 애써도 잘 분간할 수가 없었다. 그들은 크고 작은 갖가지 방울을 단 검은 손을 줄곧 위로 올린 채 춤을 추고 있었다. 더욱 가까이 다가감에 따라 오두막집도 그 부근의 수목들도 퍼지기 시작했으며 방울 소리는 견디기 어려울 정도로 시끄럽게 울려 댔다. 톰킨스 씨는 손을 뻗쳐 무엇인가 손에 잡히는 것을 내던졌다. 던진 시계가 멀리 날아가 마침 선반 위에 놓인 물병에 맞았고, 물병이 깨어지는 바람에 그는 흠뻑 찬물을 뒤집어쓰고 깨어났다. 그는 벌떡 침대에서 일어나 황급히 옷을 주워 입기 시작했다. 은행의 출근 시간까지 불과 30분을 남기고 있었다.

9장
맥스웰의 도깨비

여러 달 동안에 걸쳐 흔치 않은 여러 가지 모험을 겪는 동안 교수는 톰킨스 씨에게 물리학의 비밀을 깨우쳐 주려고 노력했다. 그러나 톰킨스 씨는 그보다는 모드 양에게 점점 매혹되어 드디어는 수줍어하며 청혼을 하기에 이르렀다. 그의 청혼은 무난히 수락되었고 그들은 곧 남편과 아내가 되었다. 이제 그의 장인이 된 교수는 딸의 남편에게 물리학 분야에서의 많은 지식과 특히 그중에서도 최근에 이루어진 물리학의 여러 발전에 관한 지식을 가르쳐 일깨워 주는 것이 장인으로서의 도리라고 믿고 있었다.

어느 일요일 오후의 일이다. 톰킨스 씨 부부는 그들의 보금자리에서 안락의자에 앉아 편안히 쉬고 있었다.

아내는 『보그(Vogue)』라는 잡지의 최근 호를 읽느라 여념이 없었고 남편은 『에스콰이어(Esquire)』를 펼쳐 들고 어느 한 대목을 읽고 있었다.

"아! 이것 좀 봐요" 하고 톰킨스 씨가 갑자기 외쳤다. "여기 찬스게임(Chance Game, 역자 주: 요행을 건 일종의 도박놀이)이 소개되어 있는데 아주 잘 맞을 것 같은데!"

모드는 "여보, 시릴! 정말 잘 맞을 것 같아요?" 하며 읽고 있던 패션 잡지로부터 눈을 돌려 귀찮은 듯이 겨우 맞장구를 쳤다.

"아버지는 정말 손해 보지 않고 잘 들어맞는 노름이란 이 세

이번에는 꼭 이겨야 해요!

상에 있을 수 없다고 늘 입버릇처럼 말씀하셨는데요."

"그렇지만 모드, 여기 좀 봐요"라고 말하며 톰킨스 씨는 그녀에게 근 30분 동안이나 열심히 들여다보았던 그 대목을 보여주었다. "나는 다른 찬스 게임에 관해서는 전혀 모르지만 여기 실린 이 게임은 아주 간단한 수학 원리에 근거를 두고 있으니까 이 게임은 잘못될 리가 없을 거야!

종잇조각에

1, 2, 3

이라고 쓰기만 하면 되거든. 그런 다음에 여기에 적힌 규칙대로만 해 나가면 되지요."

"그럼 어디 한번 해 볼까요?" 약간 호기심을 갖게 된 모드가 제의했다. "그런데 규칙이란 어떤 것인가요?"

"이 잡지에 예를 든 대로 한번 따라해 보는 것이 어떨까요? 쉽게 터득하는 데는 그 방법이 제일 좋을 것 같은데. 룰렛(Roulette) 게임을 예로 들어 설명했는데, 당신도 알다시피 룰렛에서 빨강이나 검정에 돈을 거는 것은 결국 동전 한 닢을 던져 앞뒤 어느 쪽이 나오는가에 돈을 거는 것과 마찬가지지요. 우선 여기에다

1, 2, 3

이라고 써 놓고 설명을 시작하지요. 규칙은 바로 이런 거요. 내가 걸어야 할 돈은 여기 적힌 수의 양 끝의 숫자의 합과 같아야 돼요. 그러니 1과 3을 합하면 4, 따라서 그만한 돈을 걸어야 하는데 일례로 빨강에 걸었다고 해 보지요. 만일 내가 이기면 1과 3의 숫자를 지워 버려야 되고, 다음번에 걸 돈은 나머지 숫자인 2가 되는 거요. 다음에 내가 지는 경우에는 내가 잃었던 돈만 큼의 숫자를 수열의 제일 끝에 적어 넣고 다음에 걸 돈은 이 수열로 먼젓번 방법대로 정하게 되는 거요. 자, 공이 검정에 멈췄다고 해 봐요. 그렇게 되면 놀이판 주인이 내가 건 4만큼의 표를 거두어 가게 된단 말이오. 이제 새로운 수열은

1, 2, 3, 4

가 되었으니 내가 다음에 걸어야 할 돈은 1 더하기 4, 즉 5가 되지요. 두 번째에 내가 잃었다고 하면 이 책에 설명되어 있기로는 먼젓번과 똑같이 해야 한다니 위의 수열의 맨 끝에 5라는 수를 더 보태어 쓰고 6이라는 돈을 걸어야 한다고 되어 있소."

"여보, 이번에는 꼭 **이겨야 돼요!**" 하고 흥분한 모드가 외쳤

다. "그렇게 잃고만 있으면 되겠어요?"

"반드시 그렇지도 않지요" 하고 톰킨스 씨가 말했다. "어렸을 때 곧잘 친구들과 돈 던지기를 했는데, 당신이 안 믿을지도 모르지만 연달아 열 번이나 앞면만 나온 일이 있단 말이오. 그런 이야기는 그만두고 이 대목에 설명하고 있는 것처럼 이번에는 내가 이긴다고 해 봐요. 그러면 12라는 돈표를 얻게 되는데, 내가 이때까지 걸었던 돈에 비하면 아직도 3이 모자라는구먼. 규칙에 따라 1과 5 자를 지워 버리면 내 수열은

~~1~~, 2, 3, 4, ~~5~~

와 같이 되지. 그러니까 다음번에 내가 걸어야 할 돈은 2 더하기 4, 즉 6을 걸어야 되겠어요."

"이 설명을 보면 당신은 이번에도 또 잃게 되어 있는걸요." 어깨너머로 넘겨보고 있던 모드가 말했다. "수열에 6을 더 보태 쓰고 다음번에는 8이라는 돈표를 걸어야 된다는 거죠? 내가 틀렸나요?"

"아니, 당신 말이 맞아요. 나는 또 잃게 됐소. 그러므로 다음 수열은

~~1~~, 2, 3, 4, ~~5~~, 6, 8

이 되니까 이번에는 10만큼 돈을 걸어야 될 판이군. 이번에는 이겼으니 2 자와 8 자를 수열에서 지워 버리고 다음 걸 돈은 3 더하기 6, 즉 9가 되는군요. 그런데 또 잃었나 봐."

"책에 쓰여 있는 예가 좋지 않은데요" 하고 모드는 뾰로통해져서 말했다. "이때까지 당신은 세 번 지고 꼭 한 번밖에는 이기지 못했어요. 공평치 못하지 뭐예요!"

"걱정 말아요" 하고 톰킨스 씨는 무슨 수라도 있는 듯이 자신 있게 말했다. "끝에 가서는 결국 우리가 이기게 될 거요. 내가 마지막 판에는 9라는 돈을 잃었으니 9라는 숫자를 수열 맨 끝에 써 넣으면

~~1~~, ~~2~~, 3, 4, ~~5~~, 6, ~~8~~, 9

가 되고 그러므로 이번에는 12를 걸어야지요. 이번에는 이겼으니까 3과 9를 수열에서 지워 버리고 나머지 두 숫자를 보탠 10을 걸어야지요. 이번에는 계속해서 이겼으니 나머지 숫자를 다 지워 버리면 수열의 숫자는 모두 없어져 버리게 되고 결국 한 판이 끝나게 됐어요. 총결산을 해 보면 나는 단지 네 번 이기고 다섯 번 패했으나 6이라는 돈표를 벌게 됐거든."

"당신 정말 6만큼 땄단 말예요?" 하고 의심스럽다는 듯이 모드가 말했다.

"정말이고말고요, 여보! 이 노름은 한 판이 끝나면 으레 6만큼 따도록 되어 있는 거요. 간단한 계산으로 당신도 그렇다는 것을 증명할 수 있을 거예요. 그래서 내가 이 노름을 수학적으로 잘 짜여 있어서 실패하는 일이 없다고 하지 않았소? 만일 내 말을 못 믿는다면 종이에 계산을 실제로 해 보구려."

"네, 좋아요. 당신이 이야기한 그대로라고 믿겠어요. 그렇지만 6밖에는 돈표를 따지 못했으니 많이 땄다고는 할 수 없지 뭐예요."

"많다고 할 수는 없지요. 하지만 한 판이 끝날 때마다 매번 꼭 이긴다면 그때마다 6이라는 돈표가 굴러 들어오는데, 1, 2, 3이라는 수열로 게임을 시작하여 되풀이해서 몇 판이고 한다면

그래도 적은 돈이라고 할 수 있을까?"

"아유, 많군요!" 모드가 외쳤다. "그렇게 되면 당신도 은행 일을 집어치울 수 있고 또 우리는 더 좋은 집으로 이사 갈 수도 있겠네요. 오늘 어느 상점에 멋진 밍크 코트가 진열되어 있는 것을 보았는데 값이 불과……."

"물론 사야 하고말고. 하지만 더 급한 것은 우선 빨리 몬테카를로(Monte Carlo)로 가는 거요. 우리 외에도 많은 사람들이 이 기사를 읽었을 텐데. 남이 먼저 손을 대면 소 잃고 외양간 고치는 격이 돼 버려요. 딴 친구가 이기고 카지노(Casino)가 파산하게 될 테니 말이오."

"다음번 비행기가 몇 시에 뜨는지를 항공 회사에 알아봐야겠어요" 하고 모드가 서둘렀다.

"무엇 때문에 허둥대는 거야?" 하는 낯익은 목소리가 대청마루 쪽에서 들려왔다. 모드의 아버지는 방문을 열고 들어서자 흥분된 이들 부부를 보고 놀라는 것 같았다.

"첫 비행기로 저희들은 몬테카를로로 떠나려는 참인데요. 우리는 부자가 돼서 돌아올 겁니다" 하고 톰킨스 씨는 말하며 자리에서 일어나 교수를 맞았다.

"아, 그런가." 교수는 웃으며 난로 가까이에 놓인 구식 안락의자에 푹 눌러앉더니 "자네들 새로운 노름이라도 고안해 낸 것 같은데, 그런가?" 하고 물었다.

"아버지! 이 게임은 틀림없어요." 모드는 항변이나 하듯이 말했는데 그녀의 손은 아직도 전화통을 잡고 있었다.

"네, 그렇답니다." 톰킨스 씨가 옆에서 모드의 말을 거들었다. 그는 교수에게 그 잡지를 넘겨주며 "읽어 보세요. 실패하는 일은 없지 않겠어요?" 하고 말했다.

"잃지는 않게 돼 있단 말인가?" 교수는 웃으며 말했다. "어디 좀 보세." 교수는 잡지의 바로 그 대목을 잠시 읽어 내려가더니 또 말문을 열었다.

"이 노름에서 두드러진 점은 패할 때마다 다음번에 걸어야 할 돈의 액수는 점점 많아지는 반면, 이기면 이길 때마다 먼젓번보다 더 작은 금액을 판에 걸도록 규칙이 정해져 있다는 점이구먼. 따라서 만일 아주 규칙적으로 한 번씩 교대로 이겼다 졌다 해 나가면 판에서 딴 돈의 액수는 늘었다 줄었다 하는데 이겼을 때 돈이 드는 정도가 앞서의 졌을 경우 잃은 돈 액수보다는 약간 많게 되네. 물론 이런 경우라면야 틀림없이 자네들은 벼락부자가 되네. 그러나 자네들도 잘 알다시피 노름에서 따고 잃는 것이 규칙적으로 되풀이되는 일은 없는 법이야. 사실 이렇게 규칙적으로 번갈아 따고 잃는 일이 일어나는 확률은 같은 횟수만큼 계속 이기는 확률처럼 아주 작은 것일세. 자, 그러면 연거푸 몇 번 계속해서 이기거나 또는 패하는 경우를 한번 생각해 보세. 노름꾼이 흔히 쓰는 말로 자네가 운수 대통했다고 치지. 자네가 연거푸 이길 때마다 매번 규칙에 따라 다음번에는 좀 더 작은 돈을 걸게 되어 있지. 절대로 판에 거는 돈 액수를 늘릴 수는 없단 말씀이야. 그러니 몽땅 이겼다 해도 딴 돈은 대수로운 액수가 못 돼. 반면에 연거푸 질 때는 매번 더 많은 돈을 걸어야 되니까, 이런 액운이 닥칠 때는 연거푸 이길 때에 비해 훨씬 치명적인 결과를 가져와서 자네는 빈털터리가 되어 버리는 거야. 자네가 노름에서 따게 되는 돈의 액수가 어떻게 변해 가는가를 도표로 표시해 보면, 몇 개의 완만하게 올라가는 선이 있으나 그 선들은 급격하게 감소함을 나타내는 선으로 끊기고 만다는 것을 알 수 있겠지. 그러니 노름이 처음 시작되었을 무렵에도, 대개 이 길고 완만하게 상승하는 곡선을 타게 되어 잠시 동안은 따 들인 돈이 조금씩 계속 늘어 감을 보고 흐뭇한 기분에 젖겠지. 그러나 많은 돈을 따려고 한 번 더, 한 번 더 하고 자꾸 계속하다가 마침내 틀림없이 이 급격한 하강선을 타게 될 텐데, 이 하강선의 기울기는 아주 심하니까 마지막 남은 동전 한 닢까지 다 털리게 되는 걸세. 지금 우리가 이야기하고 있는 이 게임이나 또는 그 밖의 어떤 찬스 게임에 있어서도 판돈을 몽땅 다 따 버릴 수 있는 확률은 건 돈을 다 잃을 확률과 똑같이 되도록 꾸며져 있다고 하는 것쯤은 누구나 어렵지 않게 증명할 수가 있다네. 바꿔 말하자면 노름에서 최종 승리자가 될 확률이란 빨간색이나 검은색에 한꺼번에 돈을 걸어 놓고 단 한 판에 돈을 배로 따느냐, 아니면 번 돈을 몽땅 잃느냐 하는 것과 똑같이 되어 있다는 말일세. 따라서 이런 종류의 게임에서는 오랜 시간 게임을 계속함으로써 돈을 잃었다 땄다 하는 데서 주로 즐거움을 맛보자는 것이 목적이라 할 수 있어. 그런데 게임을 한다는 것이 결국 이런 즐거움을 느끼기 위한 것이라면 구태여 규칙을 까다롭게 만들 필요가 없지 않겠나? 자네들도 알다시피 룰렛의 회전대에는 36개의 숫자가 적혀 있는데 그중 어느 것이든 숫자 하나만 빼놓고는 나머지 숫자 전부에다 걸어도 상관없지. 그러니 들어맞을 찬스는 36개 중 35개가 되어 거의 틀림없이 맞는 셈이 되고, 따라서 자네가 걸었던 36이라는 돈표에다 1만큼의 돈표를 더한 값만큼을 환전받을 수가 있지. 그렇지만 36바퀴 회전시킬 때 대략 1번 정도씩만 자네가 돈표를 걸지 않았던 어느 특정한 숫자에 볼이 멈춘다고 하면 자네는 35라는 돈표를 한꺼번에 잃게 된다네. 이런 식으로 오래 게임을 계속해 보면 룰렛에 건 판돈의 총액이 늘었다 줄었다 하는데, 그 모양을 도표로 표시하면 이 잡지에 소개된 찬스 게임 때와 똑같은 모양의 곡선을 얻게 될 걸세. 어떤 룰렛 대에는 이 0이 두 개씩이나 있는 것도 있단 말이야. 그러니까 이런 것들은 돈을 건 사람들을 더욱 승산 없게 만들지. 어떤 종류의 게임이건 상관없이 노름하는 이의 돈이란 언제나 주머니에서 모르는 사이에 슬슬 빠져나가 흥행장 주인만 배부르게 만드는 법이야."

"잘 들어맞는 찬스 게임이란 원래 없고, 그러니 조금이라도 돈을 잃으면 잃었지 위험 없이 돈을 딸 방법은 없다는 말씀이겠지요?" 하고 톰킨스 씨는 풀이 죽은 듯 말했다.

"바로 맞았네" 하고 교수가 대답했다. "그렇다고 해서 내 말이 꼭 그런 찬스 게임 같은 하찮은 일만 끄집어내어 말한 것은 아닐세. 얼핏 보아 변화무쌍한 물리학적 현상도 따지고 보면 단지 확률의 법칙을 따르고 있음에 불과한 것이 많거든. 그런 경우를 말해 보자면 가령 자네가 우연의 법칙을 깨뜨리는 어떤 기계를 고안했다고 가정해 보세. 그것으로는 돈을 벌어들이는 일보다 훨씬 신나는 일들을 얼마든지 할 수 있게 된단 말야. 휘발유 없이 달리는 자동차를 만든다든가, 석탄을 때지 않고도 움직일 수 있는 공장을 지을 수 있다든가, 얼마든지 기가 막힐 일들을 할 수 있게 되는 거야."

"영구기관인가 무언가 하는 가상적인 기계에 관한 이야기는 어디선가 읽은 적이 있습니다" 하고 톰킨스 씨가 말했다. "저의 기억이 틀림없다면 연료 없이 달릴 수 있는 기계를 만든다는 것은 무로부터 에너지를 만들어 낸다는 말과 같아 불가능하다고 되어 있는 것으로 압니다. 그런데 이런 기계하고 노름이 무슨 상관이 있겠어요?"

"자네 말이 맞아." 교수는 그러면서도 자기 사위가 물리학에 대해 조금이라도 안다는 사실에 흐뭇했다. "〈제1종 영구기관〉이라고 불리는 종류의 영구기관은 에너지 보존 법칙에 위배되기 때문에 존재할 수 없다네. 그러나 내가 이야기하고자 하는 연료 없이 달리는 기계란 그와는 좀 다른 것이며 흔히 〈제2종 영구기관〉이라고 불리고 있는 것들이지. 이 기계들은 무로부터 에너지를 창조하도록 만들어 낸다는 것이 아니라, 그 주위에 있는 땅이라든가 바다라든가 혹은 공기라든가 하는 열원에서 에너지를 뽑아내자는 것이야. 가령 예를 든다면 석탄을 때는 대신 바다에서 열을 뽑아 그것으로 증기 기관을 움직이게 하는 기선을 들 수 있지. 사실 만약 온도가 낮은 데서 높은 곳으로 열이 흐르게 할 수 있다면, 바닷물을 배 안으로 끌어 올려 물 안에 저장돼 있던 열은 빼내고 얼음으로 변한 찌꺼기는 다시 바다에 버리는 그런 장치를 만들어 낼 수 있다네. 1갤런의 찬물을 얼게 할 때 여기서 방출되는 열은 또 다른 1갤런의 찬물을 거의 끓는점까지 올릴 수 있지. 그러니 매분마다 수 갤런씩의 바닷물을 퍼 올리면 웬만한 크기의 엔진을 움직일 만한 충분한 열을 뽑아낼 수 있을 거야. 실용적인 면에서 생각한다면 이러한 제2종 영구기관은 무에서 에너지를 창조해 내도록 만들어진 영구기관 못지않게 훌륭한 것이 되지. 이러한 엔진으로 일을 하게 된다면 이 세상 사람 어느 누구 할 것 없이 모두 절대로 잃지 않고 룰렛 게임을 할 수 있는 사람처럼 걱정 없이 살아갈 수 있는 존재가 되겠지……. 그러나 불행히도 그 어느 쪽이나 실현 불가능한 것은 똑같이 확률의 법칙을 깨고 말기 때문일세."

"바닷물에서 열을 뽑아내어 배의 증기 기관을 돌리겠다고 하는 것이 미친 짓이라는 것은 저도 인정합니다" 하고 톰킨스 씨가 말했다. "그런데 이 문제와 우연의 법칙 사이에 서로 무슨 연관성이 있는지 저는 전혀 이해할 수 없는걸요. 주사위나 룰렛 회전판 따위를 이런 연료 없이 달릴 수 있는 기계의 부분품으로 사용해야 한다는 말씀이 아닌 것만은 확실하다고 생각하는데요. 혹시 제 생각이 틀렸나요?"

"물론 틀리지 않았네!" 하면서 교수가 웃었다. "비록 영구기관 발명에 미쳐 있는 사람일지라도 그런 제안을 할 사람은 없다고 나는 믿네. 요점을 말하자면 바로 다음과 같네. 즉 열과정(熱過程) 자체는 성격상 주사위 놀이와 아주 비슷한 점이 있지. 그래서 이를테면 열이 차가운 물체로부터 그보다 더 뜨거운 물체로 흘러 들어가기를 바란다는 것은 마치 돈이 카지노의 환전 창구에서 자네 주머니로 굴러 들어가기를 바라는 것과 마찬가지라는 말이 되는 거지."

"그러면 환전 창구는 차갑고 제 주머니는 덥다는 뜻인가요?" 하고 이제는 뭐가 뭔지 영문을 알 수 없게 된 톰킨스 씨가 말했다.

"어쨌든 어떤 의미에서는 그렇다고 할 수 있네" 하고 교수가 대답했다. "자네가 지난번 내가 강연할 때 와서 들었더라면 열이라는 것이, 모든 물체의 구성 요소인 원자라든가 분자라든가 하는 입자들의 무수한 집단들이 빠르고 불규칙한 운동을 하는 데서 일어나는 것에 지나지 않음을 알았을 걸세. 이런 분자 운동이 빠르면 빠를수록 물체는 우리에게 더 뜨겁게 느껴지는 거지. 이 분자 운동이란 아주 불규칙하기 때문에 우연의 법칙을 따르게 되는 것이며, 그래서 무수히 많은 분자들로 이루어진 어떤 계가 취할 수 있는 가장 가능성 있는 상태는 대략 이 계에 관여되는 전체 에너지가 모든 입자에 골고루 분포되는 상태에 해당된다고 말할 수 있네. 가령 어떤 물체의 어느 한 부분이 가열되었을 경우, 즉 이 부분에 있는 분자들이 빨리 움직이기 시작하면, 이 분자들은 다른 분자들과 여러 번 충돌을 거듭함으로써 자기가 지녔던 여분의 에너지를 나머지 입자들 모두에게 골고루 나누어 주게 되는 것일세. 그러나 충돌이라는 과정은 우연히 일어나는 현상이기 때문에 나머지 입자들을 제쳐놓고 어떤 특정 입자의 집단만이 우연히 전체 에너지의 큰 몫을 차지하게 되는 확률도 있을 수 있네. 물체의 어떤 특정한 부분에 일시에 열에너지가 몰려든다는 현상은 온도 구배(溫度句配)에 역행하여 열의 이동이 생긴다는 현상에 해당되는 것인데 이론상 이런 일이 일어날 수 없다고 할 수는 없거든. 그러나 이와 같이 일시에 열이 모여드는 일이 생겨날 상대적인 확률을 계산해 보면 어찌나 그 확률이 작은지, 실제로는 그런 현상이 일어날 수 없다고 단정해 말할 수 있지."

"네, 이제야 알겠습니다." 톰킨스 씨가 말했다. "제2종 영구기관이란 결국 순간적으로 잠시 동안 실현될 수는 있지만 그런 일이 일어날 확률은 마치 주사위 놀이에서 두 개의 주사위를 100번 연거푸 던져 겨우 한 번 주사위의 숫자의 합이 7이 돼서 나올 확률처럼 아주 작다는 말씀이시지요?"

"그보다 훨씬 작아" 하고 교수가 말했다. "사실 어떤 의미에서는 도박에 비유될 수 있는 이런 일이 꼭 일어난다는 확률은 어찌나 작은지 말로서는 이루 표현할 수가 없지. 한 예로 이 방 안의 공기를 일시에 테이블 밑으로 모아 나머지 공간을 완전 진공으로 만들어 버릴 수 있는 확률을 계산해 보여 줌세. 여기에 비유하면 자네가 한 번에 던져야 할 주사위의 개수는 이 방 안에 있는 공기 분자의 수만큼이라야 하는 것일세. 그러니 우선 방 안에 얼마나 많은 공기 분자가 있는지를 계산해 보지. 대기압인 공기의 1㎤ 안의 공기 분자 수는 내 기억으로는 20자리의 수로 표시되는 것으로 알고 있으니, 이 방 안의 공기 분자 전체의 수는 대략 27자리 정도의 수가 되겠지. 테이블 밑의 공간의 부피는 이 방 전체 용적의 1% 정도가 되는 것 같으니 어떤 특정한 한 개의 공기 분자가 테이블 밑에 자리 잡을 확률은 따라서 1/100이 되지. 따라서 모든 공기 분자가 한꺼번에 이곳으로 모일 확률을 계산한다면 이 방 안에 있는 전체의 입자 숫자대로 1/100씩을 곱한 값이 되어야 하겠지. 계산 결과는 소수점 아래 0이 자그마치 54개나 붙게 되네."

"후……" 하고 톰킨스 씨가 기가 막혀 한숨을 쉬었다. "그처럼 가망 없는 일에는 절대로 돈을 걸 수 없지요! 하지만 딱 잘라 말해서 이런 결과가 등분배(Equipartition)로부터 벗어나는 일은 있을 수 없다는 것을 의미하지는 않지 않습니까?"

"그렇고말고" 하고 교수가 그의 말에 수긍했다. "모든 공기가 테이블 밑으로 몰려들어 우리가 질식해 죽는 일도 없으며 하이볼(High-Ball)이 담긴 술잔에서 술이 절로 끓어오르는 일도 없다는 사실은 내가 아까 이야기한 사실을 뒷받침해 주지. 그렇지만 만약 훨씬 작은 넓이일 때, 따라서 주사위 역할을 하는 분자의 수가 훨씬 적을 경우에는 그 통계 분포로부터 벗어날 수 있는 가능성이 더 커지게 되는 것이지. 예를 들어 바로 이 방의 경우를 생각해 볼 때 공기 분자들이 평소 어떤 특정한 장소에 더 많이 모여 소위 밀도의 통계적 요동(Statistical Fluctuations)이라고 일컫는 순간적인 불균일 분포를 나타내는 일이지. 태양 광선이 대기권을 통과할 때 아까 말한 것 같은 불균일 분포가 스펙트럼 가운데에서 푸른색을 산란시키게 되고 그런 결과로 하늘이 우리에게 낯익은 하늘색을 띠게 되는 거야. 만일 밀도가 불균일하게 분포되어 있는 일이 없다면 하늘은 언제나 검은색을 띨 것이며 따라서 대낮에도 별들을 선명하게 볼 수가 있겠지. 액체의 온도를 끓는점까지 올리면 약간 우윳빛 같은 빛깔을 띠게 되는 것도 액체 분자의 불규칙한 운동 때문에 역시 밀도의 요동이 생겨나는 까닭이라고 해석되지. 그렇지만 고찰하고자 하는 대상의 규모를 크게 잡을 경우에는 그러한 요동, 즉 불균일 분포가 생겨난다는 일은 거의 불가능하여 아마 수십억 년을 지켜보아도 한 번도 일어나지 않을 걸세."

"그렇지만 지금 당장 이 순간에도 뜻하지 않은 일이 이 방안에서 일어날 기회는 있는 것이 아니겠어요?" 하고 톰킨스 씨가 고집했다. "없을까요?"

"물론 있고말고. 국 한 그릇이 담겨 있는데 그 절반에 해당되는 분자들이 갑자기 같은 방향으로 움직여 거기서 열에너지를 얻어 국이 저절로 그릇 밖으로 쏟아져 나와 온통 식탁보를 더럽히는 일은 절대로 일어날 수 없다고 고집하는 것은 이치에 맞는 주장이라고 할 수는 없겠지."

아까부터 패션 잡지를 다 보고 난 모드는 다시 두 사람 사이의 대화에 흥미를 느끼기 시작했는지 "왜요! 바로 어제 그와 같은 일을 겪었는데요" 하고 말했다. "국이 엎질러졌는데 가정부 말로는 국그릇은커녕 테이블에도 손 하나 댄 일이 없다고 그래요."

교수는 껄껄 웃으며 "바로 그 경우에는 가정부에게 죄가 있지, 맥스웰의 도깨비(Maxwell's Demon) 탓은 아니야."

"맥스웰의 도깨비라니요!" 하고 놀란 모드는 외쳤다. "저는 과학자들만은 그런 도깨비 같은 것은 믿지 않는 줄 알았어요."

"자, 도깨비라는 말에 너무 신경을 쓸 필요는 없다. **제임스 클러크 맥스웰**(James Clerk Maxwell, 1831~1879)은 유명한 물리학자인데 그야말로 통계에 도깨비라는 개념을 도입한 장본인이지만, 단지 비유해서 말하기 위해 그런 말을 사용했던 것뿐이야. 맥스웰은 열에 관한 현상을 이해하기 쉽도록 도깨비라는 말을 비유해서 썼지. 맥스웰의 도깨비는 재빠른 친구임에 틀림없어. 즉 어느 방향이건 명령하는 대로 즉시 하나하나의 분자 운동 방향을 마음대로 바꿀 수 있는 재주를 가졌으니 말이야. 가령 정말 그런 도깨비가 존재한다면 열을 온도에 역행하여 흐르게 할 수 있게 될 테니 열역학의 근본 법칙인 **엔트로피 증가의 원리**(Principle of Increasing Entropy)란 동전 한 닢의 가치도 없게 돼 버리지."

"엔트로피라고요?" 하고 이번에는 톰킨스 씨가 물었다. "전에도 그 말은 들은 적이 있어요. 언젠가 제 친구 한 사람이 저를 파티에 초대한 적이 있었는데 그때 몇 잔씩 술이 돌아간 뒤 몇 몇 화학을 공부하는 학생들이 노래를 시작했었지요.

「오 사랑하는 그대 아우구스티네(Ach du lieber Augustine)」라는 곡조에 맞추어

증가하고 감소하고
감소하고 증가하고
엔트로피가 무얼 하건
우리가 알 게 뭔가?

Increases, decreases
Decreases, increases
What the bell do we care
What entropy does?

라고 말입니다. 도대체 엔트로피란 어떤 것입니까?"

"설명해 주는 거야 어려울 것 없지. 〈엔트로피〉라는 말은 우리가 고찰하려는 어떤 물체 또는 여러 물체로 이루어진 계에서 분자 운동의 무질서의 정도를 나타내는 데 쓰이는 말에 지나지 않네. 분자들 사이에서 일어나는 헤아릴 수 없이 여러 번 일어나는 불규칙한 충돌은 언제나 엔트로피를 증가시키는 결과를 가져오는데, 그 까닭은 절대적인 무질서란 어떤 통계 집합체가 취할 수 있는 가장 있음 직한 상태이기 때문이지. 그러나 만일 맥스웰의 도깨비가 나타나서 이런 상태에 뛰어들면 훌륭한 양치기 개가 양 떼를 한곳에 흩어지지 않게 둥글게 몰아붙이고 조정하듯, 그는 분자 운동에 어떤 질서를 되찾게 만들어 그 결과 엔트로피는 감소하기 시작하지. 자네에게 꼭 설명해 두어야

할 것은 소위 H-정리(H-Theorem)라는 통계 이론에 의하면, 루트비히 볼츠만(Ludwig Boltzmann, 1844~1906)이라는 사람이 도입한…….”

교수는 지금 그의 이야기를 듣고 있는 상대가 실제로는 물리학에 관하여는 문외한이며 대학의 물리학과 상급 학생도 아니라는 것을 까맣게 잊고 있음이 분명했다. 〈일반화된 패러미터(Generalized Parameters)〉라든가 〈의사 에르고드계(Quasi-Ergodic System)〉라든가 하는 듣지도 못했던 생소한 낱말들을 늘어놓으며 지루한 이야기를 끝낼 줄 모르고 계속하고 있었다. 아마 그는 지금 자기가 열역학의 어려운 근본 법칙과, 이 법칙들과 기브스*의 형태로 표현된 통계 역학 사이의 관련성에 관하여 명확하게 설명하고 있다고 생각하는 것 같았다. 톰킨스 씨는 장인의 이런 건망증에는 벌써 익숙해져 있는 터라 차분하게 칵테일 잔을 기울이며 되도록 경청하고 있는 듯이 보이려고 애썼다. 하지만 이런 통계 역학에서의 가장 중요한 사항들을 모드가 모두 새겨듣기에는 너무나 어려운 것이었던지, 그녀는 의자에 기대앉아 감기는 눈을 애써 뜨려고 무진 애를 쓰고 있었다. 엄습해 오는 잠을 쫓기 위해 그녀는 자리를 떠 식사 준비가 어떻게 되어 가는가를 알아보기로 했다.

“마님, 제가 도와드릴 것이라도?” 하고 키가 크고 점잖은 옷차림을 한 급사장이 식당에 들어선 그녀에게 공손히 허리 굽혀 인사하며 말했다.

“상관없으니 하던 일이나 그대로 계속해요” 하고 대답하면서도 모드는 왜 그가 지금 거기 있는지 도무지 알 수 없었다. 특

---

* 역자 주: Josiah Willard Gibbs, 1839~1903

히 이상하기 짝이 없는 일은 그들은 집에 급사장을 고용한 일도 없거니와 또 고용할 능력도 없었던 것이다. 그 사나이는 키가 크고 말랐으며 올리브색의 피부에다 긴 매부리코, 그리고 이상하고 강한 빛으로 번쩍이는 녹색의 눈동자를 가지고 있었다. 모드는 그의 이마 바로 위에 검은 머리로 반쯤 덮인 두 개의 혹이 대칭으로 붙어 있음을 보고 등골이 오싹했다.

"내가 꿈을 꾸고 있는 것일까? 아니면 그랜드 오페라에서 바로 빠져나온 메피스토펠레스(Mephistopheles), 바로 그자가 아닐까?"

무엇보다 그에게 말을 해야겠기에 그녀는 "내 남편이 당신을 고용했나요?" 하고 물어보았다.

"그런 것도 아닙니다" 하고 그 기이한 급사장은 식탁 꾸미기에 멋지게 마지막 손질을 하며 대답했다. "사실을 말씀드리자면, 아주 뛰어나게 훌륭하신 당신의 아버님께서 내가 마치 어떤 가공적인 인물인 양 믿고 계시기에 그렇지 않다는 것을 보여 드리려고 스스로 이곳에 온 것입니다. 나는 맥스웰의 도깨비랍니다."

"아!" 모드는 안도의 한숨을 쉬었다. "그렇다면 당신은 다른 도깨비들처럼 사악하거나 남을 해치려 들지는 않겠군요."

"물론 그렇고말고요." 그 도깨비는 파안대소하며 말했다. "그렇지만 나는 장난치는 것은 매우 좋아한답니다. 지금도 막 나는 당신 아버님께 장난을 치려던 중입니다."

"무엇을 하시려고 그러시지요?" 아직도 미심쩍은 모드가 약간 걱정스러운 듯이 물었다.

"내가 원하기만 하면 〈엔트로피〉 증가의 법칙이 깨진다는 것

지옥이 이렇게 생겼나요?

을 아버님께 잠깐 보여 드릴까 하는 것이랍니다. 그렇게 된다는 것을 당신에게 확신시킬 수 있도록 저와 같이 가 주시면 감사하겠습니다. 조금도 위험하지 않다는 것을 맹세합니다."

이 말이 떨어지자마자 모드는 자기 팔꿈치를 꽉 잡는 그 도깨비의 손을 느꼈으며 그녀 주위가 엉망으로 변하기 시작했다. 그녀의 눈에 익은 식당 안에 놓인 모든 물건들이 굉장히 빠른 속도로 엄청난 크기로 커지기 시작했고, 자기가 앉았던 의자의 뒷모습이 매우 커져서 시야를 완전히 가려 버리는 것을 본 것이 마지막 광경이었다. 이 모든 변화가 마침내 원상태로 가라앉아 조용하게 되었을 때 그녀는 자기가 그 동반자의 부축을 받으며 공중을 이리저리 떠돌아다니고 있음을 깨달았다. 안개처럼 뿌옇고 테니스공만 한 크기의 공들이 온갖 방향으로 소리내며 스쳐 지나가고 있었으나 맥스웰의 도깨비는 위험스럽게 보이는 어떤 물체와의 충돌도 용케 피하고 있었다. 아래를 내려다본 모드는 선창에 펄떡거리며 반짝이는 물고기들로 가득 채워진 한 고기잡이배같이 생긴 물체를 볼 수 있었다. 그런데 자세히 보니 그것은 물고기들이 아니었으며 아까 자기들 곁을 스쳐 날아가던 물체와 꼭 닮은, 셀 수 없이 많은 안개처럼 뿌연 공들이었던 것이다. 맥스웰의 도깨비에게 안내되어 더 가까이 다가가 보니, 유동적이며 어떤 일정한 형태가 없이 움직이고 있는 된 죽으로 된 바다에 그것들이 잠겨 있는 것처럼 보였다. 몇 개의 공같이 생긴 물건들은 표면에서 끓고 있었으며 나머지 것들은 밑바닥에 가라앉아 버린 것 같았다. 때때로 공간으로 튀어 나갈 듯이 굉장한 속도로 표면으로 솟아오르는 공도 있었으며, 또 어떤 것은 공중을 날아와 이 죽 속으로 곤두박질하며 수천 개의 다른 공들 사이에 영영 그 자취를 감추기도 했다. 모드는 죽같이 생긴 것을 더 자세히 들여다보고 그 공같이 생긴 물체에는 두 종류가 있음을 발견했다. 대부분의 공들은 마치 테니스공처럼 생겼지만 어떤 것은 좀 크고 길쭉하여 마치 미식축구에서 쓰는 공 같은 모양으로 되어 있었다. 이 모든 공들은 반투명한 물체들이었으며 무엇인가 그 내부는 복잡한 구조로 되어 있는 듯싶었으나 어떤 내부 구조로 되어 있는지는 확실히 파악할 수 없었다.

“우리가 있는 곳이 어디죠?” 모드는 숨이 찬 목소리로 물어

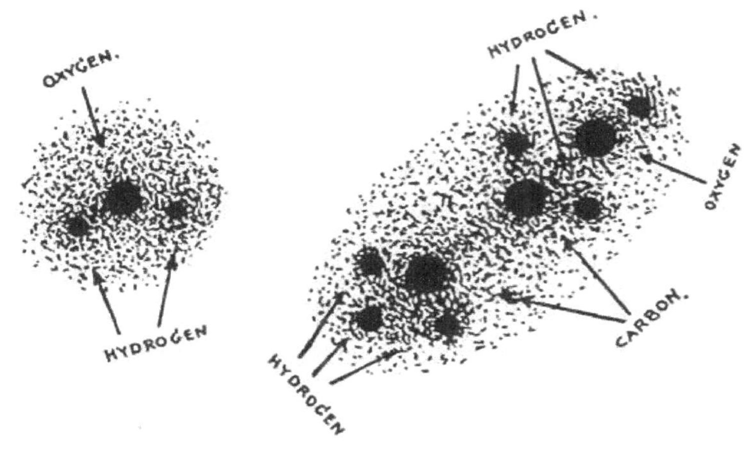

보았다. "지옥이 있다면 이런 곳을 두고 하는 말인가요?"

"아니지요." 도깨비는 웃으며 말했다. "환상적인 것은 전혀 아니지요. 우리들은 지금 당신의 부친께서 〈의사 에르고드계〉에 관한 설명을 하고 계시는 동안, 남편 되는 분이 잠들지 않게 하는 데 효력을 십분 발휘하고 있는 하이볼의 액체 표면의 극히 작은 부분을 아주 가까운 데서 보고 있는 것에 불과하답니다. 좀 작고 둥글게 생긴 공들은 물의 분자들이며 그보다 좀 크고 길쭉하게 생긴 공은 알코올의 분자랍니다. 만일 이들 물 분자 수와 알코올 분자 수의 비율을 산출해 보시면 남편 되시는 분께서 얼마나 독한 술을 마시고 계시는가를 알 수 있을 것입니다."

"아주 재미있는데요." 모드는 있는 용기를 다해 말했다. "그런데 저기 보이는 대해에서 놀고 있는 한 쌍의 고래처럼 생긴 것들은 도대체 무엇입니까? 원자 고래는 아닐 텐데……. 혹시 원자 고래인가요?"

도깨비는 모드가 가리키는 곳을 보았다. "아니지요. 그들은 절대로 고래가 아니랍니다. 사실대로 말하자면 그들은 위스키의 향기를 돋우고 색깔을 내게 하는 데 가미되는 볶은 보리의 아주 작은 한 덩어리지요. 하나하나의 보릿가루는 수백만 개의 아주 복잡한 구조를 가진 유기 분자들로 만들어져 있으며 비교적 크고 무겁답니다. 열운동으로 활발해진 물 분자나 알코올 분자들과 충돌함으로써 그들이 이리저리 튕기는 광경이 보이지요. 이와 같이 분자 운동에 의해서 쉽게 영향을 받을 정도로 작지만 배율이 아주 높은 현미경으로는 볼 수 있을 정도로 큰, 말하자면 중간 정도 크기의 입자들에 대하여 연구함으로써 과학자들은 열의 역학적 이론의 옳고 그름을 관찰이라는 직접적인 수단으로 판단할 수가 있었던 것입니다. 액체 안에서 타란텔라(Tarantella) 춤을 추듯 활발하게 움직이는 이 작은 입자들의 운동, 즉 전문적인 용어로 하면 이 입자들의 브라운 운동(Brownian Motion)을 측정함으로써 물리학자들은 분자 운동이 갖는 에너지에 관하여 직접적인 자료를 얻어 낼 수 있었던 것이지요."

다시 맥스웰의 도깨비는 그녀를 인도하여 공중을 날아서 마치 벽돌을 쌓아 올린 것처럼 무수한 물의 분자들을 차곡차곡 좁은 간격으로 쌓아 올려서 만든 거대한 벽에 다다랐다.

"굉장히 인상적인 광경인데요" 하고 모드가 소리쳤다. "저 광경은 내가 그리고 있는 초상화의 배경이었으면 좋겠다고 찾고 있던 바로 그런 배경입니다. 그것은 그렇다 치고 도대체 이 아름다운 건물은 무엇이죠?"

"뭐요! 이것은 얼음덩어리의 한 부분입니다. 남편 되는 분의 술잔 속에 담긴 조그마한 얼음덩이 중의 하나이지요." 하고 도깨비는 말했다. "그런데 여기서 저는 실례해야겠습니다. 그 자신만만한 노교수에게 장난칠 시간이 왔는걸요."

이런 말을 남기고서 맥스웰의 도깨비는 모드 곁을 떠나 얼음덩이의 한 모서리 가까이에 자리 잡았는데 그 모습은 마치 불행한 등산가처럼 보였다. 이윽고 그는 일에 착수했다. 테니스 라켓같이 생긴 연장을 들고 자기 주위에 널린 분자들을 파리 때리듯 때리고 있었다. 여기저기 재빨리 몸을 움직이며 멋대로 다른 방향으로 가려는 분자를 발견하는 대로 단 한 번의 실수도 없이 적시에 정확히 후려쳤다. 분명히 그녀 자신의 위험에도 불구하고 모드는 그의 빠르고 정확한 솜씨에 감탄을 금할 길이 없었으며, 특히 그가 빠르고 또 다루기 힘든 분자들을 후려쳐 방향을 바꾸는 데 성공할 때마다 열렬한 박수를 보냈다. 그녀가 지금 바라보고 있는 가운데 진행되는 이 광경과 비교하면 그녀가 이때까지 보아 왔던 테니스 선수들은 쓸모없는 쓰레기처럼 생각되었다. 얼마 안 있어 이 도깨비가 노력한 보람이 확실히 나타나기 시작했다. 액체 표면의 어떤 부분은 아직도 매우 천천히 움직이는 조용한 분자들로 뒤덮여 있었으나 이제 그녀의 발아래 부근에 있는 액체 표면은 미친 듯이 끓기 시작했다. 증발에 의하여 액체 표면으로부터 도망쳐 나가는 분자의 수가 급격히 늘기 시작하여, 이제는 수천 개의 분자가 한 묶음이 되어 거대한 기포를 이룩한 채 액체 표면을 뚫고 미친 듯이 밖으로 뛰쳐나가고 있었다. 그리고 수증기가 모드의 시야를 가

성스러운 엔트로피! 끓고 있어!

렸기 때문에 그녀는 라켓을 휘두르는 모습을 간혹 볼 수 있거나, 아니면 걷잡을 수 없이 심하게 날뛰는 분자들의 무리 사이로 얼핏 도깨비가 입은 긴 옷자락을 어쩌다 볼 수 있을 뿐이었다. 마침내는 그녀가 앉아 있던 얼음덩이의 모서리가 무너지더니 그녀는 짙은 수증기의 구름 속으로 점점 깊이 떨어져 가는 것이 아닌가…….

구름이 개자 모드는 자기 자신이 식당에 가기 전에 앉아 있었던 바로 그 의자에 여전히 앉아 있음을 알았다.

"성스러운 〈엔트로피〉!" 하고 교수가 외치고는, 곧 톰킨스 씨가 들고 있던 하이볼 잔을 보며 "잔이 끓고 있어!" 하고 황급히 외쳤다.

유리잔에 담긴 액체는 부글부글 끓어오르는 기포로 뒤덮여 있었으며 뽀얀 한 줄기의 구름 같은 수증기가 천천히 천장을 향하여 올라가고 있었다. 그런데 매우 괴이한 일은 액체 전체가 아니라 단지 얼음덩이가 담긴 부근의 아주 좁은 부분에서만 끓어오르고 있다는 사실이었다. 잔에 담긴 액체의 나머지 부분은 여전히 아무 일 없이 차갑고 조용했다.

"생각해 보게!" 교수는 경건하고 떨리는 목소리로 계속 말을 이었다. "〈엔트로피의 법칙〉에 관련된 통계적 요동에 대하여 자네들에게 이야기하고 있을 때 바로 그런 현상이 실제로 일어났단 말씀이야! 정말 믿기 어려울 정도지. 아마 우리 지구가 생겨난 후로는 처음 있었던 일이겠지. 빠른 운동을 하고 있던 분자들이 우연히도 수면의 어느 한곳에 모여 물이 저절로 끓게 되다니! 앞으로 수십억 년이 지나더라도 이렇게 드문 현상을 실제로 본 사람은 우리들뿐일 걸세." 그는 술잔을 들여다보았다. 술은 벌써 서서히 식어 가고 있었다. "이런 행운을 만나다니!" 하며 그는 행복한 듯이 숨을 크게 쉬었다.

모드는 한 마디 말도 없이 그저 웃고만 있었다. 그녀는 부친과 언쟁을 벌일 생각은 없었지만 이번만은 자기가 부친보다 더 잘 알고 있다고 마음속으로 생각했다.

10장
전자의 즐거운 여행

그로부터 며칠 뒤 저녁 식사를 막 끝낼 무렵, 톰킨스 씨는 언뜻 그날 밤 원자 구조에 관한 교수의 강연이 있을 예정이라는 것과 또 그가 강연에 참석할 것을 교수하고 약속했다는 사실이 생각났다. 그러나 그는 장인이 되는 교수의 장황한 설명에는 어지간히 진절머리가 나 있는 터라 강연 같은 것은 모두 잊어버리고 그날 저녁만은 집에서 편히 쉬어 볼 작정을 했다. 그러나 그가 막 책을 손에 들고 한가로운 한때를 가지려 했을 때, 모드는 시계를 보더니 그가 핑계 댈 틈을 주지 않고 점잖으나 단호하게 강연에 출석하려면 떠날 시간이 다 되었다고 일러 주었다. 이러한 사정을 겪은 약 30분 후에 톰킨스 씨는 여러 젊은 학생들과 같이 대학 강당의 딱딱한 의자 위에 앉아 있는 자신을 깨닫게 되었던 것이다.

"신사 숙녀 여러분" 하고 청중을 안경 너머로 바라보며 교수는 엄숙하게 강연의 서두를 꺼냈다. "지난번 강연에서 나는 여러분에게 원자의 내부 구조에 관해서 좀 더 자세히 설명할 것을 약속한 바 있으며, 또한 원자 구조의 특이한 양상이 원자의 물리적 또는 화학적 특성을 어떻게 설명할 수 있는가를 설명하기로 다짐했습니다. 물론 여러분은 원자라는 것이 물질의 구성 요소로서 불가분의 것이 아니며, 불가분의 요소라는 것이 이제는 원자보다 훨씬 작은 전자라든가 혹은 양성자라든가 하는 것으로 바뀌어 있음을 알고 있을 줄 믿습니다.

물질의 근본적인 구성 요소, 즉 말하자면 물체를 분할해 갈 때 그 이상 더 분할할 수 없는 마지막 단계의 요소에 관한 개념은 일찍이 기원전 4세기에 살았던 **데모크리토스**(Demokritos, Democritus, B.C 470~380)라는 고대 그리스 철학자까지 거슬러 올라갑니다. 겉으로 나타나지 않는 사물이 지닌 성질에 대한 명상을 하다가 데모크리토스는 물질의 구조에 관한 문제에 맞부딪쳤으며 물질이라는 것이 무한히 작은 어떤 요소로 구성되어 있는 것은 아닌가 하고 자문했던 것입니다. 당시에는 어떤 문제이건 명상 이외의 다른 어떤 방법으로 그 해답을 찾아낸다는 것은 있을 수 없었으며 또 어떤 경우에 있어서도 제기된 문제들은 실험적 수단으로 증명할 만한 것이 아니었기 때문에, 데모크리토스는 물질의 궁극적인 요소에 관한 문제의 올바른 해답은 오로지 그의 명상의 깊이에서 찾을 수밖에는 없었던 것입니다. 어딘가 좀 불투명하긴 하지만 철학적인 고찰을 바탕으로 그는 결국 다음과 같은 결론에 도달했답니다. 즉 물질을 쪼개고 또 쪼개어 한없이 작은 부분으로 만들어 간다는 것은 도저히 수긍할 수 없는 것이며, 따라서 그 이상으로는 분할이 불가능한 가장 작은 한계가 존재한다는 것입니다. 그는 이 불가분의 입자를 〈원자(Atoma, Atom)〉 즉 이미 알고 계시겠지만 그리스어로 〈불가분(Indivisible)〉을 뜻하는 말로 표현했습니다.

나는 자연 과학 발전에 대한 데모크리토스의 공헌을 결코 낮게 평가하려는 의도는 전혀 가지고 있지 않으나, 참고삼아 말해 둔다면 당시 데모크리토스와 그의 추종자들 외에 물질의 가분성에는 어떤 한계를 둘 수 없음을 주장하는 다른 그리스 철학파도 있었음을 지적해 두고 싶습니다. 정확한 대답은 훗날 정밀과학에 의해 주어져야 했지만 이들 상반된 두 주장의 내용은 고사하고 고대 그리스 철학이 물리학 발전 사상에 남긴 공헌은 영원히 잊을 수 없는 것이라 하겠습니다. 데모크리토스의 시대로부터 이후 여러 세기 동안 물질의 불가분 요소의 존재는 순전히 철학적 가정으로만 주장되었고, 겨우 19세기에 이르러서야 과학자들은 2000년 전에 고대 그리스의 철학자들이 예언한 그 이상 나눌 수 없는 물질의 궁극적인 구성 요소를 발견했다고 자신 있게 주장하게 되었습니다.

1808년 영국의 화학자 **존 돌턴**(John Dalton, 1766~1844)은 배수 비례…….”

강연이 시작되던 무렵부터 톰킨스 씨는 견딜 수 없이 졸려서 시종 꾸벅꾸벅 졸고 있었는데, 그나마 아주 잠들어 버리지 않았던 것은 그가 앉아 있는 의자가 매우 딱딱했기 때문이었다. 그러나 돌턴의 〈배수 비례〉 법칙에 관한 개념을 소개하는 대목은 그를 결정적으로 잠들게 만들었고, 물을 끼얹은 듯한 고요 속의 강연장에는 톰킨스 씨가 앉아 있는 한구석으로부터 나지막하게 코 고는 소리가 퍼져 나가기 시작했다.

톰킨스 씨는 잠이 들자, 딱딱한 의자에서 오는 불편감은 어느덧 사라지고 마치 공중을 떠돌아다니는 듯한 가벼운 기분이 들어 눈을 떠 보았더니, 놀랍게도 그 자신이 굉장히 빠른 속도로 공간을 달리고 있음을 알았다. 주위를 돌아보니 이렇듯 괴상한 여행을 하고 있는 것은 오직 그만은 아니었다. 그의 가까이에는 상당수의 안개같이 희미한 형태의 것들이, 이 무리들의 가운데쯤 되는 곳에 있는 크고 무겁게 생긴 물체의 둘레를 급

강하하며 선회하고 있었다. 이 이상한 존재들은 짝을 지어 여행하고 있었으며 원 또는 타원 궤도상을 서로 즐겁게 쫓고 쫓기고 있었다. 그 순간 갑자기 톰킨스 씨는 고독감에 사로잡히게 되었는데 그도 그럴 것이 그만 짝 없이 홀로 돌아다녔기 때문이었다.

「이럴 줄 알았더라면 모드와 함께 올 것을 그랬지」 하고 침울한 마음으로 그는 혼자 생각했다. 「그랬더라면 아무 할 일 없이 한가한 이 친구들과 같이 재미있게 어울려 놀 수 있었을 텐데.」 그가 돌고 있는 궤도는 다른 친구들이 돌고 있는 궤도와는 달리 제일 바깥쪽이었고, 또 같이 어울릴 생각은 간절했으나 자기는 외톨이라는 생각에 그는 굳이 혼자 바깥 궤도를 달리고 있었다. 그러나 마침 전자들(지금에서야 톰킨스 씨는 그가 아무 영문 모르게 뛰어든 것이 바로 원자 속에 있는 전자들의 무리라는 것을 알아차렸다) 가운데 하나가 길게 뻗친 궤도를 따라 바로 그의 곁을 스쳐 가자 그는 자기의 딱한 사정을 그 전자에게 호소해 보기로 결심했다.

"어째서 나는 같이 놀아 줄 친구가 없는 거지?" 그는 소리쳐 물어보았다.

그 전자는 "이 원자는 외톨이인 데다 당신은 원자가 전자(Valnecy Atom)이기 때문이지……." 하고 소리쳐 말하며 되돌아서 황급히 다시 춤추고 있는 전자의 무리 속으로 뛰어 들어갔다.

"원자가 전자는 혼자 외롭게 살거나 아니면 다른 원자에서 친구를 찾아야 하는 거야" 하고 소프라노 조의 높은 목소리로 다른 원자가 그에게 말하며 그의 곁을 쏜살같이 스쳐 갔다.

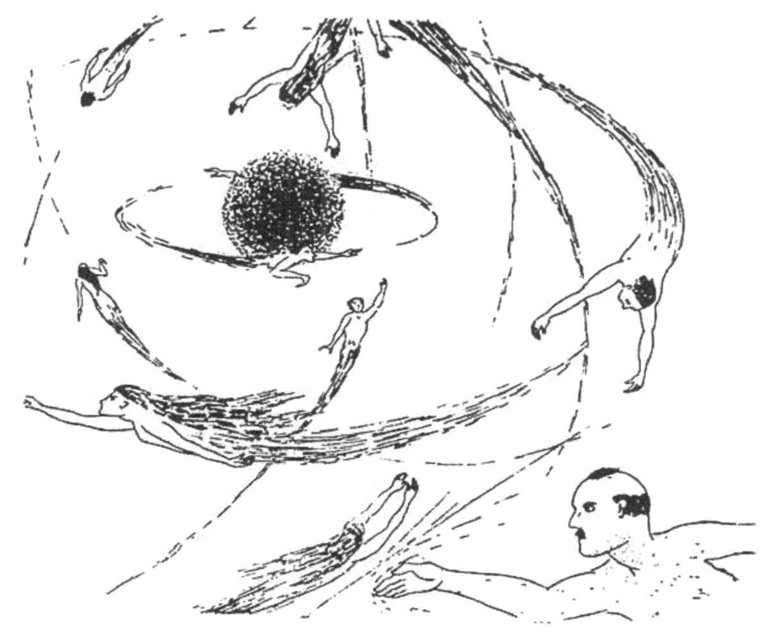

짝을 원한다면 염소 원자로 뛰어넘어 가 봐.
그러면 거기서 친구를 만날 수 있을 거야.

If you want a partner fair,
Jump into chlorine and find one there,

하고 또 다른 한 친구가 그에게 놀리는 듯한 어조로 가락을 붙여 말했다.

"이 가여운 친구야, 이곳이 아주 낯선 모양이군" 하고 다정스럽고 우정 어린 말이 머리 위쪽에서 들려왔기에 그가 위를 쳐다보니, 한 성직자가 갈색 옷을 입고 곧은 자세로 서 있는 것이 보였다.

그는 “나는 폴리니(Paulini) 신부라고 하지요” 하고 말하며 계속 톰킨스 씨와 동행하여 같은 궤도를 달리면서 말을 건넸다. “내 사명이란 원자나 또는 그 밖의 곳에서 전자들이 도덕을 지키고 있는지, 또 어떤 사회생활을 영위하고 있는지를 지켜보는 일이랍니다. 이들처럼 놀기 좋아하는 전자들을 우리들이 자랑하는 유명한 건축가, 닐스 보어가 세운 그 아름다운 전자라는 구조물 안에 있는 여러 개의 양자실에 골고루 분포되어 있도록 감시하는 것이 내가 해야 할 직책이지요. 질서를 지키고 예절을 보존하고자 나는 두 개 이상의 전자가 한 궤도를 따라 함께 운동하는 것 같은 일은 절대로 허용하지 않습니다. **셋이 한데 모이면**(ménage à trois) 될 일도 안된다는 속담이 있다는 것은 알고 있겠지요. 그래서 전자들은 항상 서로 반대 방향의 〈스핀〉을 갖는 것끼리 둘씩 짝지어져 있으며 들어앉을 방이 이들 한 쌍의 전자로 채워지면 그 이상 어느 누구도 그 방 안에 들어앉을 수는 없게 됩니다. 이는 아주 훌륭한 규율이라 할 수 있겠고 아직 단 한 개의 전자도 내 명령을 어긴 적이 없었음을 첨가해 말해 두겠어요.”

“훌륭한 규율이긴 하겠지만 지금 당장 나는 곤란을 겪고 있는데요” 하고 톰킨스 씨가 그의 말에 동감하지 않는 기색을 보였다.

“참, 그랬었지” 하고 신부는 웃는 얼굴로 대답했다. “하지만 그렇게 된 것은 당신이 운이 나빠 외톨이 원자의 원자가 전자가 되어 버렸기 때문이지요. 지금 당신이 속해 있는 나트륨(Na) 원자는 그 핵(저기 중심부에 보이는 크고 컴컴한 색의 물질 말입니다)이 지니고 있는 전하로 말미암아 11개의 전자들을 거느

릴 자격이 있어요. 자, 그런데 불행하게도 당신에게 돌아간 11이라는 숫자는 홀수거든요. 모든 숫자의 절반은 홀수이고 그 나머지 절반은 짝수인데 당신은 참 딱하게 됐네요. 그래서 제일 나중에 온 당신은 잠시 동안 홀로 있을 수밖에 없는 형편이랍니다."

"지금 하신 말씀 같아서는 나중에라도 짝을 채울 수도 있다고 하시는 것 같은데?" 하고 신부에게 물은 톰킨스 씨는 그렇게 되기를 몹시 기대하는 것 같았다. "예를 들어 고참자들 가운데 누군가 하나를 내쫓는다든지 하는 방법으로 말입니다."

"반드시 그렇게 된다고 다짐할 수는 없지요" 하고 신부는 살이 포동포동하게 찐 고운 손가락을 그의 앞에 내저으며 말했다.

"그러나 물론 어떤 외부로부터의 교란에 의해서 안쪽에 자리 잡은 서클 멤버의 몇몇이 쫓겨 나와 그곳에 빈자리를 남길 기회는 언제든지 존재하지요. 그러나 내가 당신의 입장이라면 그런 것에 기대를 걸지는 않겠어요."

폴리니 신부의 이 말을 듣고 실망한 톰킨스 씨는 "다른 친구들은 나보고 염소 원자로 옮겨 가는 것이 좋을 거라고 하던데요. 그렇게 되려면 내가 어떻게 하면 되는지 그 방법을 가르쳐 주시겠어요?" 하고 신부에게 물어보았다.

"젊은 양반, 젊은 양반!" 신부는 딱하다는 듯 그를 부르더니 "어째서 그렇게도 친구를 찾으려고 고집하는 거지요? 고독을 음미하고 평화로이 명상에 잠길 수 있는 하늘이 내린 이 기회를 왜 싫다고 하는 거요? 왜 짝수의 전자들은 세속 생활에 얽매여야 하는 건지? 그러나 꼭 동반자를 원한다면 당신의 소망을 이루도록 협조하겠소만 내가 가리키는 곳을 잘 보시오. 염소 원자가 다가오는 것이 보이지요. 이렇게 거리가 멀리 떨어져 있어도 당신을 가장 기꺼이 맞이해 줄 빈자리가 보이지 않습니까? 그 빈자리는 전자들 가운데 제일 바깥쪽에 자리 잡은 그룹에 마련되어 있는 것이며 이 그룹은 소위 〈M 껍질〉이라고 불리는데 4쌍으로 된 8개의 전자들로 구성되어 있는 것으로 짐작됩니다. 그러나 보다시피 4개의 전자가 똑같은 방향으로 자전하고 있고 이와는 꼭 반대 방향으로 4개 중 한 자리를 비워 놓은 채 3개만이 자전 운동을 하고 있지요. 〈K 껍질〉, 〈L 껍질〉이라는 이름으로 알려진 안쪽에 있는 껍질들은 완전히 전자들로 채워져 있기 때문에 원자는 당신을 기꺼이 맞이하여 제일 바깥쪽에 있는 껍질의 빈자리를 채워 그 껍질을 완성하려고 할 것입니다. 두 원자가 서로 근접했을 때 원자가 전자들이 흔히 하듯이 저편 원자로 뛰어 넘어가시오. 자, 그대에게 평화가 깃들기를." 이 말을 남기고 전자 신부의 그 인상적인 모습이 갑자기 뽀얀 안개처럼 흩어져 사라져 버렸다.

오랜만에 유쾌해진 톰킨스 씨는 있는 힘을 다해 자기 앞을 지나가는 염소 원자로 건너뛰었다. 목이 부러지지는 않나 하고 걱정했던 것과는 달리 그는 가뿐히 뛰어넘었으며 곧 염소의 M 껍질 멤버들이 호의에 찬 분위기에서 자신을 반겨 주고 있다는 것을 알아차리게 되었다.

"우리와 같이 지내게 되어 매우 반갑네" 하고 그와 정반대의 스핀을 가진 새로운 파트너는 인사말을 끝내고 미끄러지듯 우아하게 궤도를 따라 날아갔다. "이제는 아무도 우리네 조직이 불완전하다는 말을 할 수는 없게 됐어. 자, 우리 모두 마음껏 즐겨 보세!"

톰킨스 씨는 정말로 즐거웠다. 말할 수 없이 즐거웠던 것이다. 그러나 그의 마음 한구석에 스며드는 한 가닥의 거리낌이 있었다. "모드를 다시 만날 때 그녀에게 이 일을 어찌 설명하면 좋을지?" 그는 그녀에 대하여 죄의식을 느꼈으나 오래 지속되지는 않았다. "분명히 그녀는 조금도 개의치 않을 거야" 하고 그는 자기 나름대로 결론을 내렸다. "뭐라 해도 결국 이들은 전자에 지나지 않는걸."

"내가 떠난 뒤인데도 어째서 저 원자는 가 버리려 하지 않는 거지?" 하고 그의 짝은 몹시 심술이 나서 입을 삐죽거리며 말했다. "너를 다시 되찾아 데려가려는 건가?"

사실 나트륨 원자는 그의 원자가 전자를 잃었는데도 불구하고 염소 원자에 바싹 붙어 다녔는데, 그 광경은 마치 톰킨스 씨의 마음이 변해 그 전에 있던 그 외로운 자리로 되돌아가는 것을 바라고 있는 것같이 보였다.

"어떻게 그런 말을 할 수 있죠!" 하고 톰킨스 씨는 노여움을 감추지 못하고 내뱉듯이 말했는데 그에게서 이런 차디찬 말을 듣는다는 것은 그 동료에게는 처음 있는 일이었다. "너는 심통 사나운 데가 있나 봐!"

"아니야, 그들은 언제나 그렇게 하고 있어" 하고 그들보다는 경험이 많은 M 껍질에 있는 한 친구가 말을 건네 왔다. "내가 알기로는 너를 다시 불러들이려 하고 있는 것은 나트륨 원자의 전자들의 집단이 아니라 원자핵이라는 거야. 중심에 자리 잡은 핵과 핵을 에스코트해 주는 전자들 사이에는 언제나 어떤 의견상의 불일치가 있다고 하거든. 말하자면 핵은 그가 지니고 있는 양성자를 편들어 가능한 한 많은 전자들을 자기 주위에 거느리려 하는 반면, 전자들은 단지 자기네들의 껍질을 완전히 채워 두려고 하는 거야. 지배자인 핵과 종속자인 전자 간에 서로의 주장에 완전히 타협이 이루어져 있는 경우는 이른바 **희유 가스**(Rare Gases) 또는 독일 화학자들이 **귀족 가스**(Edelgase, Noble Gases)라고 부르는 몇 종류의 원자밖에는 없어. 예를 들어 헬륨(He), 네온(Ne), 아르곤(Ar) 같은 원자가 이런 종류에 속하는데, 이들은 그들 스스로도 매우 만족하고 있기 때문에 전자를 더 받아들이려고 욕심을 내거나 또는 식구를 줄이려고 전자를 내쫓아 버리지도 않지. 이들은 화학적으로 불활성을 지니고 있어. 다른 어떤 원자도 멀리하려 하고 있는 거야. 그러나 이런 종류의 원자들을 제외한 그 밖의 모든 원자들에 있어서의 전자 집단은 언제든지 서로 멤버를 교환할 만반의 준비를 갖추고 있지. 네가 먼저 있던 나트륨 원자만 해도, 그 핵은 전자껍질에 조화가 이루어질 수 있는 숫자보다도 하나 더 많은 전자를 거느릴 권리를 가지고 있단 말이야. 이와는 반대로 우리들이 속해 있는 이 원자에서는 전자의 정상적인 할당 수가 껍질에 완전 조화를 가져오기에는 한 개가 부족하단 말씀이야. 그래서 네가 이곳에서 우리와 같이 머무른다는 것이 우리의 핵에 대해서는 좀 부담이 되기는 하지만, 우리들은 너의 도착을 반겼던 거란다. 그런데 네가 여기에 머무르고 있는 한은 우리들의 원자는 더 이상 전기적으로 중성인 상태가 되지는 못하고 기준 밖의 전하를 하나 더 갖고 있는 셈이야. 이런 이유로 네가 떠난 뒤의 나트륨 원자는 전기적인 인력으로 우리 원자에게 당겨져 있기에 떨어져 나가지 못하는 거란다. 우리가 존경하는 폴리니 신부에게서 언젠가 들은 적이 있는데 이와 같은 전자를 하나 더 가지고 있거나, 또는 하나 모자라게 가지고 있는 원자들을 음이온 또는 양이온이라고 각각 부른다더군. 또한 신부님은 둘 또는 그 이상의 수의 원자들이 이렇게 서로 전기적인 힘으로 결합되어 있는 것들을 가리켜 분자라고 부르더군. 특별히 나트륨 원자와 염소 원자가 결합된 것을 무슨 뜻인지 몰라도 신부님은 〈식탁염〉이라 하시던데."

"식탁염이라는 것이 무엇인지 모른다는 말인가?" 하고 그의 말을 듣고 있는 상대가 누구인가를 깜박 잊은 채 톰킨스 씨가 말했다. "조반을 먹을 때 스크램블드 에그(Scrambled Eggs)에 뿌리는 것 말야. 그것을 모르다니."

"〈스크램블드 에그〉는 무엇이며 〈지반〉인가 〈조반〉인가 하는 것은 또 무엇이지?" 하고 어리둥절해진 전자가 물었다. 톰킨스 씨는 한참 동안 신나게 설명하다가, 그때서야 인간 생활에서의 아주 흔한 일조차도 전혀 모르고 있는 전자에게 알아듣도록 설명한다는 것이 허사임을 알았다. 「이런 지경이니 원자가 전자라든가 완성된 껍질이라든가 하는 것에 관해서 그들로부터 이야기를 좀 더 듣고 이해하려 해도 할 수가 있어야지」 하고 혼잣말로 자신을 타이르고, 이제는 더 알려고 애태우는 일은 그만 집어치우는 것이 상책이며 이 모처럼의 환상의 세계 여행을 실컷 즐기리라 마음먹었다. 그러나 이 말 많은 전자를 떼어 놓기란 용이한 일이 아니었는데, 그도 그럴 것이 그는 오랜 세월 동안 전자로서의 생활에서 얻은 모든 지식을 톰킨스 씨에게 자랑삼아 일러 주고 싶어 못 견딜 지경이었던 것이다.

그 전자는 계속 말을 걸어 왔다. "원자가 결합해서 분자가 될 때 반드시 한 개의 원자가 전자만을 필요로 한다고 생각해서는 안 돼요. 예를 들어 산소 원자 같은 것을 보면 원자가 전자를 두 개나 필요로 하며 또 어떤 것들은 세 개 또는 그 이상의 원자가 전자를 필요로 하기도 하지. 한편 어떤 원자의 핵은 둘 또는 그 이상의 기준 밖의 전자를 갖는 경우도 있지. 이상의 원자들이 만나면 서로 결합하기 위해 그 사이에서는 수많은 전자들의 도약이 일어나며, 그 결과 때로는 수천 개의 원자들로 이루어지기도 하는 복잡한 분자를 형성하게 돼. 어떤 때는 같은 두 개의 원자끼리 결합하여 분자를 이루는 소위 〈동극 분자(同極分子, Homopolar Molecule)〉라는 것이 생길 수도 있는데 이 분자들은 매우 유쾌하지 못한 입장에 있거든."

"유쾌하지 못하다니 왜 그렇지?" 하고 다시 호기심이 생긴 톰킨스 씨는 물어보았다.

"서로 결합되어 있으려면 중노동을 해야 한단 말이지요" 하고 그 전자는 말하기 시작했다. "얼마 전에 나도 바로 그런 일을 치러야 했단 말이야. 그런데 그곳에 있는 동안 잠시도 내 자신의 시간을 가져 보지 못했지 뭐야. 원자가 전자는 한가하게 즐기기나 하고, 전기적으로 부족함을 느끼고 또 결핍되어 있는 원자를 시종처럼 따르게 하는 이곳 사정과는 아주 딴판이었지. 진절머리가 났어. 똑같은 두 개의 원자가 서로 결합되어 있으려면 한쪽 원자에서 저편 원자로 뛰어넘었다가 다시 되돌아 넘어와야 되는 고된 일을 되풀이해야 했단 말야! 마치 핑퐁공 신세 같았지."

스크램블드 에그라는 말도 몰랐던 전자가 핑퐁이라는 말을 주저 없이 해 대는 데는 톰킨스 씨도 놀라지 않을 수 없었으나 그대로 덮어 두기로 했다.

과거에 겪었던 불쾌한 일을 되새기게 되어 흥분한 게으른 전자는 "그런 일을 다시는 하지 않겠어!" 하고 투덜거렸다. "지금 여기서 나는 아주 편안하거든."

그러다 "잠깐만!" 하고 갑자기 그가 외쳤다.

그는 "여기보다 더 좋은 곳을 내가 발견한 것 같아. 자, 그럼 잘 있게나!" 하고 크게 도약하여 쏜살같이 원자 내부 쪽으로 가 버렸다.

그의 말 상대가 가 버린 방향을 지켜보았던 톰킨스 씨는 어떤 일이 일어났는가를 알 수가 있었다. 어떤 낯선 고속 전자가 뜻밖에 그들의 원자 내부로 침입해 들어와 내부 궤도를 돌던 한 개의 전자를 깨끗이 내쫓아 버렸기 때문에 K 껍질에 아담

한 자리가 하나 생겨나 있었던 것이다. 내부 궤도로 갈 기회를 잃은 자신의 어리석음을 나무랐지만, 그는 단념하고 그 대신 호기심을 집중시켜 조금 전까지 자기와 이야기를 주고받던 전자가 어떤 코스를 밟는가를 주시하기로 했다. 이 행운의 전자는 원자 내부 쪽으로 더욱 깊숙이 속력을 더해 계속 달려가는데 이때 밝은 광선이 그 전자의 승리에 가득 찬 비행과 더불어 방출되더니, 끝내 전자가 원자의 제일 안쪽 궤도에 다다르자 이 견뎌 내기 어려웠던 방사선의 방출은 멈추고 말았다.

뜻하지 않은 이 광경을 보느라 눈이 충혈될 대로 충혈된 톰킨스 씨는 "도대체 이것이 무엇일까?" 하고 물었다. "이렇게 사방에서 눈부시게 번쩍거리는 것은 왜 그럴까?"

"아, 그것은 천이 때 나오는 X선 방출이지." 톰킨스 씨의 짝인 전자가 그가 당혹하고 있음을 보고 웃으며 일러 주었다. "우리들 가운데 누구든지 요행히 전자 내부 깊숙이 들어갈 수 있다면 언제나 여분의 에너지가 방사선이라는 형태로 방출되고 말지. 저 운 좋은 친구는 대도약을 치렀기 때문에 굉장히 많은 에너지를 내보내야 했어. 대개 우리들은 지금 우리가 있는 장소와 같이 원자의 외곽이라 할, 좀 떨어진 곳에서 규모가 작은 도약을 하는 데 만족하지 않을 수밖에 없는데 그때 방출되는 방사선을 〈가시광선〉이라고, 폴리니 신부는 그렇게 부르더군."

"하지만 지금 우리가 경험한 X선인가 무엇인가 하는 것도 역시 우리 눈에 보였는데" 하고 톰킨스 씨가 수긍할 수 없다는 듯이 말했다. "나는 네가 〈가시광선〉이라고 부른 것은 잘못된 표현이라 생각해."

"자, 왜 그러나? 우리들은 모두 전자들 아냐? 그런데 이 전자들은 어떤 종류의 방사선에 대하여도 매우 민감한 존재거든. 그러나 폴리니 신부가 우리들에게 들려준 바로는 〈인간(Human Beings)〉이라는 거대한 동물이 있어 에너지의 폭, 즉 파장의 영역이 좁은 광선만 볼 수 있다고 그래. 신부는 또한 우리들에게 뢴트겐(Wilhelm Conrad Röntgen, 1845~1923)이라는 사람이 이 X선을 처음으로 발견해서 위대한 인물이 되었고 지금은 X선이 〈의학〉인가 뭔가 하는 분야에서 널리 사용되고 있다고 말하더군."

톰킨스 씨는 "옳은 말이야. 그것에 관한 일이라면 나도 잘 알고 있어" 하고, 이제야 자기도 그의 지식을 자랑할 기회가 왔다고 내심 생각하며 전자에게 말했다. "그것에 관해 자세한 이야기를 듣고 싶지 않니?"

"사양하겠네." 그 전자는 하품을 하며 말했다. 내게는 상관없는 일인걸. 너는 이야기하지 않고서는 행복해질 수 없니? 자, 나를 잡아 봐!"

상당히 오랜 시간 동안 톰킨스 씨는 그의 짝인 전자와 함께 멋진 곡예 체조를 하듯이 공간을 이리저리 누비고 다니며 즐거운 기분을 만끽하고 있었다. 그런데 그때 갑자기 그는 머리카락이 하늘로 치솟는 것 같은 기분을 느꼈는데, 그 기분이란 옛날 산중에서 뇌우를 만났을 때와 똑같았다. 분명히 그것은 어떤 강한 전기적인 교란이 그들이 있는 원자에게 다가와서 전자운동의 조화를 깨뜨리고 또 전자들로 하여금 정상 궤도로부터 극심하게 빗나가게 하고 있음이 틀림없었다. 인간인 물리학자의 견지에서 본다면 이는 단지 한 자외선이 마침 그 원자가 있는 장소를 스쳐 지나갔음에 불과한 일이지만, 그 크기가 매우 작은 전자에게는 실로 엄청난 전기 벼락이 아닐 수 없었다.

"꼭 붙잡고 있어야 해!" 하고 그의 짝이 외쳤다. "그러지 않으면 광전 효과의 힘으로 내동댕이쳐질 거야." 그러나 이미 때는 늦었다. 톰킨스 씨는 그의 짝으로부터 강제로 굉장한 속도로 떨어져 나와 공중으로 내던져졌는데, 그 솜씨는 마치 힘센 두 손가락으로 꽉 쥐었다 던지는 것처럼 능란하기만 했던 것이다. 그는 숨이 끊어질 정도의 굉장한 속도로 멀리멀리 날려 갔는데, 어찌나 빨랐는지 여러 종류의 원자 곁을 스쳐 지나갔음에도 불구하고 그 원자들에 있는 전자 하나하나도 제대로 구별할 수가 없었다. 갑자기 그의 앞 오른쪽에 아주 큰 원자의 모습이 떠올랐는데 그는 즉각적으로 그 원자와의 충돌이 불가피하다고 판단했다.

"용서하게. 나는 광전 효과 때문에 어쩔 수 없이……" 하고 톰킨스 씨는 겸손한 말투로 몇 마디 했으나 미처 말끝을 맺기도 전에 귀가 찢어질 정도의 큰 소리와 더불어 그 원자의 맨 바깥에 있는 전자 중 하나와 정면충돌해 버렸다. 정면충돌한 이 두 친구들은 서로 뒤엉켜 나동그라졌다. 그런데 톰킨스 씨는 그가 지닌 에너지의 대부분을 이 충돌과 동시에 잃었기 때문에 오히려 새로이 맞게 된 그의 주위 환경을 여유 있게 살필 수 있었다. 그의 둘레에 우뚝 솟아 있는 원자들은 그가 과거에 볼 수 있었던 어느 원자보다도 훨씬 컸으며, 그 원자들 하나하나가 거느리고 있는 전자의 수가 무려 26개나 된다는 것을 셈하여 알아냈다. 만약 그가 물리학을 좀 더 깊이 알았다면 이 원자가 구리의 원자임을 바로 알았겠지만 이렇게 가까운 거리에서는 도저히 구리처럼 보이지가 않았다. 또한 이 원자들은 서로 비교적 가까운 거리를 두고 규칙적으로 나열되어 있었는데 어찌나 긴지 그 끝이 보이지 않았다. 그런데 여러 가지 새로운 양상 중에서도 톰킨스 씨가 가장 놀란 사실은 이 원자들이 그들에게 부여된 전자, 특히 바깥 전자들을 꼭 붙잡아 두는데 신경을 쓰지 않고 있다는 것이었다. 사실 이 원자들의 바깥 궤도의 거의 대부분은 비어 있었으며, 아무 궤도에도 속하지 않은 전자의 무리들이 가끔 이 원자 저 원자의 외곽 부근에서 잠시 머뭇거리기는 했어도 곧 한가하게 공간을 이리저리 몰려 다니고 있었다. 목이 부러져라 일대 도약을 감행했던 톰킨스 씨로서는 우선 구리 원자 안의 어떤 안정한 궤도에서 잠시 휴식을 취할까 하고 애써 보았다. 그러나 이 전자 무리들의 방랑 기분에 그도 곧 물들게 되어 목적없이 떠돌아다니는 전자들의 한패에 끼어들었다.

"여기에는 짜임새가 부족한 것 같은데" 하고 그는 혼자서 평을 해 보았다. "그리고 할 일 없이 빈둥거리는 친구들이 너무 많단 말이야. 폴리니 신부에게 무엇인가 시정하도록 이야기해야겠는걸……."

"내가 왜 그런 일을 할 필요가 있습니까?" 하는 낯익은 목소리와 함께 어디선가 모르게 갑자기 신부의 모습이 나타났다. "이 전자들이 내 명령에 복종하지 않는 것은 아닙니다. 오히려 이들은 매우 유익한 일을 하고 있답니다. 만일 모든 종류의 원자들이 그중 몇몇 종류의 원자가 하는 것처럼 전자들을 속박하려 든다면 전기 전도와 같은 일은 존재할 수 없다는 사실을 알게 되면 아마 재미있을 것입니다. 그렇게 된다면 당신 집 현관에 전기 초인종을 달 수도 없으며 전등이라든가 전화라든가 하는 것들은 더 말할 것도 없지요."

"아, 그렇습니까? 이 전자들이 전류를 나른다는 말씀이군요" 하고 톰킨스 씨는 대화의 주제가 어느 정도 그가 알고 있는 쪽으로 바뀌어 간다는 희망에 용기를 얻어 이같이 말했다. "그러나 전자들이 어떤 특정 방향으로 움직이고 있는 것을 볼 수 없는데요."

"여보시오, 젊은이." 신부는 좀 나무라듯 말했다. "〈그들〉이라든가 하는 따위의 말을 써서는 안 되지요. 〈우리〉라고 불러야 하지 않겠어요. 당신 자신이 한 개의 전자라는 사실과 그 동선에 연결되어 있는 단추를 누군가가 누르기만 한다면 그 순간 당신은 다른 전도 전자들과 똑같이 전압이 걸려 냅다 달리게 되어 허둥지둥하게 될 거요."

톰킨스 씨는 "나는 그렇게 안 되렵니다!" 하고 성난 목소리로 단호하게 잘라 말했다. "사실 나는 나 자신이 전자로 행세한다는 데는 너무 지쳐 이제는 더 이상 유쾌한 일은 바랄 수 없다고 생각합니다. 제기랄, 이게 무슨 팔자란 말야. 영원히 전자로서의 짐을 짊어져야 한다니 말입니다!"

"영원히 그럴 필요는 없어요" 하고 폴리니 신부는 반대의 뜻을 말했으며, 또 되풀이하여 평범한 전자에 관해 이야기하기를 피했다. "당신에게는 언제나 소멸하여 이 세상에서 자기 존재를 없애 버릴 수 있는 기회가 마련되어 있답니다."

"네! ……소멸해 버리다니요?" 하고 등골이 오싹해진 톰킨스 씨는 이렇게 되풀이해 말했다. "나는 전자란 영원히 존재할 수 있는 것이라 생각했는데요."

"비교적 근래에 이르기까지 물리학자들은 그렇게 믿어 왔었지요" 하고 말한 폴리니 신부는 그가 한 말에 톰킨스 씨가 이토록 예민한 반응을 보인 데 대하여 즐거운 눈치였다. "그러나 그것은 엄밀히 말해 사실이 아니랍니다. 그것은 마치 인생과도 같아요. 물론 늙어서 죽는 것이 아니고 오로지 충돌로써 죽어 버리게 되는 거지요."

"그래요. 나는 조금 전에 상당히 심하게 충돌했는데요" 하고 어느 정도 용기를 되찾은 톰킨스 씨가 말했다. "그때의 충돌로 내가 영 망가져 버리지 않았다면 다른 종류의 충돌엔들 어떻게 전자가 죽어 버리게 되겠나요?"

"얼마나 세게 부딪쳤는지가 문제 되는 것은 아니랍니다" 하고 폴리니 신부는 톰킨스 씨의 잘못된 해석을 고쳐 주었다. "누구와 충돌했는가가 바로 문제의 핵심입니다. 당신은 바로 얼마 전에 충돌했다고 하는데 아마 당신과 거의 같은 다른 음전자와 충돌을 일으켰을 거요. 그러니 소멸되어 없어진다는 위험성은 조금도 개입될 여지가 없었습니다. 사실 당신은 마치 숫양끼리 뿔을 부딪치는 것처럼 맞부딪쳤을 뿐 서로 조금도 다치는 일을 한 것은 아니지요. 그런데 물리학자에 의해서 요 근래에 발견된 양전자(Positive Electron)라고 불리는 전혀 딴판의 전자가 있답니다. 이들 양전자 또는 포지트론(Positron)이라 불리는 전자들은 당신과 똑같이 생겼지만, 단지 한 가지 다른 점은 그들이 지닌 전기가 당신처럼 마이너스 전기가 아니고 플러스 전기라는 점입니다. 그런 전자들을 보았을 때 아마 당신은 같은 부족의 고귀한 양반들이라 착각하고 인사를 드리러 다가서겠지요. 그러나 곧 당신은 그들이 보통 전자들과 같이 충돌을 피하려고 당신을 약간 떠밀지 않고 바싹 곁으로 끌어당긴다는 사실을 알게 될 거요. 그때는 이미 만사가 다 틀려 버린 뒤요."

"소름 끼칠 일입니다!" 하고 톰킨스 씨가 외쳤다. "그런데 얼마나 많은 보통 전자들이 한 개의 양전자에게 잡아먹히게 되는 것입니까?"

"다행히도 희생자는 하나뿐이랍니다. 보통의 전자도 파멸되지만 양전자 자신도 그때 같이 자멸하고 마니까 말입니다. 그러니 그들을 상호 소멸하기 위한 동반자를 찾는 자살 클럽 회원이라고 표현할 수도 있겠지요. 양전자끼리는 절대 해치지 않으나 음전자를 만나기만 하면 그 음전자는 살아남을 리가 없는 것이지요."

"내가 그런 괴물 속에 뛰어들지 않은 것은 아주 다행한 일이었군" 하고 신부의 설명에 감명을 받은 톰킨스 씨가 말했다. "바라건대 그들의 수가 많지 않았으면 좋겠어요. 그들은 수가 많은가요?"

"아니, 많지 않지요. 그 까닭은 간단한데, 그들은 언제나 말썽을 일으키려 혈안이 되어 있기 때문에 태어난 지 얼마 안 있어 소멸되고 맙니다. 잠시 기다리면 아마 당신에게 양전자를 보여 줄 수가 있게 될 거요."

그가 "옳지, 다 왔군" 하고 말한 뒤에 잠시 침묵이 흐르더니 신부는 다시 말을 계속했다. "저편에 있는 무거운 핵을 잘 보시오. 양전자 하나가 태어나는 광경이 보이지요."

신부가 가리킨 쪽에 있는 원자는 분명히 외부로부터의 어떤 굉장한 방사선을 뒤집어쓰고 강한 전극 교란을 겪고 있는 중이었다. 그것은 톰킨스 씨를 염소 원자에서 쫓아 내동댕이쳤던 것보다도 훨씬 거친 것이었으며, 그 원자핵 주위에 있는 전자들의 한 무리는 마치 태풍을 만난 마른 나무 잎사귀처럼 흩어져 날아갔다.

"핵을 잘 들여다봐요" 하고 폴리니 신부가 말했다. 그래서 온 정신을 집중하여 지켜본 덕택으로 톰킨스 씨는 이 파괴된 원자의 안쪽 깊숙한 곳에서 실로 괴이한 현상이 일어나고 있음을 관찰할 수 있었다. 가장 안쪽의 핵 가까운 곳에서 처음에는 어렴풋하게 형상도 모호하던 그림자 같은 것이 점차 뚜렷한 형태를 갖추기 시작하더니, 마침내 새로 탄생되어 번쩍거리는 두 개의 모습으로 변하여 굉장한 속력으로 그들이 태어난 곳으로부터 멀리 날아가기 시작했다.

"헌데 내게는 그들이 두 개나 보이는데요" 하고 이러한 광경을 보고 황홀해진 톰킨스 씨가 물었다.

"잘 보았습니다" 하고 폴리니 신부는 톰킨스 씨가 본 것이 사실임을 인정했다. "전자는 언제나 짝지어 태어난답니다. 만일 그렇게 되지 않는다면 그것은 전하 보존 법칙에 위배되는 결과가 되지요. 이 두 개의 전자 중 하나는 핵에 작용한 강한 γ선 때문에 생겨난 것인데 그것은 보통의 음전자에 지나지 않습니다. 그러나 나머지 한 개는 양전자, 즉 살인자랍니다. 그는 지금 막 제단에 올릴 희생자를 찾아낸 것이지요."

"그런데요. 전자를 잡아먹게끔 되어 있는 양전자가 한 개씩 태어날 때마다 한 개의 또 다른 평범한 전자를 꼭 만들어 낸다면야 별로 나쁘다고 말할 수는 없지 않겠어요?" 하고 톰킨스 씨는 자못 심각한 표정으로 의견을 말해 보았다. "적어도 전자족의 씨를 말려 버리지는 않는 셈이지요. 그리고……."

"조심해" 하고 신부가 그를 옆으로 비키게 한 순간 새로 탄생된 양전자가 바로 그들로부터 지척의 거리를 홱 지나갔다. "살인자들인 이 입자들이 주변에서 어른거릴 때는 일순간이라도 방심해서는 안 되지요. 그런데 내가 당신하고 이야기하는데 정신이 팔려 너무 오랜 시간을 보낸 모양입니다. 나는 내 사업상 가야 할 곳이 있어요. 내 귀염둥이인 중성미자(中性微子, Neutrino)를 찾아야 한답니다……." 신부는 톰킨스 씨가 중성미자란 어떤 것인지, 또 두려워해야 할 존재인지 아닌지를 물어보기도 전에 자취를 감추고 말았다. 이렇게 홀로 내팽개쳐진 톰킨스 씨는 전보다 더 고독함을 느꼈고, 그래서인지 그가 여행을 계속하는 도중 간혹 한두 개의 동료 전자들을 만났을 때에도 그들의 모습은 순진하게 보이지만 그 마음속에는 살인자의 악독한 마음이 도사리고 있으리라 여겨졌던 것이다. 그에게는 몇 세기나 되는 것처럼 생각되는 상당히 오랜 시간이 그의 두려움이랄까, 아니면 바람이랄까 하는 것이 결정되지 못한 채 흘렀고 그는 여전히 바라지도 않는 전도 전자로서의 고달픈 의무를 수행해야만 했다.

그러던 중 전혀 기대하지도 않았던 순간에 뜻하지 않은 사태가 벌어졌다. 어쨌든 상대가 누구든지 간에 말을 하지 않고서는 못 배길 강한 충동을 느낀 것이다. 상대는 바보 같은 전도 전자라도 가릴 바 못 되었다. 그는 천천히 어느 입자에게로 다가갔는데 그 입자는 보기에 틀림없이 이 동선의 한 토막인 이곳에 온 새로운 얼굴이었다. 그런데 얼마간 거리를 두고서는 그는 자기가 상대를 잘못 택했음을 알았다. 그러나 이미 그때는 불가항력의 인력이 그에 작용하여 후퇴하려야 후퇴할 수 없는 지경에 처해 있었던 것이다. 일순간 그는 발버둥쳤고 떨어

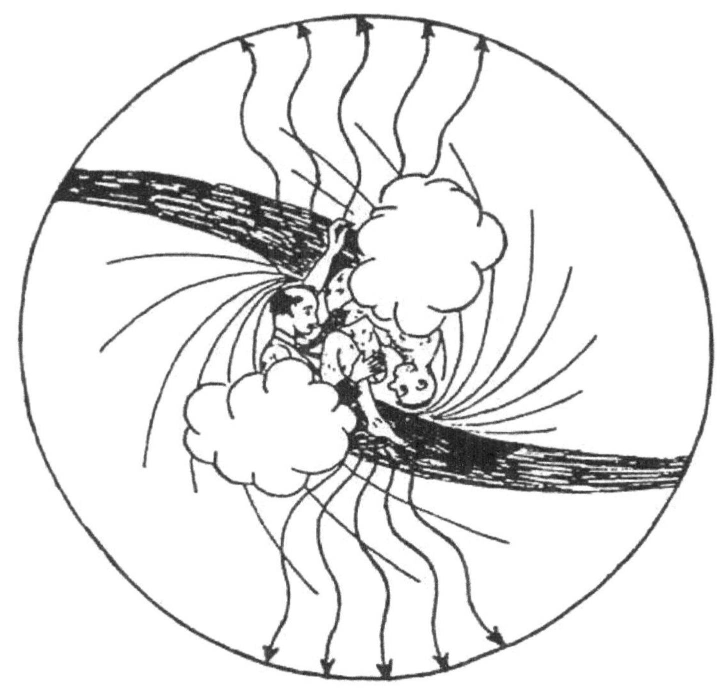

져 나가려고 애썼으나 둘 사이의 거리는 점점 좁혀졌으며, 톰킨스 씨에게는 이 약탈자의 입가에 악마의 미소가 떠오르는 것 같이 보였다.

"날 놓아줘!" 하고 톰킨스 씨는 목청을 다해 외쳤으며 두 팔로 떠밀고 발로 차며 저항했다. "나는 소멸되기 싫어! 여생을 전류를 통하게 하는 일에 바칠 테니까 제발 살려 줘!" 그러나 그의 필사의 노력은 허사로 돌아가 그의 주위 공간이 갑자기 눈이 멀 지경의 강렬한 복사선으로 대낮처럼 밝아졌다.

「이제는 다 살았나 보군.」 이러한 생각이 톰킨스 씨의 머리를 스쳤다. 「그런데 어떻게 나는 아직도 생각할 수가 있는 것인지? 내 육체만 소멸되고 내 정신은 양자의 천국으로 간 것일까?」 그때 훨씬 부드러운 어떤 새로운 힘이 그를 흔들어 대는 것 같아 눈을 떠 보니 바로 학교 수위가 아닌가!

"죄송합니다. 선생님" 하고 수위는 말했다. "강연은 벌써 끝났는데요. 이제 강당 문을 닫아야 하겠어요." 톰킨스 씨는 넋 빠진 사람처럼 크게 하품을 했다.

"안녕히 가십시오" 하고 말하면서 수위는 정답게 웃었다.

10 $\frac{1}{2}$장
졸다 듣지 못한 지난번 강의의 일부

1808년에 영국이 낳은 화학자 존 돌턴은 몇 가지의 화학 원소가 결합하여 복잡한 화합물을 형성할 때 결합에 사용된 원소들의 개수의 비율은 언제나 정수비로 표시된다는 사실을 발견했습니다. 즉 어떤 화합물이건 모두 간단한 화학 원소를 대표하는 입자들이 제각기 다른 개수만큼 모여서 이루어졌기 때문이라는 것입니다. 한 화학 원소를 다른 종류의 화학 원소로 변환시키려던 중세 연금술의 실패는 바로 입자들의 불가분성을 지지하는 산 증거로 해석되어 서슴지 않고 이 입자들에게 고대 그리스어인 〈원자〉라는 이름을 붙였습니다. 이름이란 한번 정해 놓으면 그 이름에 집착하게 되는 법이랍니다. 그래서인지 현재 우리는 이 〈돌턴의 원자〉가 불가분의 입자는 전혀 아니며 실은 이보다 더욱 작고 또한 많은 입자들로 구성되어 있다는 사실을 알고 있으면서도 아직껏 〈돌턴의 원자〉를 그대로 〈원자〉라고 부르고 있답니다.

즉 현대 물리학에서 〈원자〉라고 불리는 입자는 데모크리토스가 생각했던 것처럼 물질의 궁극적인 구성 요소이거나 또는 불가분의 입자는 아니며, 오히려 〈원자〉라는 원래의 뜻에 적합한 대상은 〈돌턴의 원자〉를 구성하고 있는 전자라든가 양성자 같은 보다 더 작은 입자들이라고 하는 편이 적절한 표현이라 할 수 있겠습니다. 그러나 이름이 자주 바뀌면 혼동을 일으키기 쉬우며 물리학을 연구하는 사람들은 누구나 철학적인 의미와 말의 뜻이 다르다고 이름 자체에 신경을 쓰지는 않는답니다. 그래서 불가분이냐 아니냐 하는 철학적 의미에서는 뜻이 다르겠지만, 우리는 현대 돌턴의 원자를 그대로 〈원자〉로, 그리고 전자나 양성자와 같이 정말 불가분이며 물질의 근본적인 구성 요소인 입자들을 〈소립자(Elementary Particles)〉라고 부르고 있답니다.

물론 전자나 양성자 같은 입자를 소립자라고 부르게 된 배경에는 우리가 현재 이 입자들을 데모크리토스가 말한 의미에서처럼 정말로 물질의 궁극적인 구성 요소이며 불가분의 것이라고 믿고 있다는 사실이 깔려 있는 것입니다. 그렇다면 역사는 되풀이되는 것이니, 현재 소립자로 알려져 있는 입자들이 장차 과학이 더욱 발전함에 따라 더 복잡한 구조를 가지고 있음이 밝혀지지 않는다고 누가 보장할 수 있겠느냐고 반문할 법도 합니다. 그러나 이런 질문에 대한 나의 대답은, 물론 그러한 일이 절대로 있을 수 없다고 부정할 수는 없겠으나 이번 경우만은 우리들의 주장이 옳다고 믿을 만한 충분한 이유가 있다고 하는 것입니다.

사실 서로 다른 92종의 원자가 있으며(이들은 92종의 원소에 각기 대응하는 것임) 또 이 원자들은 제각기 복잡한 특성들을 지니고는 있지요. 그러나 이와 같은 사정이 물질 구조를 해명함에 있어 오히려 복잡다단함을 피하고 물질이란 좀 더 근원적인 요소로 구성되어 있다고 해석하려는 단순화의 노력을 낳게 하는 것입니다. 사실 현대 물리학은 불과 몇 가지의 소립자들만을 물질의 궁극적인 구성 요소라 인정하고 있습니다. 즉 소립자는 **전자**(플러스 또는 마이너스 전기를 가지고 있는 가벼운 입자), **핵자**(Nucleon, 플러스 전기 또는 전기적으로 중성인 무거운 입자)와 아직껏 그 특성이 확실히 밝혀져 있지는 않지만 소위 **중성미자**라고 불리는 입자들을 말하는 것입니다.

이 소립자들의 특성은 매우 간단하여 더 이상 단순화시키려 해도 별로 할 것이 없습니다. 여기서 한 가지 덧붙여 말하자면 여러분도 알다시피 어떤 일을 복잡하게 꾸며 가려 할 때 우선 출발점으로는 몇 개의 기초적인 견해를 설정해야 하는데, 이러한 전제 조건의 수가 둘 또는 셋 정도 있다고 해서 결코 많은 숫자라고 할 수는 없지요. 그러니 그 수효가 몇 개 된다 해도 내 의견으로는 현대 물리학에서 소립자라고 불리는 입자들은 그 이름에 어울리는 역할을 하고 있다고 확신하는 바입니다.

그러면 이 대목에 관한 이야기는 이쯤 해 두고, 돌턴의 원자가 어떤 식으로 이런 소립자들로 구성되어 있을까 하는 문제로 화제를 되돌립시다. 이 문제에 관한 최초의 정확한 해답은 1911년 유명한 영국의 물리학자 **어니스트 러더퍼드**(Ernest Rutherford, 1871~1937 : 훗날 그는 넬슨의 러더퍼드 경이라는 호칭을 받았다)에 의해서 마련되었습니다. 그는 당시 방사성 원소의 붕괴 과정에서 방출되는 **α입자**라고 하는 매우 빠르고 작은 입자(입사 입자, 入射粒子)를 여러 종류의 원자에 충돌시킴으로써 원자 구조를 연구하고 있었습니다. 이 입사 입자들이 표적 시료(標的試料)를 지나갈 때 산란되는 현상을 자세히 조사한 결과, 러더퍼드는 모든 원자는 그 중심부에 아주 밀도가 높고 플러스 전기를 띤 핵(즉 원자핵)이 있고 이 핵은 마이너스 전기를 띤 희박한 구름 같은 것(원자 분위기로서 실제로는 활발히 움직이고 있는 전자들의 집단)으로 감싸여 있다는 결론에 도달했지요. 오늘날 우리는 원자핵이란 **양성자**와 **중성자**들, 즉 **핵자**(核子)라고 불리는 입자들이 그들 상호 간에 작용하는 강한 인력에 의해서 서로 단단히 결합되어 있는 것이며 원자 분위기란 원자핵이 지닌 플러스 전기에 의한 정전기적 인력을 받으며 핵 주위를 돌고 있는 음전자들이라는 사실을 알고 있습니다. 이 원자 분위기를 형성하고 있는 전자들의 개수가 몇 개가 되는가에 따라 원자의 모든 물리적, 화학적 특성이 결정되며 이 전자 수는 화학 원소의 계열에 따라 한 개(즉 수소 원자 때)부터 92개(가장 무거운 원소로 알려져 있는 우라늄)까지 변해 갑니다.

러더퍼드의 원자 모형은 언뜻 보기에 아주 간단한 이론처럼 보일지 모르나 자세히 연구해 보면 간단하다는 말은 터무니없는 소리라는 것을 알 수 있지요. 이유인즉 고전 역학을 충실하게 따르다 보면 원자핵 주위를 돌고 있는 마이너스 전기를 지닌 전자들은 계속 복사선을 내며 점점 운동 에너지를 잃어, 결국은 복사선 방출로 인한 계속적인 에너지 손실 때문에 원자 분위기를 형성하고 있던 이 전자들이 불과 몇분의 1초도 안 되는 사이에 원자핵 내로 떨어져 파묻히고 만다는 계산 결과가 나오게 됩니다. 고전 역학을 써서 얻은 이와 같은 결론은 얼핏 보기에 완벽한 것처럼 보이지만, 실제로는 원자 분위기가 이와는 반대로 매우 안정되어 있으며 원자핵 내로 떨어져 버리기는 커녕 이들 원자 내 전자들은 원자의 중심부 둘레를 기약 없이 오랫동안 돌고 있다는 실험 결과와 비교해 볼 때 무엇인가 잘못되어 있다는 것을 알 수가 있습니다. 이와 같은 현상으로부터, 고전 역학의 기둥이 되어 왔던 개념과 원자의 세계에서 극미의 입자들이 벌이는 역학적 거동 사이에서 매우 뿌리 깊은 곳에 불일치가 존재한다는 것을 우리는 짐작할 수 있겠습니다. 이와 같은 고전 역학에서 얻은 결과와 실험 사실과의 차이가 바로 그 유명한 덴마크의 물리학자인 닐스 보어로 하여금 다음과 같은 중요한 사실을 알아내게끔 한 동기를 마련해 주었던 것인데 보어가 알아낸 사실이란, 여러 세기에 걸쳐 자연 과학 대계(自然科學大系) 안에서 특권과 안전을 누려 왔던 고전 역학이 이제부터는 단지 일상생활에서 우리가 경험하는 것 같은 소위 거시적 세계에서만 적용이 가능한 제한된 이론 체계에 불과하며, 여러 종류의 원자 내에서 일어나고 있는 훨씬 미묘한 운동들을 기술하는 데는 거의 쓸모가 없다는 것입니다.

원자의 일부를 형성하는 매우 작은 물체인 이 전자들의 운동을 기술하는 데도 적용될 수 있는 새롭고 보편적인 역학을 만들어 보려는 임시적인 시도로, 보어는 **고전 역학에서 생각할 수 있는 모든 운동 형태 가운데 오로지 특별히 선택된 것만이 실제로 일어날 수 있다**는 가정을 우선 설정해 보았습니다. 이러한 허용된 운동 형태, 즉 허용된 전자의 운동 궤도는 보어의 이론에서는 **양자 조건**이라고 불리는 어떤 일정한 수학적 조건에 의해서 선택되어야 한다는 것입니다. 나는 이 강연에서 이러한 양자 조건에 관해 자세한 설명을 늘어놓을 생각은 없습니다만 다음에 언급하는 사항만은 여러분께서 좀 주의 깊게 유의하셔야 될 줄 압니다. 바로 양자 조건에 따르는 여러 가지 제약은 원자 질량보다 훨씬 큰 질량을 갖는 운동 물체에 대하여는 거의 영향을 주지 않는다는 것입니다. 따라서 이러한 거시적인 물체의 운동을 기술하는 데 있어 위에 말한 양자 조건을 적용시킨다면, 다시 말해 **미시적 역학**(Micro-Mechanics)을 적용시켰을 때의 결과는 고전 역학을 써서 얻을 수 있는 결과 〔**대응원리**(Principle of Correspondence)**에 의한 것임**〕와 똑같은 결과를 얻게 된다는 것입니다. 이 두 역학 체계 사이에 두드러지게 차이가 나타나게 되는 것은 원자 정도 크기의 물체를 다룰 때에 한정된다는 것이지요. 이 문제를 여기서 더 자세히 다루는 대신 원자에서의 보어의 원자 궤도 모형도를 여러분들에게 보여드림으로써, 보어 이론에 따를 때 원자 구조가 어떤 모양으로 되어 있을 것인가 하는 여러분의 궁금증을 풀어 드릴까 합니다(첫 번째 슬라이드를 비춰 주시오). 이 슬라이드 그림을 보십시오. 물론 아주 크게 확대한 것이지만, 보어의 양자 조건을 만족시킴으로써 허용된 원자 분위기를 구성하고 있는 전자들이 원형과 타원형의 운동 궤도를 돌고 있는 모습입니다. 고전 역학의 경우라면 전자들은 **아무 제약 없이** 핵으로부터 **임의의** 거리를 마음대로 움직일 수 있고 또 궤도의 이심률 변화(離心率變化)에도 아무 제약을 받지 않지만, 보어 이론에서는 양자 조건에 따라 선택된 궤도들만이 존재할 수 있으며 연속적이지 않은, 즉 이산적인 이 궤도들의 하나하나는 제각기 뚜렷이 규정된 특성치를 가지고 있는 것입니다. 궤도마다 그 옆에 써넣은 숫자나 문자는 일반적인 분류 방법에 따라 표시한 궤도의 이름, 다시 말해 특성을 나타내고 있습니다. 한 예를 들자면 숫자가 클수록 궤도의 직경이 커져 간다는 것을 뜻하는 것입니다.

원자 구조에 관한 보어의 이론이 원자나 혹은 분자들이 나타내는 여러 특성들을 설명하는 데 있어 매우 큰 공헌을 하기는 했으나 이산적인 양자 궤도에 관한 근본적인 개념에 아직도 불

원래의 보어-조머펠트* 이론에 따라 작성된 수소 원자의 허용 궤도

투명한 점이 있었기 때문에, 고전 역학에 가해진 보어의 양자 조건이라는 이례적인 제약들을 더 깊이 살펴 가면 살펴 갈수록 더욱 모호해져서 전체적인 파악이 어렵게 되었답니다.

보어 이론의 결함은 고전 역학을 그 **근본부터 바꾼 것이 아니라** 원리적으로는 도저히 고전 이론에 어울리지 않는 몇 가지 부가적인 조건을, 고전 이론에서 얻어지는 결과에 단지 적용시켰다는 점에 있었다는 것이 나중에야 밝혀지게 되었습니다. 이 문제 전체에 대한 완전한 해결은 그로부터 13년 후에, 이름하여 파동 역학(Wave Mechanics)이라는 것으로 이루어졌습니다. 이 파동 역학이라는 것은 고전 역학의 근저를 새로운 양자 이

* 역자 주: Arnold Johannes Wilhelm Sommerfeld, 1868~1951

론에 따라 전면 개편한 것이랍니다. 그리고 이것이 첫눈에는 보어의 고전 양자론보다 더욱더 미친 사람의 장난처럼 비정상적인 것으로 보이겠지만, 이 새로운 미시적 역학은 오늘날의 이론 물리학에서 가장 체계가 서고 인정받을 수 있는 대표적인 부분인 것입니다. 이 새로운 역학의 근본 원리나 또는 특히 〈불확정성〉이라든가 〈퍼져 있는 궤도〉 같은 개념에 관하여는 전에 있었던 강연에서 내가 이미 언급한 바 있으므로, 여기서는 단지 여러분이 그때의 기억을 되살려 주시거나 또는 강의 기록을 참고해 주시기를 바라는 데 그치고 다시 원자 구조 문제로 되돌아가기로 합시다.

다음번에 보여 드릴 슬라이드에서(두 번째 슬라이드를 비춰 주시오) 원자 내에 있는 전자들이 파동 역학에서의 〈퍼져 있는 궤도〉 라는 개념을 따를 때 어떤 모양의 운동을 하게 되겠는가를 볼 수가 있습니다. 이 그림에서 보면 앞서 보여 드린 고전 양자론에 입각했을 때의 그림과 거의 같은 형태의 운동(단, 앞선 그림과 같으나 이번 그림에서는 편의상 각각의 운동 상태를 따로따로 그려 놓았을 뿐임)을 전자가 하고 있는 것처럼 보이지만, 근본적인 차이는 보어 이론에서는 확실히 구획된 선상의 궤도를 나타내고 있는 데 비해, 이번 그림에서는 근본적인 **불확정성 원리** (Uncertainty Principle)에 부합하는 퍼져 있는 궤도가 되고 있다는 것입니다. 각기 다른 운동 상태를 표시하는 기호는 전번의 그림에서와 같으며 따라서 같은 기호가 붙어 있는 두 그림을 서로 비교해 볼 때, 만일 여러분께서 약간의 상상력만 동원하신다면, 이 그림에서 구름과 같이 생긴 궤도들이 보어의 고전 양자론에서 얻을 수 있었던 궤도를 비교적 충실하게 재현하

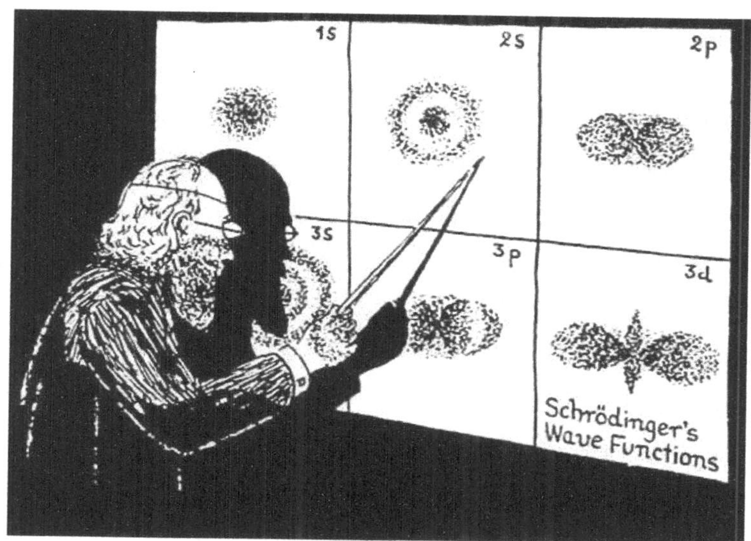

고 있다는 사실을 쉽사리 알 수 있을 것입니다.

이 슬라이드 그림들은 양자라는 것이 끼어들 때, 매우 훌륭했지만 구식이었던 고전 역학에서의 궤도에 어떤 변화가 생겨나는가를 잘 설명해 주고 있습니다. 그런 까닭에 비록 문외한들은 언뜻 이해하기 어려운 파동 역학을 꿈 같은 것이라 배척할지 모르겠으나, 원자와 같은 미시적 세계를 다루는 과학자들은 이러한 새로운 역학적 추상을 받아들임에 있어 결코 조금의 주저도 느끼지 않는 것입니다.

원자 내의 전자들이 갖는 여러 운동 상태에 관하여 지금까지 간단하게나마 여러분에게 설명했으므로 이번에는 이 같은 여러 가지 운동 상태에 대응하여 전자들이 어떤 수적 분포를 하고 있는가 하는 매우 중요한 문제를 살펴보기로 합시다. 여기서 또다시 거시적인 세계에서는 볼 수 없는 새로운 원리를 도입하게 됩니다. 이 원리는 나의 젊은 친구 중 한 사람인 **볼프강 파울리**(Wolfgang Pauli, 1900~1958)가 처음으로 발견했는데 그 원리에 의하면 **한 원자에 포함된 모든 전자들 가운데 어느 두 개의 전자도 동시에 같은 운동 상태를 취할 수는 없다**는 것입니다. 이러한 제한은 만일 고전 역학에 있어서와 같이 가능한 운동 상태가 무한정 존재할 수 있다면 아무런 의미를 갖지 못하지요. 그러나 허용된 운동 상태의 수가 양자 법칙에 의하여 철저하게 제한받고 있기 때문에 파울리의 원리는 원자 세계를 기술함에 있어 매우 큰 중요성을 지니게 됩니다. 즉 이 원리는 원자핵 둘레를 돌고 있는 전자가 다소 균일한 분포를 갖도록 해줌으로써 어떤 특정 장소에 전자들이 밀집하지 않도록 하는 데 기여하는 것입니다.

그러나 여러분께서 슬라이드를 통해 보신 바 있는 구름과 같이 생긴 궤도가 파울리의 원리에 따라 단 하나의 전자의 궤도를 나타내는 것이라고 성급한 결론을 내려서는 안 됩니다. 사실인즉 각각의 전자는 이러한 궤도에 따라 운동하는 것 외에 그 자체의 축을 중심으로 자전 회전(Spin) 운동을 하고 있어, 비록 두 개의 전자가 같은 궤도상을 운동하고 있더라도 이들은 서로 반대 방향으로 자전 운동을 하기 때문에 파울리 박사를 난처하게 만들지는 않습니다. 전자의 자전, 즉 전자 스핀을 좀 더 자세히 연구해 보면 자체를 축으로 한 이들의 회전 운동 속도는 언제나 같으며, 축 방향은 궤도 면에 항상 수직이라는 것을 알 수 있습니다. 이러한 사실은 단지 두 가지 회전 상태, 즉 시계 방향과 시계 반대 방향의 회전 운동만이 가능하다는 결과가 됩니다.

따라서 하나의 원자에 있어서 여러 양자 상태에 파울리의 원리를 적용시켰을 경우 그 결과를 다음과 같이 다시 정리하여 기술할 수가 있습니다. 즉 **각각의 운동에 대응되는 양자 상태는 둘 이상의 전자로 공유될 수 없으며 만일 두 개의 전자가 한 개의 상태를 공유한다면 이들 두 전자의 스핀은 서로 반대 방향이어야 한다**는 것입니다. 그러니 원소의 원자 번호 순서에 따라 점점 전자를 많이 갖는 원자로 옮겨 가면 여러 양자 상태들은 핵에 가까운 곳으로부터 하나씩 전자들로 메꾸어져 가서 원자의 직경은 점점 커져 갑니다. 이 점에 관련하여 밝혀 두어야 할 일은 서로 다른 양자 상태의 전자들은 그들이 지닌 결합 에너지의 크기에 따라 같은 정도의 결합 에너지를 갖는 상태끼리 그룹(즉 껍질이라고 말한다)을 이룬다는 것입니다. 대상 원소들을 작은 데서부터 순위에 따라 큰 원소로 옮겨 가면 한 그룹의 상태가 전자로 메꾸어진 후에 다른 한 그룹의 상태를 차례로 메꾸어 주기 때문에 원자의 특성이 주기적으로 변하게 되는 것이지요. 이러한 풀이가 바로 **드미트리 멘델레예프**(Dmitri Mendeleév, 1834~1907)가 경험적으로 발견한 그 유명한 원소의 주기율에 관한 이론적인 해석이 되는 것입니다.

12장
원자핵의 내부

톰킨스 씨가 다음번에 들은 강연은 원자 안에서 전자들의 회전 중심이 되어 있는 원자핵의 내부 구조에 관한 것이었다.

"신사 숙녀 여러분—" 하는 첫인사말로 교수의 강연은 시작되었다.

"물질의 구조를 알고자 더욱 깊이 헤쳐 들어가 원자핵의 내부를 들여다보기로 합시다. 이 부분은 비록 육안으로는 볼 수 없으나 우리의 정신적인 눈으로는 볼 수 있는, 그 부피가 원자의 전체 부피의 불과 $1/10^{12}$ 정도밖에 안 되는 작은 부피를 갖는 매우 신기한 영역인 것입니다. 비록 우리가 탐구하려는 이 부분이 믿기 어려울 만큼 아주 작은 크기를 가지고는 있지만, 이 작은 원자핵 내부에서는 여러 가지 다채로운 활동이 전개되고 있음을 여러분은 곧 아시게 될 것입니다. 사실인즉 원자핵은 결국 원자의 심장부라 할 수 있는 것이며 비록 그 크기는 작지만 전체 원자량의 약 99.9%를 이 원자핵이 점유하고 있는 것이지요.

그다지 많지 않은 개수의 전자들이 분포되어 있는 원자의 외부층을 지나 핵 내에 들어가면 우선 핵 내가 어찌나 조밀한지, 즉 인구 과잉 상태에 있음에 놀라움을 금할 수가 없을 것입니다. 평균적으로 원자 내의 전자는 전자 자신의 직경의 수십만 배의 거리를 운동하고 있는 데 비해 핵 안에 거주하는 입자들은, 만약 그 입자들이 팔을 가졌다고 가정한다면, 문자 그대로 팔꿈치를 서로 맞대고 비빌 정도로 아주 득실거리고 있다고 하겠습니다. 이런 의미에서 원자핵의 내부는 액체의 내부와 비슷하 다 할 수 있겠는데, 단지 액체를 이루는 것은 분자인 데 반하여 핵은 분자보다 훨씬 작고 훨씬 근본적인 입자인 양성자와 중성자로 이루어져 있다는 것이 다른 점이라 할 수 있겠습니다. 여기서 여러분이 주의해야 할 것은 비록 **양성자** 또는 **중성자**라는 서로 상이한 이름을 가지고는 있지만, 이들은 모두 핵자라는 이름으로 알려진 무거운 소립자로서 다만 전기적인 상태가 서로 다른 입자에 지나지 않는다는 사실입니다. 즉 양성자는 양전기를 가지고 있는 핵자이며 중성자는 전기적으로는 중성인 핵자입니다. 그리고 아직 관측된 적은 없지만 음전하를 가지고 있는 핵자가 존재하리라는 가능성을 전혀 배제할 수는 없습니다. 핵자의 크기를 전자의 크기와 비교해 볼 때 그다지 다르다고 할 수는 없는 것이, 핵자의 직경은 대략 0.0000000000001㎝가 되니까 말입니다. 그러나 핵 내의 무게는 전자보다 엄청나게 무거워서 한 개의 양성자 또는 중성자가 대략 1,840개의 전자를 합한 무게와 비슷합니다. 이미 설명한 바와 같이 원자핵을 구성하고 있는 입자들은 서로 매우 단단히 뭉쳐 있는데 그것은 마치 액체에서 분자 사이에 서로 잡아당기는 힘이 있는 것처럼 핵자 사이에는 어떤 **특수한 응집력**이 작용하고 있기 때문입니다. 그러나 액체에서와 똑같이 이런 힘들은 입자들이 서로 흩어져 떨어져 나가지는 못하게 하지만 핵자들이 상대적인 위치를 서로 바꾸는 일까지 방해하지는 않습니다. 이와 같이 핵물질은 어느 정도 액체와 같은 성격을 지니고 있으며, 어떤 외부적인 힘에 의해서 교란을 받지 않는 한 흔히 보는 물방울과 같은 구형으로 되어 있다고 생각하면 됩니다. 지금부터 내가 여러분에게 그려 보일 그림에서 아마 여러분은 원자핵이 똑같이 양성자와 중성자로 구성되어 있으면서도 서로 다른 여러 가지 핵의 구성 형태를 갖는다는 사실을 알게 될 것입니다. 가장 간단한 구조로 된 것은 수소의 원자핵이며 단 한 개의 양성자로 이루어져 있습니다. 반면에 가장 복잡한 원자핵의 경우로는 우라늄 원자핵을 예로 들 수 있겠는데 92개의 양성자와 142개의 중성자로 구성되어 있답니다. 그러나 물론 이러한 그림은 실제 있을 원자핵의 상태를 지나치게 도형화한 것에 불과하다는 사실을 염두에 두셔야 할 것입니다. 양자론에서의 불확정성 원리에 의하면 실제로 핵자의 위치는 전 원자핵에 걸쳐 퍼져 있기 때문입니다.

이미 설명한 바와 같이 원자핵을 구성하고 있는 입자들은 매우 강한 응집력으로 뭉쳐 있지만 이러한 인력과는 별도로 그 반대 방향으로 또 한 종류의 힘이 작용하고 있습니다. 실제로 핵을 구성하는 핵자들의 절반가량을 점유하고 있는 양성자는 양전하를 가지고 있기 때문에 양성자 사이에는 쿨롱(Charles Augustin de Coulomb, 1738~1806)의 정전력에 의한 반발력이 작용하고 있는 것입니다. 비교적 가벼운 핵에 있어서는 전하량이 작기 때문에 이 쿨롱의 반발력은 과히 문제 삼을 것이 못되지만 무거운 원자핵, 즉 큰 전하를 가진 원자핵의 경우 쿨롱의 반발력은 인력인 응집력, 즉 핵력과 경합을 벌이게 되는 것입니다. 이러한 상태가 되면 핵은 더 이상 안정을 기하기가 어려워 핵의 구성 요소 일부를 핵 외로 방출하여 안정을 찾으려는 경향을 지니게 되지요. 바로 이러한 이유로 인해 주기율표

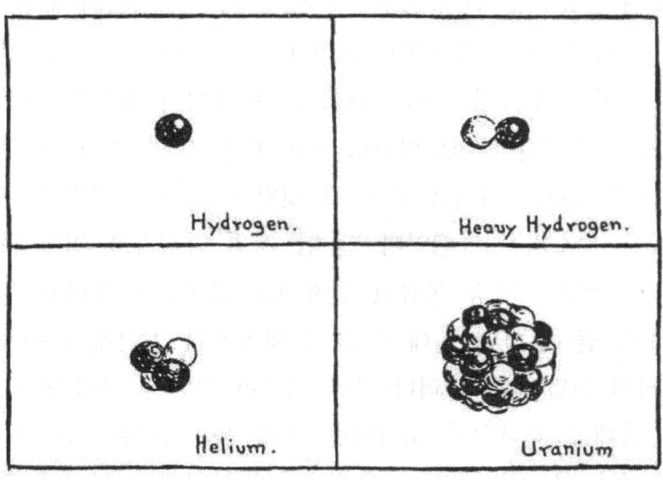

의 맨 끝 부근에 있는 원소들에게 이러한 현상이 일어나며 이 원소들은 〈방사성 원소〉라 불리고 있는 것입니다.

지금까지 고찰해 온 여러 가지 점으로 미루어 보아 이러한 무거운 원자핵이 방출하는 입자는 아마 양성자일 것이라고 여러분은 속단하시겠지요. 왜냐하면 중성자는 전하가 없기 때문에 쿨롱의 전기적인 반발력은 받지 않기 때문입니다. 그러나 실험 결과에 의하면 실제로 방출되고 있는 입자는 양성자가 아니라 두 개의 양성자와 두 개의 중성자로 구성된 복잡한 구조의 알파(alpha 또는 α) **입자**라는 것입니다. 이와 같은 사실은 원자핵을 구성하고 있는 부분이 어떤 특정한 집단으로 이루어져 있다고 함으로써 설명이 가능하겠지요. 즉 α입자(헬륨 원자핵)를 구성하는 두 개의 양성자와 두 개의 중성자는 하나의 집단을 이루고, 이 집단은 각별히 안정하여 개개의 양성자나 중성자로 분리되어 방출되기보다는 몽땅 한 묶음으로 방출되는 것이 훨씬 용이하다는 것입니다.

이미 여러분께서는 알고 계시리라 생각합니다만 방사성 붕괴 현상은 프랑스 물리학자인 **앙리 베크렐**(Henri Becquerel, 1852~1908)에 의해 처음으로 발견되었으며, 이와 같은 현상이 원자핵의 자연 붕괴의 결과임이 영국의 물리학자인 러더퍼드 경에 의해 분명하게 밝혀졌습니다. 러더퍼드 경에 관하여는 이미 다른 대목에서 이야기한 적이 있지만 그분이 이룬 원자핵 물리학에 있어서의 여러 중요한 발견은 과학 발전에 매우 큰 기여를 했답니다.

α붕괴 과정에서 나타나는 매우 이상한 특성 중의 하나는, 어떤 경우에는 α입자가 핵에서 방출되기까지 상당히 오랜 기간이 걸릴 때가 있다는 것입니다. 예를 들어 **우라늄**과 **토륨**의 경우에는 이 기간이 수십억 년이 된다는 사실이 알려졌으며 **라듐**의 경우에 있어서도 약 16세기나 걸린다는 것이 알려져 있습니다. 어떤 종류의 원소에 있어서는 불과 1초의 몇분의 1 사이에 붕괴가 일어나는 것도 있지만 빠른 핵 내 운동에 비한다면 그들의 생애 역시 훨씬 길다고 간주해야 하겠습니다.

α입자로 하여금 핵 내에 수십억 년씩이나 되는 긴 세월 동안 머무르게끔 해 주는 힘은 과연 무엇일까요? 그리고 이렇게까지 오랜 기간 동안 이미 핵에 머물렀던 α입자가 왜 그대로 머무르지 않고 핵 외로 뛰쳐나와 버리는 것일까요?

이러한 의문에 정확히 답하려면, α입자가 핵에서 방출되는 과정에서 인력인 응집력과 반발력인 정전기력(靜電氣力) 가운데 상대적으로 어느 편에 더 많은 영향을 받는가에 대하여 좀 더 자세히 연구해 보아야 하는 것입니다. 이러한 힘에 대하여 자세하게 실험적인 연구를 한 사람이 바로 러더퍼드이며 그는 소위 〈원자 충격〉이라고 불리는 방법을 창안했던 것입니다. 캐번디시 연구소(Cavendish Laboratory)에서 이루어진 그의 이 유명한 실험에서, 그는 어떤 방사성 원소로부터 방출되는 고속 α 입자를 집속시켜 표적 물질의 원자핵에 입사 충돌시켰을 때 α 입자가 겪는 산란 현상을 세밀히 관찰했던 것입니다. 이러한 일련의 실험으로 비록 표적 핵에서 거리가 비교적 멀리 떨어져 있더라도 입사 입자는 표적 핵이 지닌 전기에 의해서 상당히 반발력을 받는다는 사실을 밝혀냈으며, 이러한 반발력은 만일 입사 입자를 표적 핵의 표면 가까이까지 바싹 보낼 수 있다면 α입자가 받던 반발력은 그때 강한 인력으로 바뀌어 버린다는 것을 알아냈습니다. 이러한 현상은 마치 원자핵이라는 것이 높고 가파른 장애물에 의해서 사면이 둘러싸여 있는 어떤 요새처럼 되어 있어서, 입자들이 요새 안으로 들어오는 것도, 또한 요새 밖으로 나가는 것도 막아 버리는 경우에 비유될 수 있을 것입니다. 그러나 러더퍼드의 실험에서 얻을 수 있었던 가장 놀라운 결과는 다음과 같은 사실이 밝혀졌던 일이라 하겠습니다. **즉 방사성 붕괴로 인하여 원자핵 밖으로 방출되는 경우나, 또는 밖으로부터 원자핵 안으로 뛰어 들어가는 경우에 있어서나, 이때 α입자가 갖는 에너지는 모두 아까 비유로 들었던 장애물의 높이, 즉 우리가 전문적인 용어로는 퍼텐셜 장벽(Potential Barrier)이라 부르는 것의 높이보다 더 낮다는 사실입니다.** 이러한 사실은 고전역학의 기본 관념과는 완전히 모순되는 입장에 우리를 몰아넣게 되었던 것입니다. 생각해 보십시오. 만일 한 개의 공을 언덕을 향해서 던지는 경우, 도저히 언덕 꼭대기에 다다르지 못할 정도로 약하게 던졌는데 어떻게 그 공이 꼭대기까지 굴러 올라갈 것을 기대할 수 있겠습니까? 이런 괴상한 현상에 직면한 고전 역학은 깜짝 놀라 두 눈을 크게 뜨지 않을 수 없었으며 아마도 러더퍼드의 실험에 어떤 잘못이 있었을 것이라고 우겨 댔던 것입니다.

그러나 실제로 러더퍼드 경의 실험에는 아무 과오도 없었답니다. 만약 잘못이 있었다면 러더퍼드 경의 실험에서가 아니라 고전 역학 자체에 잘못이 있었다고 할 수 있는 것입니다. 이러한 상황은 나의 절친한 친구인 **조지 가모프** 박사, **로널드 거니**(Ronald Gurney) 박사, **콘돈**(Edward Uhler Condon, 1902~1974) 박사에 의해서 곧 해명이 되었는데 그들은 이 문제를 양자론적인 견해로 풀이한다면 아무런 곤란도 일어나지 않는다는 사실을 지적했답니다. 오늘날 양자 물리학은 고전 역학 이론에서 주장하는 명확하게 구획되어 있는 선궤적(線軌跡)이라는 것을 부인하며, 이에 대신해서 귀신의 모습처럼 윤곽이 뚜렷하지 못한 흐리멍텅하게 퍼져 있는 궤적을 인정하고 있음을 우리는 알고 있지 않습니까? 그래서 옛날이야기에 나오는 귀신이 고성의 두터운 돌담을 아무 곤란 없이 슬며시 빠져나오는 것처럼 고전 역학적 관점으로는 도저히 통과할 수 없는 그러한 퍼텐셜 장벽을 귀신처럼 형체가 뚜렷하지 못한 이들 궤적(즉 입자의 경로)이 슬며시 장벽을 뚫고 지나갈 수 있는 것입니다.

여러분, 지금 내가 농담을 하고 있다고 오해하지는 마십시오. 장벽을 넘을 만한 에너지를 충분히 가지고 있지 않은데도 불구하고 입자들이 이 퍼텐셜 장벽을 투과하여 들어갈 수 있다는 사실은 새로운 양자역학의 기본 방정식을 수학적으로 푼 결과에서 얻어진 틀림없는 결과이며, 이러한 사실은 운동에 관한 양자역학적인 새로운 개념과 고전적인 개념 사이에 존재하는 중요한 차이점을 명확히 부각시켜 주는 것입니다. 그러나 비록 양자역학이 이와 같이, 상식적으로는 도저히 받아들일 수 없는 결과를 허용하고는 있지만, 이런 결과를 낳는 데에는 어떤 강력한 제약이 수반되고 있습니다. 즉 대부분의 경우에 이와 같은 장벽을 투과하여 나가는 확률은 매우 작기 때문에, 핵 안에 갇혀 있는 입자가 장벽을 투과하여 나오는 데 성공하기까지는 헤아릴 수 없이 여러 번 이 장벽에 자기 자신을 부딪쳐 투과를 시도하고 있다는 것입니다. 양자론은 이와 같이 장벽을 투과하여 도망쳐 나올 수 있는 확률을 정확하게 계산해 내는 계산법을 우리에게 마련해 주고 있으며, 실제로 관측된 α입자의 붕괴 시간은 이러한 계산에서 예측된 값과 완전히 일치함을 보여 주고 있습니다. 핵 외로부터 핵 내로 입사된 입자의 경우에 있어서도 실측된 투과 확률은 역시 양자역학적으로 계산한 값과 완전히 일치합니다.

설명을 더 진행시키기 전에 원자핵들을 고속 입자로 두드렸을 때 어떤 붕괴 현상이 일어나는가를 나타내는 몇 장의 사진을 여러분에게 보여 드릴까 합니다(사진을 비춰 주시오).

이 사진은 지난번 강연 때 설명한 바 있는 안개상자를 써서 찍은 것인데 보시다시피 상이한 두 가지의 붕괴 과정을 볼 수가 있습니다. 위쪽에 보이는 사진은 고속 α입자로 질소 원자핵을 두드렸을 때 일어나는 현상을 찍은 것이며 원소의 인공 변환을 처음 사진으로 담은 것입니다. 이 사진은 러더퍼드 경의 제자인 **패트릭 블래킷**(Patrick Blackett, 1897~1974)이 찍은 것입니다. 보시다시피 매우 강한 α입자의 방출원에서 굉장히 많

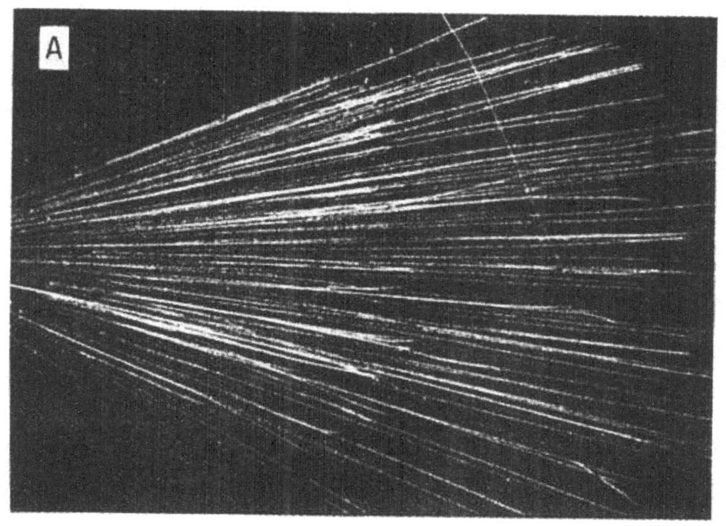

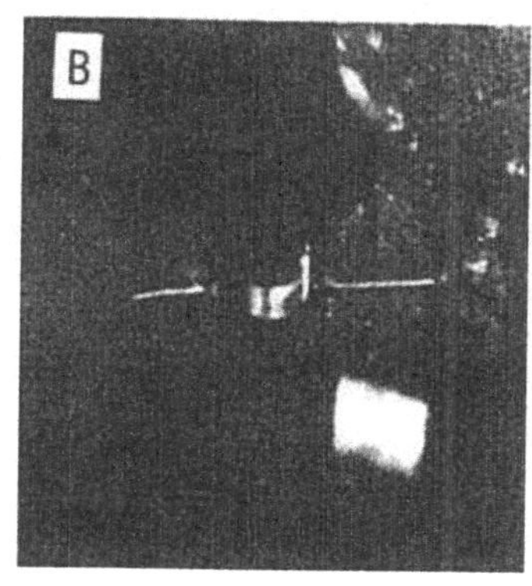

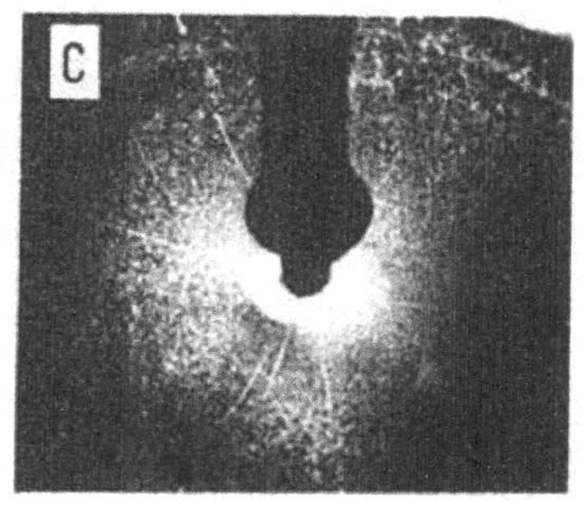

(a) 질소(N) 핵에 헬륨 핵(α입자)을 충돌시켜 산소와 수소가 생겨나는 광경

$_7N^{14} + {}_2He^4 \rightarrow {}_8O^{17} + {}_1H^1$

(b) 리튬(Li) 핵을 수소 핵으로 충돌시켰을 때 나오는 두 개의 α입자

$_3Li^7 + {}_1H^1 \rightarrow 2{}_2He^4$

(c) 붕소(B) 핵을 수소 핵으로 충돌시켰을 때 나오는 세 개의 α입자

$_5B^{11} + {}_1H^1 \rightarrow 3{}_2He^4$

은 α입자가 튀어 나가는 궤적이 나타나 있습니다. 방출된 α입자의 대부분은 단 한 번의 충돌도 겪지 않고 시야에서 없어지지만 그중 단 한 개가 질소 원자핵과 충돌을 일으키는 데 성공했음이 나타나 있지요. 이 α입자의 궤적은 충돌을 일으킨 곳에서 딱 끊어져 있고 그 점을 기점으로 두 개의 궤적이 밖으로 뻗쳐 있습니다. 그중 길고 가는 궤적은 질소 원자핵에서 튕겨 나온 양성자가 그리는 궤적이며 짧은 쪽은 양성자 방출 때 그 반동으로 튕겨 반도(되튐)된 원자핵 자체의 궤적입니다. 여기서 이 반도핵(反跳核)은 사실은 이미 질소핵이 아닌 것입니다. 이는 질소핵이 한 개의 양성자를 잃고 대신 α입자를 흡수해서 산소 원자핵으로 변환되어 버렸기 때문입니다. 이렇게 하여 우리는 부산물로서 산소를 얻는다는 것과 동시에 질소를 산소로 바꾼다는 연금술적인 변환에 성공한 것입니다.

두 번째 사진(그림의 아래쪽 오른편의 (c) 사진)은 인공적으 로 가속된 양성자를 표적 원자핵에 충돌시켰을 때 일어나는 핵 붕괴 현상을 보여 주고 있습니다. 고속 양성자 빔(Beam)은 흔히 〈원자파괴기(Atom-Smasher)〉라는 이름으로 알려져 있는 특수한 고압 장치에 의해서 만들어진 것이며 사진에도 그 끝이 보입니다. 긴 관을 거쳐 양성자들은 안개상자 속에 뛰어 들어가게 됩니다. 표적 물질은 이 경우에는 얇은 붕소 막입니다만 긴 관의 아래쪽에 놓여 있어 충돌로 생겨난 원자핵의 파편은 안개상자 내의 공기 중을 달리게 되어 구름과 같이 생긴 비적(飛跡)을 남기게 되는 것이지요. 이 사진에서 보다시피 붕소핵이 양성자에 의해서 충격을 받으면 세 부분으로 쪼개진다는 것을 알 수 있으며, 또한 쪼개진 파편이 지닌 하전(荷電)을 측정함으로써 이들 세 부분이 모두 α입자, 즉 헬륨 원자핵임을 알 수가 있습니다. 지금까지 여러분에게 사진으로 보여 드린 두 종류의 핵변환의 예는 오늘날까지 실험 물리학에서 탐구된 수백 종류의 핵변환 과정 중에서 간단하고 전형적인 경우에 지나지 않습니다. 지금 이 예에서 든 것과 같은 핵변환을 총칭하여 교환 핵변환(Substitutional Nuclear Reaction)이라고 하는데 이는 곧 입사 입자(양성자, 중성자 또는 α입자 등)가 표적 핵 내에 뛰어들어 핵 내에서 어떤 입자를 핵 외로 두들겨 쫓아내고 입사 입자 자신은 핵 내에 머물러 버리는 경우를 말합니다. 우리는 양성자를 방출시키는 대신 α입자를, 또 α입자를 방출시키는 대신 양성자를, 그리고 양성자를 방출시키는 대신 중성자를…… 등등으로 교환 핵변환을 일으키게 할 수가 있습니다. 이런 종류의 핵변환 과정에서 생겨난 새로운 원소는 모두 주기율표에서 표적 핵의 위치에 가까운 곳에 있는 원소들인 것입니다.

그러나 근래에, 즉 2차 세계대전 직전에 독일의 두 화학자인 **한**(Otto Hahn, 1879~1968)과 **슈트라스만**(Fritz Strassmann, 1902~1980)은 이때까지 보지 못한 새로운 유형의 핵변환을 발견했는데, 그 핵변환이란 **어떤 종류의 무거운 핵은 두 개로 조각나면서 그때 엄청난 에너지를 방출한다**는 것입니다. 다음 슬라이드에서(사진을 비춰 주시오!) 가는 우라늄 필라멘트(Filament)에서 우라늄 핵이 두 개로 쪼개져 서로 반대 방향으로 달려 나가고 있음을 볼 수 있겠지요. 〈핵분열(Nuclear Fission)〉이라는 이름으로 알려진 이 현상은 맨 처음에는 중성자 빔을 우라늄 핵에 입사시켰을 때 일어났기 때문에 알려진 것이지만, 그 후 바로 이 같은 현상은 주기율표의 끝부분에 있는 무거운 원소로서 우라

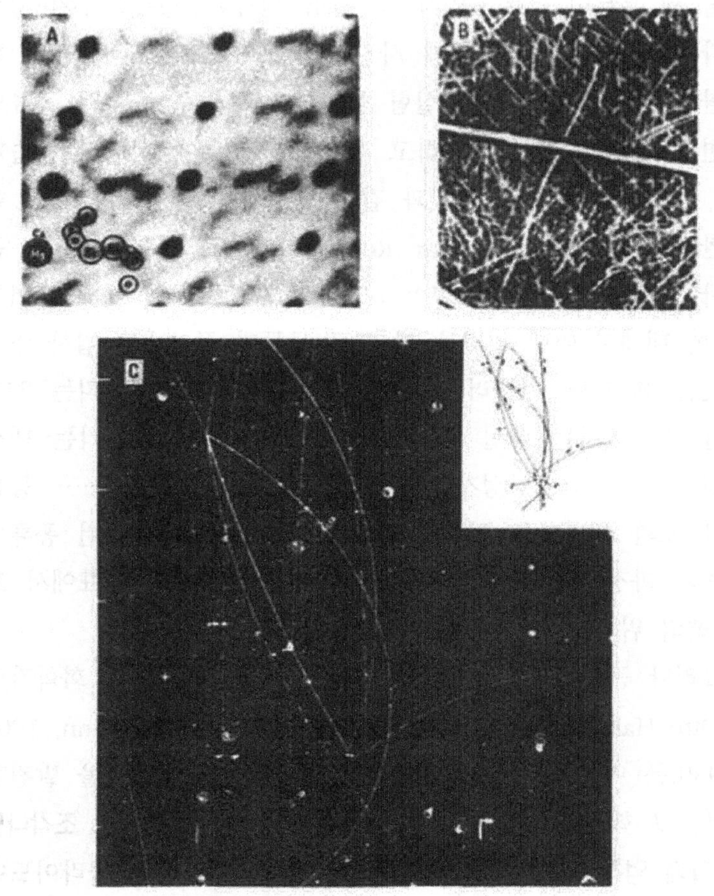

(a) 투휘석(透揮石) 단결정의 브래그* X선 사진
사진 왼쪽 아래에 O 표한 부분을 보면 Ca, Mg, Si, O 등 구성 원소의 하나하나가 똑똑히 나타나 있다. 배율은 약 1억 배

(b) 중성자에 의해서 핵분열을 일으킨 우라늄 원자핵에서 분열 파편이 서로 반대 방향으로 날아가고 있다.

(c) 중성 람다(Λ) 입자와 반람다 입자인 하이페론(Hyperon) 입자의 생성과 소멸

늄과 비슷한 특성을 지닌 다른 원소들에 있어서도 일어난다는 사실이 발견되었답니다. 이와 같은 무거운 핵들은 그들이 지닌 안정성이 깨질까 말까 하는 어떤 한계 상태에 있기 때문에 한 개의 중성자로 충돌시킨다는 정도의 가장 작은 외부 자극에 의해서도 쉽사리 둘로 쪼개져 버리는 것이라고 생각되며, 이와 같은 풀이는 수은 방울이 커지면 둘로 쪼개져 버리는 현상과 같은 것이라고 볼 수가 있습니다. 무거운 원자핵이 보여 주는 이와 같은 불안정성은 어찌하여 자연계에는 92종의 원소밖에 존재하지 않는가 하는 의문에 대한 답변의 열쇠를 제공하는 것이라 하겠는데, 실제로 우라늄보다 더 무거운 원자핵은 어느 것이나 모두 짧은 시간 동안도 그대로 머물러 있지 못하고 즉시 작은 조각으로 분열되어 버리고 만답니다. 한편 이러한 핵분열이라는 현상은 실용적인 관점에서도 매우 흥미롭다 할 수 있는 것이, 이러한 현상은 핵에너지를 이용할 수 있는 가능성을 향한 길을 터 주었기 때문입니다. 다시 말해서 이러한 핵이 분열될 때 동시에 여러 개의 중성자를 방출하게 되는데 이들 중성자가 또다시 그 근방에 있는 핵들을 분열시켜, 결과적으로 연쇄적인 폭발 현상을 일으켜서 순식간에 여러 핵 내에 저장되어 있던 에너지가 일제히 밖으로 방출되어 버리기 때문입니다. 그리고 만일 여러분이 우라늄 1파운드에 저장되어 있는 핵에너지가 석탄 100톤의 에너지와 맞먹는다는 사실을 아신다면, 이와 같은 핵에너지의 해방이라는 것이 우리 경제에 매우 중요한 변혁을 초래하리라는 것을 쉽사리 이해하실 줄로 믿습니다.

이러한 핵반응들이 원자핵의 내부 구조를 이해하는 데 우리

---

* 역자 주: William Lawrence Bragg, 1890~1971

에게 풍부한 자료를 제공해 주기는 했지만, 매우 작은 규모로 일어났기 때문에 극히 최근까지는 굉장히 많은 핵에너지를 한꺼번에 방출시킨다는 것에 거의 기대를 걸 수 없는 것으로 여겨졌습니다. 1939년에 독일의 화학자인 한과 슈트라스만이 완전히 새로운 형태의 핵변환 현상을 발견하고 나서야 비로소 기대를 걸 수가 있게 되었던 것입니다. 그들이 발견한 바에 의하면 한 개의 중성자가 무거운 우라늄 핵에 부딪치면 우라늄 핵은 대략 크기가 비슷한 두 개의 부분으로 갈라지며 바로 이때에 굉장히 큰 에너지의 방출과 더불어 2, 3개의 중성자를 거의 동시에 방출하게 되는데, 이 중성자들이 또 다른 우라늄 핵에 충돌하여 그 핵을 두 개로 분열시켜 주기 때문에 더욱 많은 에너지가 방출되고 더욱 여러 개의 중성자가 발생하게 되는 것이지요. 이렇게 계속하여 가지를 치듯 핵분열이 일어나면 굉장한 폭발을 일으키게 되며, 만일 폭발을 어떤 수단으로 억제하여 연쇄 반응을 어느 수준으로 일정하게 유지시킬 수 있다면 거의 무제한의 에너지를 공급해 줄 수가 있는 것입니다. 다행히도 오늘 몹시 바쁘신데도 불구하시고 **탈러킨**〔Tallerkin, 에드워드 텔러(Edward Teller), 1908~2003〕 박사께서 잠시 핵폭탄에 관한 이야기를 들려주시기로 했는데 이분은 원자 폭탄에 관한 연구를 오랫동안 해 오셨고 또 〈수소 폭탄의 아버지〉로 알려져 있는 분이기도 합니다. 잠시 후에 이곳에 곧 도착하실 겁니다."

교수가 막 이 말을 끝내자마자 바로 문이 열리더니 눈동자가 유난히 빛나고 또 검고 굵은 눈썹을 가진 매우 인상적인 한 신사가 들어섰다. 그는 교수와 악수를 나누고 나서 청중 쪽을 향해 말하기 시작했다.

"Hölgyeim és Uraim, Röviden kell beszélnem, mert nagyon sok a dolgom. Ma reggel több megbeszélésem volt a Pentagon-ban és a Febér Ház-ban, Délutan……." 하고 말을 계속하다 그는 갑자기 말을 멈추었다. "아, 미안합니다. 나는 간혹 모국어를 사용하는 버릇이 있답니다. 처음부터 다시 이야기하겠습니다.

신사 숙녀 여러분! 매우 바쁘기 때문에 잠시 동안만 이야기할까 합니다. 오늘 아침 나는 국방성과 백악관에서 열리는 몇 가지 회의에 참석했으며 오늘 오후에는 네바다(Nevada)의 프렌치 플래츠(French Flats)라는 곳에서 있을 원폭의 지하 폭발 실험 현장에 나가 보아야 합니다. 그리고 다시 오늘 저녁에는 캘리포니아의 반덴버그(Vandenberg) 공군 기지에서 열리는 만찬회에 참석하여 연설을 해야 한답니다.

바로 요점만을 이야기하자면 원자핵은 두 가지의 힘으로 균형이 맞추어져 있다는 것입니다. 즉 하나는 원자핵을 한 뭉치로 단단히 붙잡아 두고 있는 핵의 인력이며 다른 하나는 양성자 사이에 작용하는 전기적 반발력입니다. 우라늄, 플루토늄과 같이 무거운 핵에 있어서는 후자의 힘이 더 우세하여 핵은 깨어질까 말까 하는 한계 상태에 있게 되고, 따라서 외부로부터 약간만 자극을 주어도 쉽게 두 개의 핵분열 파편으로 분열되고 마는 것이지요. 이에 소요되는 외부로부터의 자극은 단 1개의 중성자로 하여금 이 핵들을 때리게 할 정도로도 족하답니다."

칠판 쪽으로 뒤돌아서며 그는 설명을 계속했다. "이 그림에는 한 개의 핵분열을 일으킬 수 있는 표적 원자핵과 한 개의

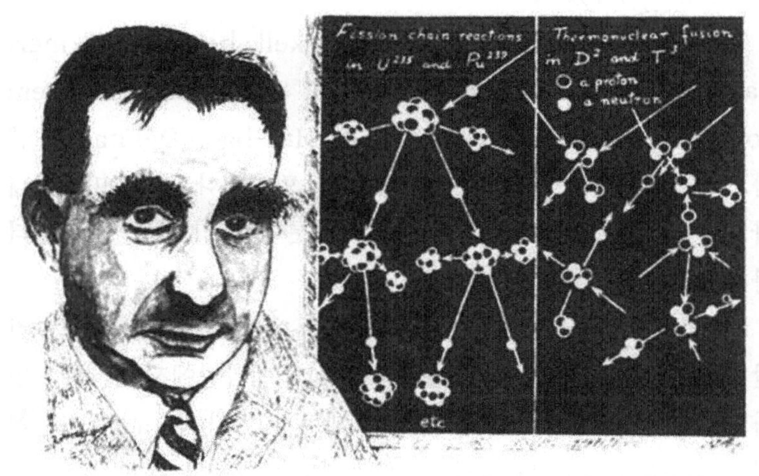

엇비슷한 이름이지만 핵분열(Fission)과 핵융합(Fusion)은 전혀 다른 현상이다

중성자가 표적 원자핵을 때리는 상황이 그려져 있습니다. 핵분열로 두 개의 분열 파편이 서로 반대 방향으로 튕겨 나가게 되는데 이때 이 파편들은 제각기 100만 전자볼트 정도의 에너지를 가지고 나갑니다. 그뿐 아니라 이때 몇 개의 새로운 분열 중성자(즉 핵분열 때 방출되는 중성자)를 동시에 방출시키는데, 우라늄이 분열될 경우에는 대략 두 개의 중성자를, 그리고 플루토늄 핵이 분열할 때는 대략 세 개의 이러한 중성자를 방출하게 되지요. 이 칠판에 내가 그려 놓은 것처럼 중성자 충격에 의한 핵분열이 계속하여 일어나지요. 만일 핵분열 물질의 파편이 적을 경우에는, 분열 중성자의 대부분은 또 다른 핵분열을 일으키기 위한 표적 핵과의 충돌이 있기 전에 그만 물질의 표면에서 빠져나가 버려 연쇄적인 핵분열 반응은 결코 일어나지를 않지요. 그러나 핵분열 물질의 부피가 대략 직경이 8~10㎝

정도 되는 소위 우리가 임계 질량(Critical Mass)이라고 부르는 부피보다 클 때에는 전체가 한꺼번에 폭발되고 맙니다. 이런 경우가 바로 핵폭탄이라고 흔히 부르고 있는 것인데, 사람들은 때로는 원자 폭탄이라고 부르기도 하나 알맞은 표현이라고는 할 수가 없겠습니다.

이때까지와는 반대로 주기율표에서 또 다른 한쪽 끝 부근의 원소들, 다시 말해서 핵의 인력이 전기적인 반발력보다 훨씬 큰 원소를 이용한다면 훨씬 좋은 결과를 얻게 됩니다. 즉 두 개의 가벼운 핵을 근접시키면 마치 접시 위에 놓인 두 개의 수은 방울이 한데 뭉치듯 두 핵이 한 개의 핵으로 융합되고 맙니다. 이러한 핵의 융합이 일어나려면 매우 고온을 필요로 하는데 가벼운 핵이 서로 근접해 가면 그들 사이의 전기적인 반발력이 이들의 근접을 막기 때문입니다. 그런데 온도가 수천만 도의 고온에 이르면 전기적인 반발력이 이들 핵의 근접을 막는데 무력해지며 핵융합 반응이 시작됩니다. 핵융합에 가장 적절한 원자핵은 중수소핵, 다시 말하면 중수소 원자의 원자핵입니다. 이 칠판에 있는 그림 가운데 오른쪽에 있는 것이 이 중수소핵에서의 열핵반응의 양상을 간단히 도시한 것입니다. 우리들이 처음으로 수소 폭탄의 가능성에 생각이 미쳤을 때 이 수소 폭탄은 대기 중에 퍼뜨리게 될 방사능을 띤 핵분열 생성물을 수반하지 않기 때문에 인류에게는 매우 다행한 일이라 생각했답니다. 그러나 이와 같이 〈깨끗한(Clean)〉 수소 폭탄은 현재로서는 만들어 낼 수 없는데, 바닷물에서 이미 유출되고 있고 또 가장 좋은 핵연료로 알려져 있는 중수소핵도 그 자체만으로 연소를 계속시키기에는 충분한 특성을 지니고 있지 않기 때문입니다. 때문에 우리는 이 중수소를 가운데 두고 그 둘레를 무거운 우라늄으로 씌워 주어야만 하지요. 이 껍질 모양의 우라늄이 대량의 핵분열 생성물을 뿌리게 되기 때문에 흔히들 이러한 폭탄을 〈더러운(Dirty)〉 수소 폭탄이라고 부르고 있답니다.

이와 비슷한 어려움은 중수소를 원료로 한, 제어할 수 있는 열핵반응 장치를 고안함에 있어서도 역시 겪을 수밖에 없는 것이 현재의 실정인데, 지금 현재로서는 온갖 노력에도 불구하고 이러한 장치의 고안에 성공을 거두지는 못하고 있으나 나 자신의 생각으로는 조만간에 이러한 문제는 해결되리라고 믿고 있습니다."

이때 청중의 한 사람이 "탈러킨 박사님, 원폭 실험에서 나오는 핵분열 생성물은 전 인류에게 해로운 돌연변이를 일으키게 한다는데 어떻게 생각하시나요?" 하고 질문을 던졌다. "돌연변이라고 모두 해로운 것은 아닙니다"라고 탈러킨 박사는 미소 띤 얼굴로 대답했다. "어떤 돌연변이는 자손에게 진화도 가져올 수 있게 합니다. 만일 생체에 돌연변이가 전혀 일어나지 않는다고 가정한다면 여러분이나 나나 인간이 아니라 아메바(Amoeba)의 신세를 면치 못했을 것입니다. 생명체의 진화는 전적으로 자연에 의한 돌연변이에 기인하는 것입니다. 적자생존(適者生存)이라는 원칙이 있음을 모르시나요?"

"이것 보세요!" 하고 청중의 한 사람인 어떤 여인이 신경질적으로 소리쳤다. "우리보고 몇 다스씩 아이를 낳고는 그중 똑똑한 아이들은 기르고 나머지 아이들은 없애 버리라는 말씀이에요?"

"자, 부인……" 하고 탈러킨 박사가 부인의 질문에 대한 답변을 막 시작했을 때 강당의 출입문이 열리더니 비행복을 입은 한 사나이가 들어섰다.

그는 "선생님! 좀 서두르셔야겠습니다" 하고 소리 높여 말했다. "현관에 헬리콥터를 갖다 놓았는데요. 지금 곧 출발하지 않으시면 갈아타고 가셔야 할 제트 여객기를 비행장에서 놓치시게 됩니다."

"여러분, 미안합니다"라고 탈러킨 박사가 청중을 향하여 바쁘게 인사하며 말했다. "그러나 부득이 지금 이곳을 떠나야 하겠습니다. Isten velük!" 그들은 함께 서둘러 밖으로 급히 달려 나갔다.

13장
목각공

그 문은 크고 육중했으며 문짝 한가운데에는 「접근엄금 고압 주의」라고 쓰인 어마어마한 경고문이 붙어 있었다. 그러나 이러한 딱딱한 첫인상과는 달리 매트 위에 「어서 오십시오」라고 쓰인 글을 보고 그 첫인상은 누그러졌다. 톰킨스 씨는 잠시 머뭇거리다 초인종을 눌렀다. 젊은 실험 조수의 안내로 큰 방에 들어서게 되었는데 그 방은 넓이의 절반 정도가 매우 복잡하고 어마어마하게 보이는 실험 장치로 가득 차 있었다.

이것은 매우 큰 사이클로트론, 즉 〈원자 파괴기〉이다

"이 장치는 매우 큰 사이클로트론(Cyclotron)입니다. 혹은 〈원자 파괴기〉라고도 신문에서는 말하고 있지요" 하고 젊은 조수는 사랑스러운 것을 매만지듯 이 현대 물리학의 총아라 할 수 있는 기기의 가장 중요한 부분인 전자석 코일 하나에 그의 손을 얹은 채 그에게 설명해 주었다.

"이 장치를 쓰면 1000만 전자볼트의 에너지를 갖는 입자를 만들어 낼 수가 있답니다. 이렇게 엄청난 에너지를 가지고 뛰어 들어가는 입자에 대해 능히 견딜 만한 원자핵은 그리 많지 않습니다" 하고 그는 자랑스럽게 말했다.

"아, 그래요. 그러한 원자핵들은 아주 단단한 모양이지요. 미소한 원자 안에 있는 더 극미한 원자핵을 깨뜨리는 데 이렇듯 엄청나게 큰 기계를 만들어야만 한다니. 그런데 이 장치의 동작 원리는 어떤 것인가요?" 하고 톰킨스 씨가 물어보았다.

"자네. 서커스 구경 가 본 적이 있나?" 하고 사이클로트론 장치의 뒤편에서 갑자기 모습을 나타낸 장인이 물었다.

"……네" 하고 톰킨스 씨는 예기치 않았던 질문에 좀 당황하여 대답했다. "오늘 저녁 저와 서커스 구경을 같이 가자고 그러시는 건가요?"

"그렇지도 않다네. 그러나 자네가 서커스에 대해 흥미를 가지고 있다면, 사이클로트론이 어떤 원리로 동작하는가를 이해하는 데 아주 큰 도움이 될 거야" 하고 교수는 웃으며 말했다. "이 큰 자석의 양극 사이를 보면 구리로 된 둥그런 모양의 통이 보이지. 이 통으로 말하자면 서커스에서 재주를 부릴 때 쓰는 둥근 무대와 같은 역할을 하는 것이며 이 위에서 여러 핵충격에 사용되는 입자들을 가속시키게 되는 것이야. 이 둥근 통

중심부에 입자원(粒子源)이 있어, 이러한 하전 입자나 이온을 만들어 내고 있지. 입자원에서 입자가 막 나왔을 때 입자가 갖는 속도는 매우 작기 때문에 강력한 자기장의 힘으로 입자의 궤적을 구부리게 하여 통의 중심을 원점으로 작은 원형 궤도를 돌게 하는 것이야. 그러고 난 후 점차 더 큰 속도를 내도록 채찍질을 시작하지."

"말을 채찍질하는 방법이야 압니다만 이 극미의 입자들은 어떤 방법으로 채찍질하는지 제 머리 가지고는 이해하기 어려운데요" 하고 톰킨스 씨가 말했다.

"그러나 사실은 매우 간단한 거라네. 만일 입자가 원형 운동을 하고 있다면 그 입자가 궤도상의 어떤 일정한 점을 지날 때마다 규칙적으로 전기적인 충격을 받도록 하면 되는 거야. 마치 이것은 서커스에서 조련사가 원형 링에 서서 말이 링 둘레를 한 바퀴 돌아서 조련사가 서 있는 위치에 올 때마다 채찍질을 하는 것과 똑같은 원리지."

"그렇지만 그런 경우에는 조련사가 말을 직접 볼 수 있지 않습니까?" 하고 톰킨스 씨는 항의 비슷하게 이의를 제기했다. "다시 말해 당신은 꼭 알맞은 순간에 채찍질을 하기 위해 이 구리로 된 통 속을 빙빙 돌고 있는 입자를 볼 수 있다는 말씀인가요?"

"물론 직접 볼 수야 없지" 하고 교수는 그의 의문에 동의하면서 곧 말을 이었다. "그러나 꼭 직접 볼 필요는 없는 거야. 이 사이클로트론 장치의 원리를 설명하자면 대략 이렇게 되네. 즉 가속된 입자는 점점 빠른 속도를 갖게 되지만 어떤 정해진 같은 시간 내에 원형 궤도를 꼭 한 바퀴 돌게 되어 있지. 이렇게 되는 까닭은 입자의 운동 속도가 빨라지면 그 빨라지는 데 비례해서 원운동의 직경, 다시 말하면 원운동하는 궤도의 전체 길이가 증가하기 때문이지. 따라서 입자는 완전한 원궤도를 그리며 운동하는 것이 아니라 나선 모양의 궤도를 돌게 되며 일정한 시간 간격마다 언제나 원형 링의 똑같은 측면에 오게 돼. 그러니 바로 그곳에 일정 시간마다 전기적인 충격을 줄 수 있는 장치를 해 놓으면 되는 거야. 우리는 이런 역할을 계속시키는 방법으로 방송국에서 사용하는 것과 같은 진동 전기 회로 장치를 쓰고 있다네. 매회마다 입자에게 가해지는 전기 충격은 그다지 크다고는 할 수 없겠으나 되풀이해 줌으로써 입자로 하여금 엄청나게 큰 속도를 갖게 하지. 이런 방법이 바로 이 장치의 장점이라고 할 수 있네. 결과적으로는 수백만 전자볼트에 맞먹는 효과를 갖다주지만 사실은 이 장치 안의 어느 구석에도 이렇게 큰 고압을 내는 부분은 없단 말일세."

"정말 비상한 아이디어라고 할 수 있겠는데요" 하고 톰킨스 씨가 자못 심각한 표정으로 말했다. "그런데 이런 장치는 누가 발명했나요?"

"수년 전에 캘리포니아대학의 **로런스**(Ernest Orlando Lawrence, 1901~1958) 교수가 처음으로 만들었다네" 하고 교수가 말해 주었다. "그 후 나온 사이클로트론은 크기도 점차 커졌지만 여러 물리학 연구실에서 제각기 이 장치를 설치하게 되어 그 숫자가 늘어나는 것이 마치 소문이 퍼져 나가듯 빨랐지. 이 사이클로트론은 캐스케이드 변압기(Cascade Transformer)를 이용한 구형의 가속 장치나 정전기적 원리를 이용한 장치보다 훨씬 편리한 것이라네."

“그러나 이러한 복잡한 장치를 쓰지 않고서는 원자핵을 파괴할 방법은 정말 없는 것일까요?” 하고 톰킨스 씨가 질문했다. 원래 그는 단순성을 매우 신봉하는 사람이며 또한 망치보다 더 복잡한 장치는 어느 것이고 믿으려 들지 않는 성품이었다.

“물론 할 수 있고말고. 사실 러더퍼드가 최초로 원소의 인공변환 실험을 했을 때는 그는 자연 방사능원에서 방출되는 α입자를 사용했지. 그러나 그것은 벌써 20년 전의 옛날이야기이고 그 이후 원자를 파괴할 수 있는 기술은 굉장히 빠른 발전을 해왔어.”

“원자가 정말로 파괴된다는 것을 저에게 직접 보여 주실 수가 있나요?” 하고 톰킨스 씨가 교수에게 물어보았다. 그는 언제나 긴 설명을 듣기보다는 직접 보는 쪽을 더 좋아했었다.

“물론 기꺼이 보여 주겠네” 하고 교수가 말했다. “우리는 방금 새로운 실험을 시작했지. 붕소 원자핵에 고속 양성자를 충돌시켰을 때 어떻게 붕괴하는가를 더 자세히 연구해 보려는 거야. 즉 고속 양성자는 붕소 핵의 핵 퍼텐셜 장벽을 뚫고 핵 안으로 뛰어 들어가서 붕소핵을 세 개의 조각으로 깨뜨려 버리는데 이 세 개의 파편은 각기 다른 방향으로 튕겨 날아가 버리게 되지. 이러한 과정은 소위 〈안개상자(Cloud Chamber)〉라고 불리는 장치로 직접 관찰이 가능한데, 안개상자를 사용하면 이 충돌 과정에 관여되는 모든 입자의 궤적을 한꺼번에 볼 수가 있어. 한 조각의 붕소 시료를 안개상자의 중심 부분에 놓고 이 안개상자 전체를 가속기의 입자 출구 앞에 고정시킨 것인데 사이클로트론이 동작하기 시작하면 자네 육안으로도 원자핵이 깨어지는 과정을 볼 수 있게 될 걸세.”

교수는 "전류 스위치를 좀 넣어 주게. 그동안 나는 자석 조정이나 해 둘까 하네" 하고 조수 쪽으로 몸을 돌리며 말했다.

사이클로트론이 동작하기 시작할 때까지는 얼마간의 시간이 걸렸다. 그래서 홀로 남은 톰킨스 씨는 실험실 안을 이리저리 어슬링어슬렁 걸어 다녀 보았다. 마침 점점 연하게 푸른빛을 내어 가는 여러 개의 큰 증폭관으로 된 매우 복잡한 장치에 그는 점차 흥미를 느꼈다. 사이클로트론에 걸어 주는 고압은 원자핵을 깨뜨려 줄 수 있을 정도로 강력하지는 않지만 능히 황소를 때려눕힐 정도로 세다는 사실을 전혀 몰랐던 톰킨스 씨는, 좀 더 그 흥미로운 기기를 자세히 보고자 허리를 굽혀 가까이 들여다보았던 것이다.

마치 사자 조련사가 휘두르는 회초리 소리처럼 무언가 깨어지는 듯한 소리가 나자마자 톰킨스 씨는 온몸에 이루 말할 수 없는 심한 쇼크를 느꼈다. 다음 순간 눈앞이 캄캄해지더니 그는 그만 의식을 잃고 말았다.

그는 다시 의식을 되찾았을 때 자신이 전기의 방전에 의한 쇼크로 쓰러졌던 바로 그 자리에 누워 있음을 알았다. 주위를 둘러보니 모든 것이 전과 똑같았으나 방 안에 있던 모든 물건들만이 상당히 바뀌어 있지 않은가. 우뚝 솟은 사이클로트론의 자석, 번쩍거리는 구리 파이프들 그리고 여기저기에 놓인 여러 대의 복잡한 전기 장치들……. 이 모든 것이 자취를 감추고 오직 그의 눈앞에 보이는 것은 한 개의 긴 목공대와 그 위에 얹혀 있는 흔한 목공 도구뿐이 아닌가. 그리고 벽에 걸린 낡은 선반 위에는 지금까지 본 적이 없는 이상한 모양을 한 목각물들이 여러 개 놓여 있는 것을 그는 알아차렸다. 그리고 늙긴

했어도 다정하게 생긴 어떤 이가 목공대에서 일하고 있었는데 가까이 가서 그의 모습을 들여다본 톰킨스 씨는 그의 모습이 월트 디즈니(Walt Disney, 1910~1966)의 피노키오 영화에 나오는 제페토(Gepetto)라는 노인의 모습과도 닮았고, 교수의 실험실에 걸려 있는 러더퍼드 경의 초상화 모습과도 어찌나 닮았는지 놀라지 않을 수 없었다.

마룻바닥에서 몸을 일으키며 톰킨스 씨가 말을 걸었다. "방해해서 죄송합니다. 저는 원자핵 실험실을 방문 중이었는데요. 무엇인가 이상한 일이 저의 신상에 일어났었던가 봅니다."

"오, 당신은 원자핵에 흥미를 가지고 있단 말씀이지요" 하고 말하며 노인은 마침 목각을 하고 있던 나무 판 조각을 옆으로 비켜 놓았다. "그렇다면 당신은 제대로 찾아온 셈입니다. 나는 바로 이곳에서 모든 종류의 원자핵들을 만들어 내고 있지요. 당신에게 나의 이 조그마한 작업실을 소개하게 되어 반갑습니다."

"바로 당신이 원자핵들을 마음대로 만들어 낸다고요?" 하고 톰킨스 씨는 어처구니가 없다는 듯이 되물었다.

"물론 그렇고말고요. 당연히 어떤 기술을 필요로 합니다. 방사능을 띤 원자핵에 있어서는 더욱 기술을 요하는 것인데 그것들은 채 칠하기도 전에 다 날아가 없어지니 말입니다."

"칠을 한다니요?"

"칠을 한단 말입니다. 플러스 전기를 띤 입자에는 빨간 칠을, 그리고 마이너스 전기를 띤 입자에는 초록색 칠을 한답니다. 당신도 알고 있겠지만 빨간색과 초록색은 서로 〈보색〉이라고 하는 것이어서 이 두 색을 서로 섞으면 색깔을 상쇄하고 말지요.* 이러한 현상은 바로 플러스 전기와 마이너스 전기의 상호

* 색깔의 혼합이라는 것은 오로지 광선에 관계되는 것이며 물감 자체에 관계되는 것이 아님을 독자는 명심해야 한다. 만약 빨간색과 초록색을 섞으면 더러운 색깔이 나올 뿐이지만, 팽이의 반쪽에는 빨간색을, 그리고 다른 반쪽에는 초록색을 칠한 다음 팽이를 빨리 돌리면 희게 보이게 되는 것이다.

상쇄 현상과 같은 것이랍니다. 원자핵이 같은 개수의 양전하와 음전하로 되어 있고 그 전하들이 이리저리로 빨리 운동하며 돌아다닌다고 가정하면, 이 원자핵은 전기적으로 중성이 될 것이며 색깔로 비유하자면 희게 보이게 되지요. 만일 양전하가 더 많다든가 또는 음전하가 더 많다든가 하면 이들로 구성되어 있는 전체는 그에 따라 빨간색을 띠거나 아니면 초록색을 띠게 된답니다. 아주 간단한 원리가 아니겠습니까?"

노인은 작업대 바로 옆에 놓인 두 개의 큰 나무 상자를 톰킨스 씨에게 열어 보이며 계속 말을 이었다. "자, 이것이 내가 여러 가지 원자핵을 만들어 내는 데 쓰는 재료를 넣어 두는 곳이지요.

첫 번째 상자에는 **양성자**들이 담겨 있지요. 여기에 있는 이 빨간 공이 바로 그것들입니다. 이 양성자들은 매우 안정되어 있어 칼이나 그 밖의 어떤 수단으로 칠을 벗겨 내지 않는 한 영원히 원래의 색깔을 그대로 지니고 있답니다. 두 번째 상자에 담겨 있는 소위 중성자 때문에 나는 상당히 골탕을 먹고 있는 셈입니다. 이 중성자들은 보통은 흰 색깔 또는 전기적으로 중성이지만 빨간색을 지니고 있는 양성자로 둔갑하려는 경향이 아주 강하지요. 이 상자를 단단히 밀폐해 두고 있는 동안은 아무 변화도 생기지 않지만, 일단 이렇게 한 개를 끄집어내면, 자, 어떤 일이 생기나 잘 보아 두시오."

그러고는 상자 뚜껑을 열더니 노인은 흰 공 가운데서 한 개를 집어내 작업대 위에 올려놓았다. 얼마 동안 아무 일도 일어날 기색이 없었으나 톰킨스 씨가 더 이상 참고 기다릴 수가 없을 정도로 초조해졌을 무렵 공은 갑자기 생기를 띠기 시작했다. 빨간색과 초록색의 불규칙한 무늬가 공 표면에 나타났으며 얼마 동안은 꼬마들이 즐겨 가지고 노는 색깔 무늬의 유리알처럼 보였다. 잠시 후 초록색이 한쪽으로 몰리기 시작하더니 급기야 공에서 완전히 떨어져 나가 반짝거리는 초록색 방울이 되어 마룻바닥에 떨어졌다. 그때 공 자체는 완전히 빨간색 일색으로 남아 있었으며 그것은 첫 번째 상자 속에 있는 빨간색을 한 양성자의 그 어느 것과도 전혀 다른 점이 없었다.

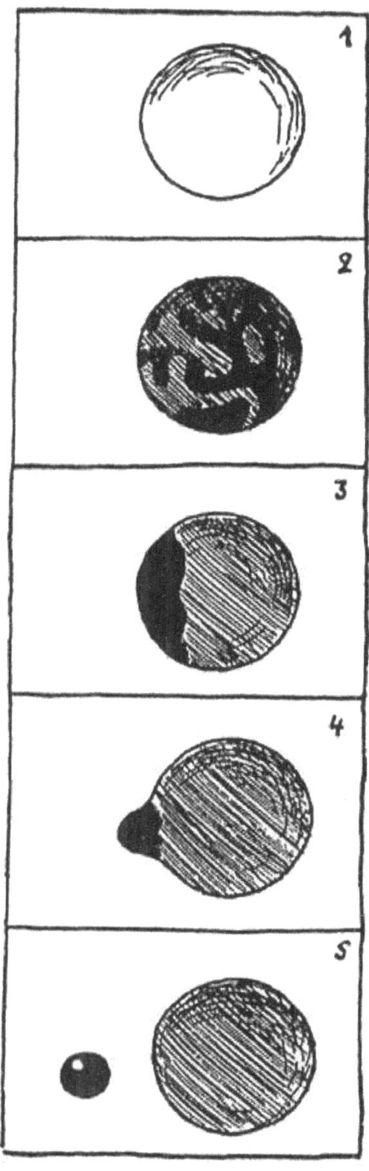

"어떤 일이 일어났는지 잘 보았겠지요?" 그는 마룻바닥에서 이미 상당히 굳어 딱딱해지고 둥근 초록색 방울 한 개를 집어 올리며 그에게 말했다. "중성자의 흰색이 빨간색과 초록색 두 가지로 갈라졌고,

그러고 나서 전체가 서로 분리된 두 입자, 즉 한 개의 양성자와 한 개의 음전자로 쪼개졌지요."

그는 놀란 표정을 짓고 있는 톰킨스 씨의 얼굴을 바라보며 말을 계속했다. "암, 이 초록색 입자는 흔히 있는 전자와 아무것도 다른 것이 없어요."

"어, 참!" 하고 몹시 놀란 톰킨스 씨가 소리쳤다. "색깔 있는 손수건으로 요술을 부리는 것은 본 적이 있지만 정말 이것은 최고의 요술입니다. 그런데 이 색을 다시 원상태로 바꾸어 놓을 수가 있습니까?"

"할 수 있고말고요. 초록색을 다시 빨간 공 표면으로 되돌려 보내서 전체를 흰색으로 바꾸어 놓을 수가 있는데, 그렇게 하자면 물론 어느 정도의 에너지가 필요합니다. 또 다른 방법은 빨간색을 벗겨 내는 것인데 이것 역시 어느 정도의 에너지를 필요로 합니다. 양성자의 표면으로부터 벗겨 낸 도료는 빨간 방울을 형성하게 될 것인데, 이는 아마 이미 당신도 들은 적이 있겠지만 양전자라고 불리는 것이랍니다."

"네, 제 자신이 전자였었을 때……" 하고 말문을 열다 톰킨스 씨는 얼떨결에 엉뚱한 이야기를 한 것을 알아차리자 얼버무려 버리고 "양전자와 음전자가 서로 만나면 소멸해 버린다는 이야기를 들은 적이 있다는 것을 이야기하려던 것이었어요" 하고 말했다. "그런 요술을 저에게도 보여 주실 수가 있나요?"

"물론 그거야 아주 간단한 일이지요" 하고 노인은 말했다. "그러나 이 양성자의 색깔을 긁어 없애버리고 싶지 않군요. 이유인즉 오늘 아침 한나절 일을 하고 나니 벌써 양전자들이 두 개나 남아돌아가고 있는걸."

한쪽 책상 서랍을 열더니 그는 반짝거리는 조그마한 빨간색의 구슬을 끄집어냈다. 그러고 나서 엄지손가락 사이에 끼고 아주 힘차게 누르더니 작업대 위에 놓여 있던 초록색의 구슬 옆에 갖다 놓았다. 그러자 폭죽이 터지는 듯한 소리와 함께 두 개의 구슬이 모두 자취를 감추어 버렸다.

“자, 보았겠지요” 하고 목각공은 약간 불에 덴 손가락을 매만지며 그에게 물었다. “원자핵을 만드는 데 전자를 사용할 수 없는 까닭이 바로 여기에 있답니다. 한동안은 나도 시도는 해 보았지만 곧 집어치우고 말았어요. 지금 나는 원자핵을 만드는 데 양성자와 중성자만을 사용하고 있답니다.”

“그렇지만 중성자도 또한 불안정한 것이 아닙니까, 그렇지요?” 하고 아까 보았던 노인의 시범을 되새기면서 그는 노인에게 물었다.

“중성자가 홀로 있을 때는 불안정하답니다. 그러나 원자핵 안에 단단히 묶여 있고 또 다른 입자들로 둘러싸여 있을 경우에는 중성자들은 상당히 안정되어 있지요. 그렇지만 상대적으로 말하여 중성자 수가 지나치게 많거나 또는 양성자 수가 지나치게 많을 경우, 중성자이건 양성자이건 스스로 변환하게 되며 따라서 여분의 색깔은 핵으로부터 음전자 혹은 양전자라는 형태로 방출되게 됩니다. 이와 같은 핵에서의 일종의 조정 현상을 우리는 변환이라고 한답니다.”

“원자핵을 만들어 내는 데 아교 같은 것을 사용합니까?” 하고 흥미로운 듯 톰킨스 씨가 질문했다.

“아무것도 사용하지 않아요” 하고 노인이 대답했다. “보다시피 이 입자들은 서로 아주 가깝게 접근시키자마자 그들 스스로 딱 달라붙고 맙니다. 한번 시험 삼아 해 보시지 그래요."

노인의 이런 권유에 따라 톰킨스 씨는 각각 한 개씩의 중성자와 양성자를 손에 집어 들고 그들을 조심스럽게 서로 가까이 근접시켰다. 한번 세차게 잡아당기는 것을 느끼자 그는 입자들 사이에 매우 신기한 현상이 일어나고 있음을 알았다. 입자들이 번갈아 빨간색과 흰색으로 색깔을 서로 바꾸고 있었다. 마치 빨간색이 그의 오른손에 있는 공으로부터 왼손의 공으로 뛰어넘어 갔다가는 다시 뛰어넘어 오는 듯했다. 이와 같은 색깔의 뒤바뀜이 어찌나 빠른지 두 개의 공이 핑크색의 띠로 연결되어 색깔이 그것을 타고 이리저리 왔다 갔다 하는 것처럼 보였다.

"이런 현상이 바로 이론을 좋아하는 친구들이 말하는 교환현상(Exchange Phenomenon)이라고 하는 것입니다" 하고 톰킨스 씨의 놀라움은 아랑곳없이 노인이 그에게 말했다. "두 개가 모두 빨간색의 공이 되기를, 다시 말해서 전하를 갖기를 원하고 있지요. 당신이 그런 모양으로 들고 있어 그들이 동시에 전하를 서로 주었다 받았다 하는 거예요. 두 개의 공이 그 어느 쪽도 전하를 버리려 하지 않기 때문에 당신이 강제로 공을 서로 떼어 놓기 전에는 서로 단단히 붙어 있으려고 합니다. 어떤 원자핵이라도 원하는 대로 만들어 낸다는 것이 얼마나 간단한 일인가를 보여 드리겠습니다. 무엇이 좋을까?"

"금이 좋겠네요" 하고 중세 연금술사들의 야망을 머릿속에 그리며 톰킨스 씨가 말했다.

"금이란 말이지? 자, 어디 보자……" 하고 노인은 중얼거리며 돌아서 벽에 걸린 큰 도표를 들여다보며 "금의 원자핵은 197개의 낱개로 되어 있고 79개의 전하를 가지고 있군. 그러니

79개의 양성자에다 118개의 중성자를 써야 같은 질량이 되겠는걸" 하고 입자들의 개수를 필요한 대로 다 세어 내더니 그들을 키가 큰 원통 모양의 용기 속에 집어넣고 두꺼운 나무로 된 피스톤으로 용기의 주둥이를 꽉 막았다. 그러고 나서 노인은 온갖 힘을 다하여 힘껏 피스톤을 내리눌렀다.

"이렇게 하지 않을 수 없어요. 까닭인즉 양으로 하전을 띤 양성자들 사이에는 서로 강하게 반발하는 힘이 작용하기 때문이지요" 하고 노인이 톰킨스 씨에게 설명해 주었다. "피스톤을 힘껏 누름으로써 이 반발력을 한번 이겨 내면 양성자와 중성자들은 그들 상호 간에 작용하는 교환력 때문에 서로 단단히 달라붙게 되어 우리가 만들려고 하던 원자핵이 형성된답니다."

그는 피스톤이 내려갈 수 있는 데까지 힘껏 누르고 나서 피스톤을 다시 빼 버리더니 재빨리 그 원통 모양의 용기를 거꾸로 뒤집어 놓았다. 그러자 핑크색으로 반짝거리는 한 개의 공이 작업대 위에 굴러떨어졌다. 그것을 자세히 들여다본 톰킨스 씨는 이렇게 핑크색이 나는 이유가 빠른 속도로 움직이고 있는 입자들이 가지고 있는 빨간색과 흰색이 입자 사이를 서로 왔다 갔다 하기 때문이라는 것을 알아차렸다.

"참 고운데요" 하고 톰킨스 씨가 감탄의 소리를 질렀다. "이것이 정말 금의 원자인가요?"

"원자라고는 말할 수 없어요. 아직은 원자핵이지요" 하고 그 늙은 목각공은 친절히 가르쳐 주었다.

"원자로 만들려면 핵의 플러스 전기를 상쇄시킬 수 있을 만큼의 적절한 개수의 전자들을 붙여 주어 핵 주위에 전자 껍질을 만들어야 합니다. 그러나 이와 같은 작업은 매우 간단하여 단지 핵이 얼마 동안만 돌아다니다 보면 곧 자신의 전자들을 끌어당겨 전자 껍질을 만들어 버리지요."

"장인께서 저에게 이렇게도 간단히 금을 만들 수 있다는 이야기를 왜 한 번도 말씀해 주시지 않았는지 모를 일입니다." 톰킨스가 말했다.

"당신의 장인 되시는 분이나 소위 핵물리학자라고 말하는 사람들 말이오!" 하고 노인은 약간 신경질적인 목소리로 소리쳤다. "그들은 멋진 쇼를 곧잘 하지만, 실상 하는 일이란 별로 없어요. 그들은 그렇게도 큰 압력을 마련할 수 없기 때문에 뿔뿔이 떨어져 있는 양성자들에게 압력을 가하여 한 개의 원자핵으로 만들 수는 없다고 말하고 있답니다. 그들 가운데 어떤 사람은 심지어 계산까지 하고는 양성자들을 서로 단단히 떨어지지 않게 묶어 두려면 달의 무게만큼의 압력으로 눌러 주어야 할 것이라고까지 주장했답니다. 참! 그것이 그들이 원하는 대로 할 수 없다는 유일한 구실이라면 왜 달을 떼어 가지고 오지 못했는지?"

"그렇지만 그들은 어떤 종류의 핵변환에 성공하고 있다고 하던데요" 하고 겸손한 태도로 톰킨스 씨는 그런 사실을 지적해 보았다.

"물론 하고는 있어요. 그러나 겁을 집어먹었는지 시원하게 해치우지 못하며, 하고 있는 일도 극히 제한되어 있답니다. 그들이 만들어 내는 새로운 원소들의 양이 어찌나 적은지 그들 자신도 자기가 만들어 낸 것을 보지 못할 정도라고 하니 말입니다. 그들이 어떻게 하고 있는지 당신에게 보여 줄게요." 그러고 나서 그는 한 개의 양성자를 손에 집더니 작업대 위에 놓인 금의 원자핵을 향해서 상당히 힘차게 던졌다. 양성자는 날아가서 핵 근방에 다가서자 약간 속도가 줄고 멈칫하더니 핵 안으로 뛰어 들어가 버렸다. 핵은 양성자를 집어삼키자 짧은 시간 동안 마치 고열에 떠는 사람처럼 떨더니, 핵에 금이 나고 조그만한 조각이 떨어져 나왔다.

떨어져 나간 한 조각을 작업대에서 집어 올리며 그는 말했다. "보았지요. 떨어져 나온 이 조각이 바로 그들이 말하는 α 입자입니다. 자세히 들여다 보면 이 입자는 두 개의 양성자와 두 개의 중성자로 이루어져 있음을 알 것이외다. 이런 종류의 입자는 방사성 원소라고 불리는 것들 중 무거운 핵에서 흔히 방출된답니다. 그러나 방사성 원소가 아닌 보통의 안정 원자핵일지라도 충분히 힘껏 때리면 α입자를 밖으로 쫓아내게 할 수가 있어요.

그리고 여기서 또 한 가지 당신에게 일러둘 것은 이 작업대 위에 남아 있는 큰 편의 한 조각은 이미 금이 아니라는 사실입니다. 한 개의 양성자를 잃었기 때문에 주기율표에서 금 바로 앞에 있는 백금의 원자핵으로 변해 있는 거랍니다. 그러나 어떤 경우에는 원자핵에 뛰어 들어간 양성자가 핵을 둘로 갈라버리지 않는 일도 있어 이런 경우에는 결과적으로 주기율표에서 금 바로 다음번에 있는 원소, 즉 수은의 원자핵이 되어 버리지요. 앞에 말한 방법이나 또는 이와 비슷한 방법을 잘 골라 사용하면 실제로 주어진 어떤 원소라도 마음대로 다른 원소로 변환시킬 수는 있습니다."

"아, 그래요? 이제서야 왜 그들이 사이클로트론에서 만들어내는 고속의 양성자 빔을 실험에 사용하고 있는지를 알았습니다" 하고 톰킨스 씨가 말했으며 그는 핵변환이라는 것을 이해하기 시작한 것같이 보였다.

"그런데 왜 당신은 이런 방법이 좋지 않다고 말하는 거지요?"

"이유인즉 실효성이 매우 낮다는 거요. 우선 첫째로 내가 겨냥하는 것만큼 그들은 정확히 겨냥을 못 하니 수천 개를 쏘아대야 겨우 하나가 핵에 들어맞을까 말까 하는 정도이고, 두 번째로는 비록 정확하게 겨냥을 했다 하더라도 입사 입자가 핵에 뛰어 들어가지 못하고 핵에 의해 튕겨 나가 버리고 만다는 사실입니다. 당신도 보았을 줄 알지만 내가 양성자를 금의 원자핵에 겨냥하여 던졌을 때 양성자가 핵 내에 뛰어 들어가기 직전에 좀 머뭇거리는 듯하지 않았습니까? 그때 나는 혹시 던진 양성자가 다시 튕겨 되돌아오는 것이 아닐까 걱정했소."

이런 사실에 흥미를 느낀 톰킨스 씨는 "입사 입자가 핵 내로 뛰어 들어가는 것을 방해하는 무엇이라도 있는 것입니까?" 하고 물어보았다.

"핵이나 핵에 뛰어 들어가는 양성자나 모두 양전기를 가지고 있다는 사실을 상기했다면 왜 그런지 그 이유를 알았을 거요. 이 두 종류의 입자가 지닌 전하 사이의 반발력은 그 사이에 일종의 장벽을 쌓아 올리게 되어 쉽게 통과할 수가 없게 됩니다. 입사 양성자가 핵 요새(Nuclear Fortress)를 통과할 수 있었다면 그 까닭은 무엇인가 트로이의 목마와 같은 비결을 양성자들이 사용했다는 것입니다. 즉 양성자는 핵 앞의 장벽을 입자로서가 아니라 파동의 형태로 뚫고 나갈 수 있었다는 말이랍니다."

"이제 말씀 다 하셨나요?" 하고 톰킨스 씨는 풀이 죽어 말했다. "지금 말씀하신 것 한 마디도 이해 못 하겠어요."

그 목각공은 웃음을 띠고 말했다. "나도 당신이 이해 못 할까 걱정했어요. 실은 나도 기능공에 지나지 않습니다. 내 손수 이런 작업은 하지만 이에 관한 주문과도 같은 이론은 잘 모릅니다. 그러나 요점을 말하자면 원자핵을 구성하는 모든 입자들은 양자 물질로 되어 있기 때문에 일반적인 관념으로는 도저히 통과할 수 없다고 생각되는 물체 속을 지나갈 수 있다……, 아니……, 오히려 새어 나간다고 하는 것이 좋겠어요."

"아, 이제야 알아듣겠습니다" 하고 톰킨스 씨가 소리쳤다. "내가 모드를 처음 만나게 된 무렵의 이야기인데 어떤 이상한 곳을 가 본 적이 있답니다. 그곳에서는 당구공이 꼭 지금 이야기 들은 것과 같은 행동을 합니다."

"당구공 말이지요? **상아로 만든** 진짜 당구공을 말하고 있는 것입니까?" 하고 늙은 목각공은 무엇에 홀린 듯이 되풀이하여 물었다.

"네. 내가 알기로는 양자 코끼리의 이빨로 만들었다던데요." 톰킨스 씨가 대답해 주었다.

"세상 살림이란 다 그런 것이지" 하고 늙은이는 슬픈 듯이 말했다. "그렇게 값비싼 물건을 게임하는 데 쓰다니! 그런데 나는 뭐요? 전 우주의 기본 입자인 양성자와 중성자를 평범한 양자 떡갈나무를 써서 만들고 있어야 한단 말인가!"

노인은 실망의 빛을 애써 감추며 말을 계속했다. "하지만 내가 만든 이 싸구려 장난감은 값비싼 상아로 만든 그 어느 것과 비교해도 뒤지지 않거든. 자, 이제부터 당신에게 내가 만든 것들이 어떤 종류의 장벽이라도 멋들어지게 통과해 나간다는 것을 보여 드리지." 그러고 나서 그는 의자 위에 올라서서 맨 꼭

대기에 걸린 선반에서 마치 화산의 모형같이 생긴 매우 이상한 목각물을 끄집어 내렸다.

"지금 당신이 보고 있는 이 물건으로 말하자면……" 하고 그 노인은 말문을 열고 나서 조심스럽게 먼지를 털어 가며 다시 말을 계속했다. "어떤 원자핵에서도 볼 수 있는 핵을 둘러싸고 있는 반발력 장벽의 모형이랍니다. 이 모형에서 바깥 능선은 전하 사이의 반발력에 대응되는 것이고 이 분화구 안쪽은 핵자들을 단단히 붙잡아 매어 두는 응집력에 대응되는 것이지요. 지금 내가 이 공을 산의 능선을 따라 위쪽으로 밀어 던지되 정상에 올라갈 정도로 세게 던지지 않는다면, 당신이 생각하기로는 이것이 다시 굴러 내려와 버리리라 짐작하겠지요. 그러나 실제로 어떤 일이 일어나는지 잘 봐 두시오"라고 말하고 그는 공을 살며시 밀어 올렸다.

"그런데 아무 일도 안 생기는 것 같군요" 하고 공이 능선의 반쯤 올라가다가 다시 작업대 위로 되돌아 굴러 내려온 것을 본 톰킨스 씨가 말했다.

"좀 기다려 보시오" 하고 목각공은 조용히 말했다. "단 한 번에 우리가 바라던 현상이 일어나리라고는 기대하지 마시오" 하며 그는 다시 한 번 공을 능선에 따라 밀어 올렸다. 그러나 두 번째도 또 실패했고 세 번째에 가서야 비로소 공이 능선의 반쯤 되는 거리까지 올라왔을 때 갑자기 없어지고 말았다.

"자, 그 공이 어디로 가 버렸는지 짐작할 수가 있겠어요?" 하고 그 늙은 목각공은 마치 마술사처럼 좀 뻐기면서 말했다.

"지금 공은 분화구 안에 있다는 것입니까?" 하고 톰킨스 씨가 자신이 없는 듯 낮은 목소리로 물었다.

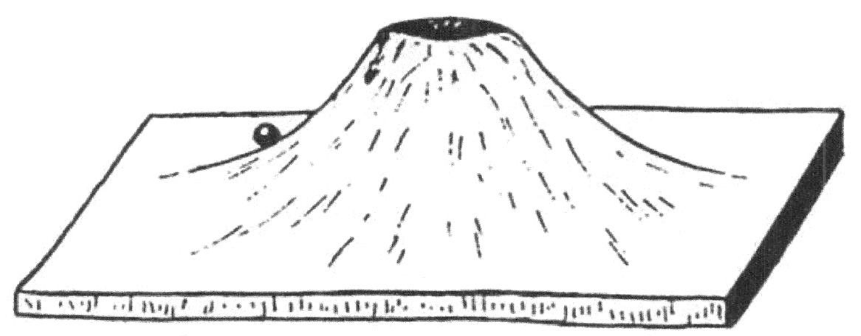

"네, 그래요. 분명히 공이 있는 곳은 분화구 안이랍니다" 하며 노인은 손가락으로 공을 끄집어냈다.

"자, 이번에는 이와는 꼭 반대 과정을 밟아 볼까요?" 하고 그가 제의했다. "그래서 공이 분화구 안으로부터 정상으로 기어오르지 않고 밖으로 기어 나올 수 있는지를 알아봅시다." 그러면서 그는 다시 분화구 속으로 공을 집어 던져 버렸다.

잠시 동안은 아무 일도 일어나지 않았다. 톰킨스 씨가 들을 수 있었던 것은 단지 공이 분화구 안에서 이리저리 굴러다니며 부딪치는 소리뿐이었다. 그러다가 마치 기적이 일어난 것처럼 능선 바깥 중간쯤 되는 곳에 갑자기 공이 나타나더니 조용히 테이블 바닥으로 굴러떨어졌다.

"지금 당신이 본 것은 방사능 α붕괴에서 어떤 일이 일어나는가를 가장 적절하게 나타내고 있는 것이지요" 하고 목각공은 말하고 나서 모형을 다시 원래 있던 자리에 갖다 놓고는 "여기에는 일반적인 양자 떡갈나무 장벽 대신 전기적인 반발력이 있을 뿐이지요. 그러나 원리상으로는 이 두 가지 사이에 아무런 차이도 없답니다. 어떤 때는 이러한 전기적인 장벽이 너무나

〈투명〉하여 불과 1초의 몇분의 1도 안 되는 짧은 시간 사이에 도망쳐 나오기도 하며 또 어떤 때는 〈불투명〉하여 우라늄 원자핵에서처럼 장벽을 뚫고 나오려면 수억 년의 세월이 걸리는 경우도 있답니다" 하고 설명해 주었다.

"그런데 모든 원자핵이 방사능을 띠고 있지 않은 이유는 무엇인가요?" 하고 톰킨스 씨는 물어보았다.

"그 이유는 이렇답니다. 대부분의 원자핵에 있어서는 분화구 밑바닥이 바깥 높이보다는 낮기 때문이지요. 다만 아주 무거운 어떤 핵에 있어서만은 분화구 밑바닥의 높이가 바깥보다 높은 데 있게 되어 입자가 도망쳐 나올 수 있는 거지요."

톰킨스 씨는 이 친절한 늙은 목각공과 얼마나 많은 시간을 그의 작업실에서 서로 이야기를 주고받았는지 알 수가 없었다. 그 목각공은 누구에게라도 그가 가지고 있는 지식을 피력하기를 언제나 바라고 있었던 것이다. 그는 그 밖의 많은 신기한 물건들을 그곳에서 보았지만, 특히 그 가운데서도 단단히 밀봉되어 있기는 하나 분명히 그 속에는 아무것도 들어 있지 않을 것으로 짐작되는 조그만 나무 상자가 특히 그의 눈길을 끌었다. 그 나무 상자 뚜껑에는 〈중성미자 : **취급주의, 반출금지**〉라고 쓰인 딱지가 붙어 있었다.

톰킨스 씨는 상자를 들고 그의 귀밑에서 흔들어 보며 "이 속에 무엇이 들어 있나요?" 하고 물어보았다.

"나도 잘 모르겠어요. 어떤 사람은 무엇이 들어 있다고도 하고 어떤 이는 아무것도 안 들어 있다고도 합니다. 그러나 어쨌든 아무것도 보이지 않는 것은 사실이에요. 그 상자는 나의 친구인 어떤 이론 물리학자가 내게 준 괴상한 상자인데, 이 상자

를 어떻게 취급해야 할지 나도 전혀 모르고 있답니다. 그냥 그대로 내버려 두는 것이 좋을 것 같아요."

톰킨스 씨는 방 안을 이곳저곳 유심히 둘러보다가 먼지에 뒤덮인 바이올린을 발견했는데 어찌나 오래된 것이었던지 틀림없이 스트라디바리(Antonio Stradivari, 1644~1737: 이탈리아의 바이올린 제작가)의 할아버지 되는 사람의 작품임에 틀림없는 것같이 보였다.

"바이올린을 켤 줄 아십니까?" 하고 목각공 쪽으로 돌아서서 톰킨스 씨가 물어보았다.

"γ선이라는 곡만 켤 줄 안답니다" 하고 늙은이는 대답했다. "이것은 양자 바이올린이랍니다. 그래서 이것으로는 그 밖의 곡을 전혀 켤 수가 없어요. 전에 나는 광학곡(光學曲)은 켤 수 있는 양자 첼로를 가지고 있었는데 누군가가 빌려 가더니 아직까지 나에게 되돌려 주지 않고 있어요."

"저를 위해 γ선곡을 한 곡 들려주시겠어요? 아직 한 번도 그 곡을 들어 본 적이 없어요" 하고 톰킨스 씨가 청했다.

"그렇다면 한번 켜 보지요. 〈토륨 C 샤프로 된 뉘클레(Nucléet in Th C Sharp)〉라는 곡이랍니다" 하고 말하며 노인은 바이올린을 어깨에 갖다 댔다. "그러나 이 곡은 아주 슬픈 곡이니 그리 아시오."

그 곡은 정말 신기하기 짝이 없었으며 톰킨스 씨는 평생 이런 곡을 들어 본 적이 없었다. 바다 물결이 모래사장에 들이치는 한결같은 소리에 때때로 총알이 스쳐 가는 듯한 착각을 일으키게 하는 예리한 금속음이 섞여 들리곤 한다. 톰킨스 씨는 음악에 대한 소양이 있는 사람이라고는 할 수 없었으나 이 곡은 그에게 형용하기 어려운 어떤 신비스럽고 또 강렬한 감명을 주었다. 그는 아주 오래된 의자에 편안히 앉아 팔다리를 쭉 뻗고 지그시 눈을 감았다.

14장
〈무〉 속에 뚫린 구멍

"신사 숙녀 여러분!

오늘 밤은 여러분의 각별한 주의를 환기시키고자 합니다. 그 이유인즉 이제부터 여러분에게 설명드리려고 하는 문제들은 환상적이라 여겨질 만큼 이해하기 어려운 문제들이기 때문입니다. 이제부터 나는 〈양전자〉라는 이름으로 알려져 있는 상식을 초월한 특수한 성격을 지닌 새로운 입자에 관해서 이야기하고자 하는 것입니다. 한 가지 특별히 여러분에게 강조하여 말씀드리고 싶은 것은 이 새로운 입자의 존재는 실험으로 입증되기 수년 전에 순수한 이론적 연구만으로 예견되었으며, 실험적인 입증 또한 입자의 특성을 이론으로 예측한 예상치가 있었음으로 인해서 크게 도움을 받았다는 사실입니다.

이러한 이론적인 예견을 한 명예는 여러분이 이미 들은 바 있을 것으로 생각되지만, 영국이 낳은 물리학자인 폴 디랙에게 돌아갔으며 그가 이론적인 연구에서 도달한 결론이 어찌나 이상하고 꿈같은 내용이었던지 대부분의 물리학자들이 오랫동안 그의 연구 결과를 믿으려 하지 않았었답니다. 디랙의 이론의 근본 개념은 다음과 같은 간결한 말로 요약될 수가 있습니다. 「아무것도 없는 빈 공간에는 구멍이 있어야 한다.」 어때요, 여러분 놀라셨죠? 디랙이 이런 이론을 처음 발표했을 때 모든 물리학자들이 지금 여러분처럼 놀랐던 것입니다. 「텅 빈 무의 공간에 어떻게 구멍이 있을 수 있겠는가?」 「텅 빈 공간에 구멍이 있다는 것이 도대체 무엇을 뜻하는 것인지?」 물론 디랙의 말에는 뜻이 있는 것입니다. 사람들은 아무것도 없다고 하는 공간이 실제로는 우리가 생각하는 것처럼 아무것도 없는 것은 아니랍니다. 그리고 실제로 디랙의 이론의 주요한 골자는 **소위 무의 공간, 즉 진공은 음전기를 갖는 무한개의 전자로 매우 규칙적으로, 그리고 균일하게 꽉 메꾸어져 있다**는 가정으로 이루어진 것입니다. 디랙이 어리석은 환상으로 그러한 낡은 가설을 생각해 낸 것은 물론 아닙니다. 오히려 일반적인 음전자 이론에 관한 여러 가지 고찰을 하는 가운데 어느 정도 이와 같은 결론에 이를 수밖에 없게 되었다고 하는 것이 옳을 것입니다. 실제로 그의 이론은 다음과 같은 불가피한 귀결을 낳게 합니다. 즉 원자에 있어서의 운동의 양자 상태 외에 순수한 진공에 속하는 특수한 〈마이너스의 양자 상태〉가 무한개 존재하며, 전자들이 이러한 〈좀 더 안락한〉 운동 상태로 옮겨 가는 일을 막지 않는 한 전자들은 원자를 떠나 무의 공간으로 귀속되고 만다는 것입니다. 더욱이 한 전자가 그가 가고 싶어 하는 것을 막는 유일한 길은 이 정한 곳을 다른 전자로 미리 〈점유〉하게 하는 방법(파울리의 원리를 상기할 것)밖에는 없는 까닭에, 결국 진공의 **모든** 양자 상태를 무한개의 전자로 전 공간에 걸쳐 균일하게 채우는 수밖에는 없는 것입니다.

이와 같은 나의 풀이가 여러분에게 주문처럼 괴상하게 들리거나 또는 도대체 무엇인지 분간 못 하게 만들지 않나 걱정스럽습니다. 그러나 이 대목은 정말 이해하기가 매우 어려운 대목임에는 틀림없지만 끝까지 주의를 기울이고 저의 설명하는 바를 들으신다면 결국은 디랙의 이론에 대하여 그 개념의 일단을 파악하게 되리라고 생각합니다.

자, 다시 본론으로 돌아가십시다. 좌우간 무의 공간은 균일하고 또한 무한한 밀도로 전자에 의해서 꽉 채워져 있다는 결론에 디랙은 도달했답니다. 우리가 전혀 인식 못 하는데 어떻게 그런 일이 있을 수가 있으며, 진공이라는 것을 절대적으로 무의 공간으로 간주해야 되는가 하고 의문을 품을 수 있겠지요.

이에 대한 대답은 여러분 스스로를 대양의 심해어(深海魚)가 되었다고 가정하면 얻어질 것입니다. 비록 이런 종류의 질문을 던질 만큼 물고기의 지능이 높다 하더라도 그 물고기는 바닷물에 잠겨 있다는 사실을 과연 인식할까요?"

이런 말들은 강연이 시작되었을 무렵부터 졸고 있었던 톰킨스 씨를 꿈나라로 이끌어 갔다. 그는 한 어부가 되어 있었다. 그리고 신선한 바닷바람과 굽이치는 잔잔한 파도를 느낄 수 있었다. 그러나 수영을 썩 잘함에도 불구하고 어쩐지 수면에 떠 있지 못하고 점점 바다 밑으로 가라앉기 시작하지 않겠는가. 그런데 매우 신기하게도 그는 공기가 부족함을 느끼지 않았을 뿐 아니라 오히려 아주 편안하기 짝이 없었다. 그는 그 까닭은 아마도 자기에게 어떤 특수한 열성변이(劣性變異)가 일어난 탓이 아닌가 생각했다.

고생물학자에 의하면 생명이라는 것은 바다에서 시작되었으며 아마도 어류의 시조가 바다에서 땅 위로 기어 나와 소위 폐어(肺魚, Lungfish)라고 불리는 물고기처럼 해안으로 기어올라 지느러미로 걸어 다녔다고 한다. 생물학자의 말에 의하면 이들 최초의 폐어들, 즉 오스트레일리아의 네오케라토두스(Neoceratodus), 아

P. A. M. 디랙이 돌고래와 이야기를 주고받다

프리카의 프로토프테루스(Protopterus)나 남아메리카의 레피도시렌(Lepidosiren) 등은 점차 육지에 사는 동물, 즉 쥐라든가 고양이 또는 사람으로 변화되었다는 것이다. 바다로 다시 되돌아간 뒤에도 그들은 땅 위에서 생존 경쟁을 했을 때 몸에 익힌 여러 재능을 남기게 되어 포유동물, 즉 암컷이 알을 낳은 후 수컷이 수정시키는 것이 아니라 처음부터 암컷이 그의 체내에 새끼를 갖는 동물의 속성을 그대로 지니게 되었다고 한다. 돌고래가 사람보다 더 높은 지능을 가지고 있는 동물이라고 주장했던 것은 유명한 헝가리의 과학자 **레오 실라르드**(Leo Szilard, 1898~1964)* 아니었던가?

톰킨스 씨의 이런 혼자 생각은 무엇인가 바다 깊숙한 곳에서 들려오는 대화 소리에 중단되고 말았는데 잘 들어 보니 그 소리의 주인공은 한 돌고래와 케임브리지대학에서 온 물리학자인

* 실라르드, 『돌고래의 소리와 다른 이야기들(The Voice of Dolphins and Other Stories)』(Simon and Schuster, New York, 1961)

폴 에이드리언 모리스 디랙이 무엇인가 주고받는 말이었다(톰킨스 씨는 사진에서 디랙을 본 적이 있었다).

"이것 보시오, 폴!" 하고 돌고래가 말했다. "당신은 우리들이 진공 중에 있지 않고 마이너스 질량을 가진 입자로 구성된 매질 속에 있다고 주장했다지요? 내가 겪고 아는 한도 내에서는 물은 무의 공간과 조금도 다른 것이 없답니다. 내가 살고 있는 이 물은 완전히 균일하며 나는 그 속을 어느 방향이건 원하는 대로 마음대로 돌아다닐 수 있답니다. 나는 선조로부터 내려오는 전설에서 육지는 이곳과는 아주 다르다고 듣고 있지요. 육지에는 산도 있고 계곡도 있고 해서 힘들이지 않고서는 쉽게 넘나들 수 없다는군요. 이곳 물속에서는 내가 원하는 어느 방향이건 나는 마음대로 돌아다닐 수가 있습니다."

"바닷물일 경우 자네 말은 옳은 말일세" 하고 디랙은 대답했다. "그러나 물은 자네 표면과 마찰을 일으키며 또 만일 자네가 지느러미나 꼬리를 움직이지 않는다면 조금도 헤엄쳐 나갈 수가 없지 않나? 또한 수심에 따라 수압이 변하기 때문에 자네의 몸을 부풀게 하거나 또는 줄임으로써 수면 위로 가까이 떠오르거나 더 깊이 가라앉거나 하지. 그렇지만 만일 물이 전혀 마찰을 일으키지 않거나 수압 변동이 없다면 자네는 연료가 다 떨어진 로켓에 탄 우주인처럼 볼 장 다 보게 되겠지. 내가 주장하는 마이너스 질량을 갖는 전자로 이루어진 대해(大海)는 완전무결하게 마찰이 없으며 그런 까닭에 그의 존재를 관측할 수도 없단 말이야. 이 대해 중에서 전자가 하나 **빠져나갔을 경우** 그 빈자리만 이 특수한 물리 기구에 의해서 관측이 가능할 따름이야. 그 까닭인즉 마이너스 전기를 갖는 전자가 비어 있다는 것은 그 자리에 플러스의 전기를 가진 전자가 존재한다는 것과 현상적으로는 동일하기 때문이며, 쿨롱 같은 옛날 물리학자조차도 이런 경우라면 쉽게 알아차릴 수가 있을 거야.

전자의 바다와 보통 바다를 비교함에 있어 유추(類推)가 지나치지 않도록 하기 위해 중요한 예외가 존재한다는 것을 지적하지 않을 수 없구먼. 그것은 바로 나의 바다를 형성하는 전자는 파울리의 원리를 따르고 있기 때문에 허용된 모든 양자 상태가 이미 모두 점유되어 있을 때에는 단 한 개의 전자조차 이 전자의 바다에 추가될 수가 없다는 사실이야. 이와 같이 남아돌게 된 전자는 수면보다 더 높은 곳에 머물게 되며 따라서 실험자에 의해 용이하게 포착되고 만다는 것이야. 전자는 **톰슨 경**(Sir. J. J. Thomson, 1856~1940)에 의해 처음으로 발견되었는데, 원자핵 주위를 돌고 있는 전자나 또는 진공관 속을 달리는 전자들은 모두 위에 말한 남아돌아가는 전자에 속하거든. 1930년경에 내가 처음으로 이 논문을 발표할 때까지는 공간의 또 한쪽은 완전한 공허라고 일반적으로 여겨져 왔으며 물리적인 실체는 오직 어쩌다가 일어날 수 있을 뿐인 영(0)보다 큰 에너지를 갖는 면 위쪽 세계에 속하는 것인 줄만 알았던 것이지."

"그러나" 하고 돌고래가 질문했다. "만일 선생님의 바다가 그가 지닌 연속성과 마찰이 없다는 속성 때문에 관측이 불가능한 것이라면 그런 이야기를 한다는 것이 무슨 의미가 있겠습니까?"

디랙이 이 질문에 대답했다. "자, 마이너스 질량을 가진 한 개의 전자가 외력에 의해서 깊은 바다 밑에서부터 수면 위로 튕겨 나왔다고 가정해 보게. 이런 경우 관측 가능한 전자의 수는 한 개가 증가할 것이며 이런 결과는 보존 법칙을 깨뜨리는 것이라고 생각될 수도 있겠지. 그러나 바닷속의 전자가 튕겨 나간 빈자리는 새로운 옵서버블(Observable : 관측 가능한 양)로 등장하게 되는데, 그 까닭을 말하자면 마이너스 전자가 균일하게 분포되어 있는 곳에서 그 일부가 떨어져 나간다면 떨어져 나간 그 빈자리는 떨어져 나간 것과 똑같은 양의 플러스 전기를 지닌 것이 새로이 나타났다는 것과 조금도 다를 바 없지 않겠나. 이렇게 해서 생겨난 플러스의 전기를 갖는 새 입자는 플러스의 질량을 가질 것이고 중력이 작용하는 방향과 같은 방향으로 운동하게 되겠지."

"가라앉는 게 아니라 떠오른다는 이야기인가요?" 하고 돌고래는 놀라며 질문했다.

"물론 떠오르지. 배 위에서 던져진 물건이라든가 때로는 배 그 자체도 그렇지만 많은 물체들이 중력에 의해서 바다 밑으로 가라앉는다는 것을 자네는 보아 왔겠지. 그러나 여길 보게나. 이 조그만 은빛 나는 물체들이 바다 표면을 향해 떠오르는 것이 보이지. 이것들도 중력의 힘에 의해서 운동하는 것이지만 가라앉기는커녕 오히려 정반대 방향으로 움직여 가고 있지 않은가?"

"그러나 그것들은 물거품에 지나지 않는 것이 아닙니까?" 하고 돌고래는 지지 않으려는 듯이 말대꾸했다. "그것들은 공기를 포함하고 있던 어떤 물체가 바다 밑에 있는 바위에 부딪쳐 뒹굴거나 깨어진 까닭에 생겨나는 것이겠지요."

"옳은 말이야. 그렇다 쳐도 진공 중에서 물거품이 떠도는 것을 본 적은 없겠지. 내가 말하는 전자의 바다가 아무것도 없는 공허의 세계가 아니라는 이유가 바로 여기에 있는 거야."

"이제야 매우 명확한 이유임을 알았습니다. 그런데 현실도 바로 이론 그대로입니까?" 하고 돌고래가 물었다.

"1930년에 내가 처음으로 이 이론을 주장했을 때는 아무도 믿으려 하지 않았지. 그 책임의 태반은 나의 잘못에 있었던 것이, 나는 그때 이 플러스의 전기를 가진 입자가 당시 실험하는 사람에게는 좀 알려져 있던 양성자와 동일한 것이라고 주장했단 말이야. 자네도 잘 알고 있겠지만 양성자는 그 질량이 전자보다 1,840배나 더 무겁지. 그래서 나는 적당한 수학적 방법을 쓰면 내가 예측한 새로운 입자가 작용력 아래에서 가속되었을 때 나타나는 큰 저항값을 잘 설명할 수 있고 이론적으로 그 값이 1,840배가 된다는 결론을 얻을 수 있지 않을까 희망을 걸었었지. 그런데 기대한 결과는 나오지 않았으며 나의 바다의 물거품의 질량은 정확하게 보통 전자의 질량과 똑같다는 결론이 나왔단 말이야. 내가 유머를 조금이나마 이해할 수 있게 해준 은인인 나의 동료 파울리가 그때 마침 그가 즐겨 부르던 〈파울리의 제2원리(Second Pauli Principle)〉라는 것을 열심히 연구하고 있었단 말일세. 그는 나의 바다에서 전자를 하나 튕기게 해 줌으로써 생기는 빈 구멍(공공, 空孔)과 보통의 전자가 매우 근접한 거리에 서로 다가서면 거의 무시할 수 있을 만큼 짧은 시간 사이에 전자가 빈 구멍을 메워 버린다는 것을 계산해 냈어. 이와 같이 만일 수소 원자핵인 양성자가 정말 〈빈 구멍〉이었다면 양성자의 자리는 그 둘레를 돌고 있는 전자에 의해서 즉각적으로 채워지며 전자나 양성자 모두 날카로운 빛(첨광, 尖光)을 내면서 소멸하게 되겠지. 구태여 말하자면 γ선을 내며 두 개가 모두 소멸하게 된단 말이야. 두말할 것도 없이 이와 같은 일은 모든 다른 원소의 원자에서도 일어나지. 파울리의 제2원리는 어느 물리학자에 의해서 주장된 어떤 이론이라도 그 자신의 육체를 구성하고 있는 물질에 즉각 적용되어야 한다는 것이므로, 나 스스로가 누군가에게 나의 아이디어를 이야기할 기회를 갖기 전에 소멸되고 말지. 자, 바로 이렇게 말이야." 그 말이 끝나기도 전에 디랙은 번쩍이는 방사선을 내며 사라지고 말았다.

"여보세요" 하고 좀 화난 듯한 어조로 그를 부르는 소리를 톰킨스 씨는 바로 귓전에서 들었다. "강의 중 주무시는 것은 선생님 맘대로지만 제발 코 고는 소리는 내지 말아 주세요. 교수님이 말씀하시는 소리를 한 마디도 못 알아듣겠습니다." 그러자 톰킨스 씨는 비로소 눈을 떴는데 강의실은 여전히 청중으로 가득 메워져 있었으며 노교수는 강의를 계속하고 있었다.

"그러면 이제부터 한 개의 움직이고 있는 빈 구멍이 마침 디랙의 바다에서 좀 더 안락한 자리를 찾으려고 헤매고 있는 한 개의 잉여 전자와 맞부딪쳤을 때, 어떤 일이 일어나는가를 살펴보기로 합시다. 이와 같이 빈 구멍과 전자가 서로 만난 결과 잉여 전자가 불가피하게 빈 구멍 속으로 떨어져 들어가 그 자리를 메워 주게 되며, 이와 같은 과정을 지켜본 물리학자가 있었다면 그는 아마 이 현상의 신기함에 놀라겠지만 이러한 현상을 플러스나 마이너스 전자의 **상호 소멸**(Mutual Annihilation)이 일어났다는 식으로 표현할 것입니다. 빈 구멍 속으로 떨어져 들어갈 때 해방되는 에너지는 파장이 짧은 복사선의 형태로 방출되고 마는데 결국 이 에너지란 두 개의 전자의 잔해에 지나지 않으니, 마치 두 마리의 이리가 서로 잡아먹고 둘 다 없어

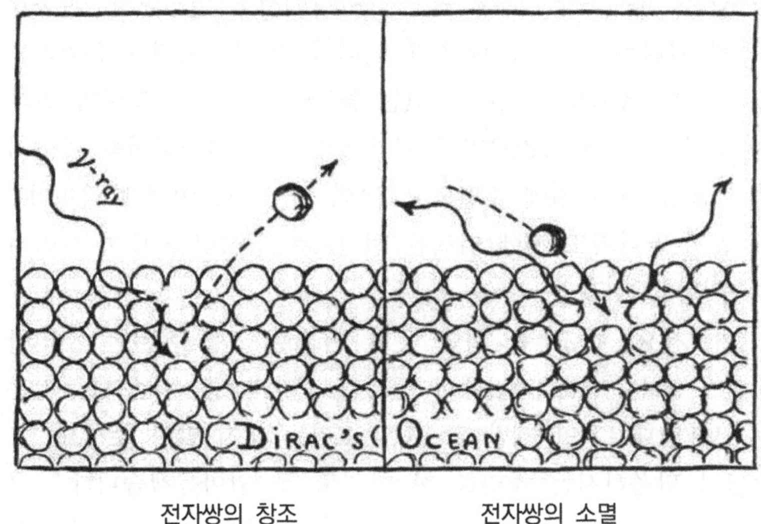

전자쌍의 창조 　　　　 전자쌍의 소멸

졌다는 잘 알려진 동화의 한 토막 이야기처럼 빈 구멍과 전자 한 쌍이 서로 잡아먹고 없어진 결과라 하겠습니다.

한편 여러분께서는 이와 같은 소멸 현상의 역과정, 즉 외부로부터의 어떤 강력한 복사 작용으로 아무것도 없었던 곳에 플러스와 마이너스의 전자 한 쌍을 창조해 낼 수 있으리라는 것을 쉽게 상상할 수 있을 것으로 나는 생각합니다. 디랙의 이론에서 본다면 이와 같은 현상은 단지 복사선이, 연속적으로 분포되어 있는 전자들 가운데서 그 하나가 밖으로 튕겨 나오는 것에 지나지 않으며 따라서 사실은 〈창조(Creation)〉가 아니라 두 개의 서로 반대되는 부호를 가진 전자로의 분리라 말함이 옳다고 하겠습니다. 지금부터 여러분에게 보여 드리는 그림에는 전자의 창조와 소멸이라는 두 과정이 매우 간략하게 도시되어 있는데 보시는 바와 같이 이런 현상이 조금도 신기하지 않다는 것을 아셨을 것으로 생각합니다. 한 가지 첨부하여 말해 두고자 하는 바는 전자쌍 창조라는 과정은 엄격히 말하면 진공 중에서 일어나기는 하지만 일어날 수 있는 확률이 극단적으로 작다는 사실입니다. 그것은 진공 중에서는 전자의 분포가 너무 짜임새 있게 되어 있기 때문에 그 분포를 깨뜨린다는 것이 매우 힘든 까닭이라고 생각하시면 됩니다. 반면에 무거운 물질 입자가 존재할 때는 그것이 γ선에게 전자 분포 깊숙이 파고드는 발판을 제공하는 역할을 하게 되므로 전자쌍 창조의 확률은 매우 증가되어 용이하게 관찰할 수 있는 것이지요.

그러나 분명한 것은 이렇게 하여 창조된 양전자는 오랫동안 생존해 있을 수 없으며, 우리가 살고 있는 이 우주의 한 부분에서는 수적으로 절대 우위를 점하고 있는 마이너스 전자의 하나와 만나 곧 소멸하고 맙니다. 사실은 이와 같이 만나자마자 곧 소멸해 버린다는 사실이, 흥미로운 이 입자들이 비교적 늦게야 세상에 알려지게 되는 원인이 되었던 것입니다. 사실인즉 양전자에 관한 최초의 보고가 있었던 것은 1932년 8월(디랙의 이론은 1930년에 발표되었다)의 일이었으며 미국 캘리포니아의 물리학자인 **칼 앤더슨**(Carl David Anderson, 1905~1991)이 우주선에 관한 연구를 하던 중 모든 점에서 보통의 전자와 똑같으나, 단지 한 가지 다른 점으로 마이너스의 전기 대신 정반대인 플러스 전기를 가지고 있는 새로운 입자를 발견해 낸 데서 비롯된 것입니다. 이러한 최초의 양전자가 발견된 지 얼마 안 되어 우리들은 작은 실험실 안에서도 강력한 고주파 복사선(γ선)을 조사(照射)시키면 어떤 물질이건 전자쌍을 발생시킬 수 있다는 매우 간편한 방법을 알아냈답니다.

다음 사진에서는 우주선에 의해서 생긴 양전자와 전자쌍 창조 과정을 보여 주는 소위 〈안개상자 사진〉을 여러분에게 보여 드릴까 합니다. 그러나 이에 앞서 어떤 방법으로 이런 사진들을 찍을 수 있었느냐에 대해서 잠깐 설명하지 않을 수 없습니다. 안개상자(Cloud-Chamber) 또는 윌슨 상자(Wilson-Chamber)라고 불리는 이 장치는 현대 실험 물리학 연구에 있어서 가장 많이 활약하고 있는 장치 중의 하나이며, 이 장치의 작동 원리는 전기를 띤 어떤 입자도 기체 속을 달리면 그 달린 궤도에 따라 굉장히 많은 이온을 만들게 된다는 사실에 있는 것입니다. 그 상자 속의 기체가 수증기로 포화 상태에 있다면 이 이온 주변에 응집되어 매우 작은 물방울을 만들게 되기 때문에, 입자가 지나간 전 경로에 따라 비행운과 같은 한 줄기의 물방울로 된 선이 나타나지요. 만일 배경이 까맣다면 위에서 조명을 해 주면 까만 배경에 이 작은 물방울로 된 경로의 모습이 아주 선명하게 나타나게 되므로 입자의 모든 운동 상태가 뚜렷이 드러나게 되는 것입니다.

스크린에 지금 비춰진 그림 가운데 처음 두 장은 앤더슨이 우주선의 양전자를 찍은 사진의 원판이며, 아마도 양전자를 사진에 담은 최초의 경우일 것입니다. 사진에서 보이는 수평으로 뻗은 굵은 띠는 안개상자를 가로지르고 있는 두터운 납판(연판, 鉛板: 인쇄에 사용하는 복제판)이며 양전자의 궤적은 이 사진 건판에서 납판을 통과해 가는 휘어진 곡선으로 나타나고 있습니다. 궤적이 휘어져 있는 것은 실험 중 줄곧 안개상자 장치를 강력한 자기장 아래 두어 하전 입자의 운동에 영향을 주도록 꾸며 놓았기 때문이지요. 납판과 자기장을 사용한 것은 새로운

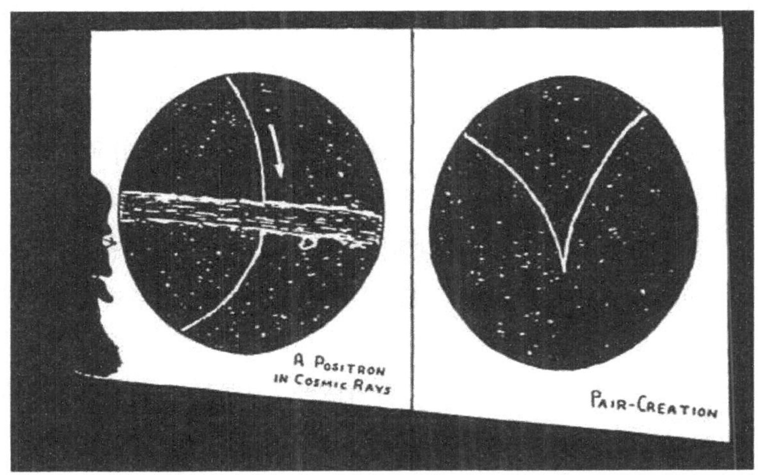

입자가 지닌 전하의 부호가 플러스와 마이너스의 어느 쪽인가를 가려내기 위해서이며 이에 관해 좀 더 자세한 설명을 하자면 다음과 같습니다.

자기장에 의해서 입자의 궤적이 굽어지는 모양은 입자가 지닌 하전의 부호에 따라 결정됩니다. 이 사진의 경우 마이너스의 전자는 원래의 진행 방향에 대하여 왼쪽으로 그 경로가 휘어지도록 자석을 놓았기 때문에 양전자는 오른쪽으로 휘어지게 된답니다. 따라서 지금 바로 이 사진에서 만일 입자가 그림의 위쪽 방향으로 운동하고 있었다면 그 입자는 마이너스 전기를 가지고 있는 것입니다. 그러나 입자의 운동 방향을 어떻게 알아내는 것일까요? 바로 이 방향을 알아내기 위해 납판을 사이에 놓은 것이랍니다. 납판을 입자가 지나가면 입자는 원래 지녔던 에너지의 일부를 납판 속에서 잃게 되어 그 결과 자기장에 의해서 그 경로가 더욱 심하게 굽어지게 됩니다. 이 사진에서 보는 바와 같이 입자의 궤적은 연판 밑에서는 위쪽보다 훨씬 심하게 굽어져 있지 않습니까?(언뜻 보기에 이 사진에서는 분간하기 어려우나 궤적을 측정해 보면 알게 된다) 따라서 이 경우 입자는 아래쪽으로 운동하고 있으며 전하는 양전하임을 알 수가 있는 것입니다.

여기에 있는 또 다른 한 장의 사진은 제임스 채드윅(Sir. James Chadwick, 1891~1974)이 케임브리지대학에서 촬영한 것이며 안개상자 안에 채워진 공기 속에서의 전자쌍 창조 과정을 나타내고 있습니다. 한 강한 γ선이 아래쪽으로부터 투사된 것인데 그 경로는 사진에 나타나지 않습니다. 그러나 이 γ선에 의해서 만들어진 두 입자는 자기장에 의해서 서로 반대 방향으로 날아가고 있습니다. 아마 이 사진을 보시고 여러분은 양전자가 기체 속을 달리는 도중에 왜 소멸되어 버리지 않을까 하고 의심을 품게 되겠지요. 이에 대한 대답은 역시 디랙의 이론에서 찾을 수가 있는데 골프를 칠 줄 아는 사람이면 누구나 쉽게 이해할 수 있으리라 생각합니다. 골프를 칠 때 너무 세게 치면 비록 겨냥을 정확하게 했다 하더라도 공은 구멍을 넘어서 그냥 굴러가고 마는 것과 마찬가지로, 빠른 속도로 운동하는 전자는 그 속도가 아주 늦추어질 때까지는 디랙이 말하는 빈 구멍 속에 들어가 박히지를 않습니다. 따라서 양전자는 운동 경로에 따라 여러 번 충돌을 거듭하면서 에너지를 거의 모두 잃어버린 상태가 되는 궤적의 끝 부근에서 소멸되는 확률이 훨씬 큰 것입니다. 그리고 여러 세밀한 관측 결과는 소멸에 의한 방사선이 양전자 궤적의 끝부분에서 발생된다는 사실을 가리키고 있습니다. 이와 같은 사실 또한 디랙 이론의 정당성을 증명하는 또 다른 증거가 되는 것이지요.

아직도 설명드려야 할 두 가지 점이 있습니다. 우선 그중 첫 번째입니다. 이때까지 나는 마이너스 전자를 디랙의 바다가넘쳐흐른 것으로, 그리고 양전자를 디랙의 바다에 생긴 빈 구멍으로 설명해 왔습니다. 그러나 한편 이러한 견해와는 정반대로 마이너스 전자를 빈 구멍으로, 그리고 양전자를 튕겨 나온 입자로 취급할 수 있지 않겠는가 말입니다. 이러한 견해를 정당화하려면 간단히 디랙의 바다는 넘쳐흐를 수 있는 것이 아니라 반대로 언제나 입자의 부족 상태에 있다고 가정을 세우기만 하면 되는 것입니다. 이러한 경우 디랙의 분포를 무수한 구멍이 뚫려 있는 스위스 치즈같이 생긴 것이라 생각하면 그 분포 모습을 짐작할 수가 있겠지요. 언제나 입자가 부족한 상태이기 때문에 빈 구멍은 항상 존재하게 되며 만일 한 개의 입자가 그 분포 속에서 튕겨 나왔다면 즉시 빈 구멍 속으로 되돌아가게 될 것입니다. 지금 이와 같은 견해가 종전의 견해와는 물리학적으로나 수학적으로나 완전히 동일한 것이기 때문에, 이 두 견해 가운데 어느 견해를 택하든 사실에 있어서는 아무런 차이가 없습니다.

지적되어야 할 두 번째 점은 다음과 같은 질의로 대신할 수 있지 않을까 생각합니다. 즉 우리가 살고 있는 이 세상의 어느 한 곳에서 마이너스 전자의 수가 우위를 차지하고 있다면 우주의 어떤 다른 부분에는 이와 정반대의 현상이 있지 않겠는가, 다시 말해 우리가 살고 있는 근방에서 디랙의 바다가 넘쳐흐른다면 어딘가 다른 곳에서는 이를 상쇄할 수 있는 입자의 부족 상태가 반드시 존재하지 않을까 하는 의문입니다.

이러한 질문은 매우 흥미를 끄는 것이기는 하지만 옳은 해답을 드리기에는 아주 어려운 문제라 할 수 있겠지요. 사실인즉 마이너스 전기를 갖는 원자핵 주위를 플러스 전기를 갖는 전자가 회전하고 있다는 원자상을 가정해도 보통 알려져 있는, 이와는 정반대인 원자상과 똑같은 광학적 성질을 나타낼 것이기 때문에 분광학적 관측으로서는 어느 것이 옳은지 대답할 수가 없는 것입니다. 우리가 현재 알고 있는 전부는 말하자면 대(大) 안드로메다 성운(Great Andromeda Nebula)을 구성하고 있는 물질이 이처럼 물질 구성이 정반대인 경우일 수 있겠지만, 그와 같은 사실을 증명할 길은 오로지 그 성운을 구성하는 물질의 한 덩어리를 떼어 가지고 와서 지구상의 물질과 접촉시켰을 때 서로 소멸되는지 아닌지를 보는 수밖에는 없다는 것입니다. 아마 그렇게 된다면 물론 굉장한 폭발이 일어날 것이 틀림없습니다. 요 근래에 낙하 도중 지구의 대기권 내에서 폭발하는 어떤 종류의 운석은 아마도 이와 같이 보통과는 정반대의 구성을 갖는 물질일 것이라는 주장이 있기는 하나 나는 별로 그 주장이 믿어지지 않습니다. 우주의 서로 다른 부분의 한쪽에는 디랙의 바다가 넘쳐 흐르는 곳이, 또 다른 곳에는 모자라는 부분이 있지 않을까 하는 의문은 아마도 영원히 풀리지 않는 수수께끼로 남을 가능성이 크다 하겠습니다."

15장
톰킨스 씨와 일본 요리

어느 주말의 일이었다. 모드가 요크셔(Yorkshire) 지방에 살고 있는 숙모를 방문하기 위해 여행을 떠났기에 오랜만에 톰킨스 씨는 유명한 스키야키 요리집에서 저녁을 대접하고자 교수를 초대했다. 나지막한 탁자를 끼고 푹신푹신한 쿠션 위에 앉아 그들은 온갖 일본 요리의 진미를 즐기며 조그만 술잔으로 일본 술을 음미하듯이 조금씩 조금씩 마셨다.

"말씀 좀 해 주세요" 하고 톰킨스 씨가 말을 건넸다. "요 전날 탈러킨 박사가 그의 강연에서 말하기를 원자핵 내에 있는 양성자나 중성자들은 핵력(核力)이라는 힘으로 단단히 서로들 뭉쳐 있다고 했는데, 그 핵력이라는 것은 원자에서 전자들이 서로 떨어지지 않게 하고 있는 그런 힘과 같은 것입니까?"

"천만에, 그렇지가 않네" 하고 교수는 대답하며 다음과 같이 말했다. "핵력이란 그런 힘과는 아주 딴판일세. 원자에 속박되어 있는 전자들은 18세기 말엽의 프랑스 물리학자인 **쿨롱**에 의해서 처음으로 자세히 밝혀진 소위 정전력에 의해서 핵에 끌리고 있는 것이라네. 그런데 정전력이란 비교적 약한 힘밖에는 미치지 못하며 중심점으로부터의 거리의 제곱에 반비례해서 급격하게 감소하는 거야. 핵력은 이와는 전혀 다른 형태의 힘을 미친다네. 만일 양성자와 중성자가 서로 직접 접촉되지는 않지만 매우 가깝게 있을 때는 별로 서로 간에 아무런 힘도 미치지 않으나, 일단 접촉한다고 할 수 있을 정도로 근접되면 갑자기 매우 큰 힘이 작용하여 그들을 단단히 붙잡아 매고 만다네. 이러한 현상은 마치 접착 테이프에서 서로 조금이라도 떨어뜨려 놓으면 전혀 붙는 일이 없지만 조금이라도 접촉시키면 마치 형제같이 밀착되어 버리는 현상과 같은 것이라 할까. 물리학자들은 이러한 종류의 힘을 〈강한 상호작용(Strong Interaction)〉이라 부르고 있다네. 이러한 종류의 힘은 두 입자가 지닌 하전에는 무관하며 따라서 양성자, 중성자 사이나 두 양성자 또는 두 중성자 간에서 모두 같은 상호작용의 강도를 갖는 것이지."

"그런 종류의 상호작용을 설명할 수 있는 이론들이 현재 있나요?" 하고 톰킨스 씨가 교수에게 물어보았다.

"물론 있고말고, 1930년대 초기에 **유카와 히데키**(湯川秀樹, Yukawa Hideki, 1907~1981)는 핵력이란 그때까지 알려져 있지 않았던 어떤 입자가 두 핵자 사이를 왔다 갔다 하는 데 기인하는 것이라고 주장했지. 여기서 핵자라고 불리는 것은 양성자와 중성자를 모두 가리키는 이름인데, 두 핵자가 근접해 있으면 이 미지의 입자가 두 핵자 사이를 왔다 갔다 함으로써 두 핵자를 서로 떨어지지 않게 붙잡아 둘 수 있는 힘을 만들어 내는 것이지. 유카와는 이 새로운 입자의 질량을 이론적으로 예측했는 데 그 크기는 전자의 질량보다 약 200배가 크며 양성자나 중성자의 질량보다는 1/10 정도의 질량을 가진 것으로 결과가 나왔다네. 그래서 이 새로운 입자에 〈메사트론(Mesatron)〉이라는 이름을 붙이게 되었지. 그런데 그 후 고전어의 교수인 베르너 하이젠베르크의 부친이, 이렇게 명명한다는 것은 그리스어의 규칙을 깨뜨리는 것이 된다고 지적하고 〈메사트론〉으로 명명하는 것을 반대했지. 그 이유인즉 〈전자(Electron)〉라는 이름은 그리스어로 **호박**(Amber)이라는 뜻을 가진 ἤλεκτρον이라는 말에서 나온 것이고 〈양성자(Proton)〉라는 이름 역시 그리스어로 **첫 번째**라는 뜻을 가진 πρῶτον이라는 말에서 나온 것이며 유카와의 입자 역시 그리스어로 **중간**이라는 뜻을 가진 μέσον에서 딴 것인데 μέσον이라는 그리스어에는 전자나 양성자의 그리스 이름에서 보는 γ자(즉 ρ자)가 없기 때문이라는 거지. 그래서 국제물리학회에서 하이젠베르크가 mesatron이라는 이름 대신 meson이라고 명명할 것을 제의하게 된 것이야. 그런데 이 제안에 대해서 몇몇 프랑스 물리학자들이, meson이라 부르면 자칫하면 프랑스어로 집 또는 저택이라는 단어인 maison과 혼동하기 쉽다고 반대하고 나섰지만 받아들여지지 않았고 meson(중간자)이라는 이름으로 확정되고 말았지. 저 무대 쪽을 보게나. 막 〈중간자 쇼〉를 시작하려고 하고 있네."

그러고 보니 정말 6명의 게이샤(藝者)가 나와서 **빌보케**(Bilboquet : 죽방울 놀이)를 하기 시작했는데 그들은 각각 손에 컵을 들고 공을 서로 던져 컵으로 공을 받곤 했다. 그 뒤에 한 남자의 얼굴이 나타나더니 노래를 부르기 시작했다.

중간자로 나는 노벨상을 받았네.
대수롭지 않은 업적으로 나는 여겼는데.
람다 제로, 요코하마(橫濱)
에타 케온, 후지야마(富士山)—
중간자로 나는 노벨상을 받았다네.

For a meson I received the Nobel Prize,
An achievement I prefer to minimize.

Lambda zero, Yokohama,
Eta keon, Fujiyama—
For a meson I received the Nobel Prize.

일본에서는 그것을 **유콘**이라
부르기를 원했다네.
그러나 나는 겸손했기에 반대했지.
람다 제로, 요코하마
에타 케온, 후지야마—
일본에서는 그것을 **유콘**이라 부르기를 원했다네.

They proposed to call it **Yukon** in Japan
I demurred, for I'm a very modest man.
Lambda zero, Yokohama,
Eta keon, Fujiyama—
They proposed to call it **Yukon** in Japan.

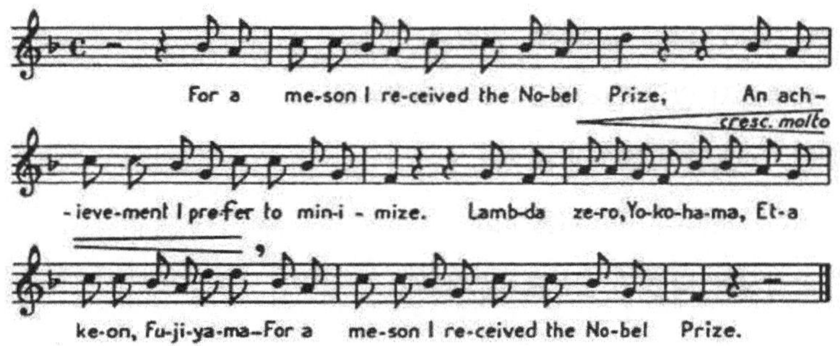

세 게이샤가 이상한 검무를 추고 있다

"그런데 어째서 세 쌍의 게이샤 아가씨들이 등장하게 되는 거지요?" 하고 톰킨스 씨는 물어보았다.

"그 세 사람은 바로 중간자 교환 형태의 세 가지 가능성을 상징하는 것이지"라고 교수는 대답하며 계속 말을 이었다. "중간자에는 아마 세 가지 종류가 있을 성싶네. 즉 플러스 전기를 가진 것과 마이너스 전기를 가진 것, 그리고 전기적으로 중성인 것, 이렇게 세 가지 종류 말일세. 모름지기 이 세 가지가 모두 핵력을 만들어 내는 데 다 같이 참여하고 있을 걸세."

"그렇다면 8종의 소립자가 현재 존재하고 있는 셈이지요! 즉 중성자, 플러스와 마이너스의 양성자, 음전자와 양전자 그리고 세 종류의 중간자하고요" 하며 톰킨스 씨가 손가락으로 세어 가면서 말했다.

"호" 하고 교수는 좀 수긍키 어렵다는 듯 톰킨스 씨의 말을 가로막고 그에게 설명하기를 "8종이 아니고 아마도 80종은 족히 될 걸세. 처음에는 두 가지 종류의 중간자가 있다는 것이 발견되었지. 즉 무거운 중간자와 가벼운 중간자인데 그리스 문자로는 π와 μ로 각각 표시되고 **파이온**(Pion)과 **뮤온**(Muon)이라고 불렀지. 파이온, 즉 무거운 중간자는 대기 중에서 생겨나는데, 그 이유는 외계로부터 매우 큰 에너지를 가진 양성자가 대기권으로 들어오면서 공기를 형성하고 있는 기체의 원자핵과 충돌하여 생겨나게 된다는 걸세. 그런데 이 파이온은 매우 불안정하여 미처 지표에 도달하기도 전에 뮤온과 소립자 중 가장 신비로운 존재라 할 수 있는 중성미자라는, 질량도 하전도 갖지 않으나 에너지를 운반해 줄 수 있는 입자로 쪼개져 버리고 만다네. 뮤온은 파이온보다 약간 수명이 길어 약 수백만분의 1초 정도는 존재할 수 있기 때문에, 지표에 도달할 수 있으며 바로 우리가 지켜볼 수 있는 곳에서 흔히 있는 전자와 두 개의 중성자로 붕괴하고 말지. 그런데 그리스 문자 κ로 표시되는, 케온(Keon)으로 알려진 또 다른 입자가 있다네."

"선생님! 그런데 저 게이샤들이 손에 가지고 노는 입자는 어떤 종류의 입자인가요?" 하고 톰킨스 씨가 물어보았다.

"아, 아마 중성인 파이온일 걸세. 그들은 매우 중요한 입자들이지. 그러나 자신 있는 대답은 아닐세. 요즈음 빈번히 발견되고 있는 새로운 입자들의 대부분은 수명이 매우 짧기 때문에, 그 입자들이 생성된 장소로부터 불과 몇 ㎝도 못 가는 사이에 붕괴되어 없어지고 만다네. 그렇기 때문에 기구에 실어 대기권에 띄워 보낸 기기조차도 그들을 색출하지 못하는 거야.

그러나 현재 우리는 매우 강력한 입자 가속 장치를 가지고 있어 양성자들을 수십억 볼트나 되는 높은 에너지까지 가속시킬 수 있지. 그와 같은 장치들 중의 하나로 로런스트론(Lawrencetron)이라 불리는 가속기가 이곳에서 멀지 않은 저 언덕 위에 있는데 마침 자네를 그곳으로 안내해 줄 수 있게 되어 매우 다행일세."

자동차로 얼마 달리지 않아 가속 장치가 들어 있는 어떤 큰 건물 앞에 다다랐다. 건물 안에 들어서자 톰킨스 씨는 우선 이 거대한 장치의 복잡성에 놀랐다. 그러나 실은 노교수가 다짐한 것처럼 이 장치의 원리란 다윗(David)이 골리앗(Goliath)을 죽이기 위해 사용했던 투석기의 원리보다 결코 더 복잡한 것은 아니었다. 즉 하전 입자는 거대한 드럼처럼 생긴 장치 중심부에 들어간 후 중심점으로부터 나선 모양의 궤도를 그리며 돌기 시작하며, 교류 맥동에 의해서 점점 가속되는 한편 자기장에 의해서 집속선(集束線)을 유지할 수 있도록 되어 있다.

"선생님! 몇 해 전에 사이클로트론이라는 장치를 본 적이 있는데 이것과 상당히 비슷한 장치였던 것으로 생각되는군요. 그때 사이클로트론을 사람들은 〈원자 파괴기〉라고 부르고 있었답니다"라고 톰킨스 씨가 말했다.

교수가 대답했다. "바로 그렇다네. 자네가 예전에 보았다고 하는 장치는 원래 로런스 박사에 의해서 처음으로 고안된 것인데 지금 자네가 이곳에서 보고 있는 것은 원리상으로는 똑같은 것이지. 다만 사이클로트론이 하전 입자들을 불과 수백만 볼트의 에너지까지 가속시킬 수 있었던 데 비해서 지금 이곳에 있는 장치는 수십억 볼트의 에너지까지 가속시킬 수 있다는 차이뿐일세. 요 근래에 이와 같은 장치가 두 개나 미국에서 건조되었는데 그중 하나는 캘리포니아주의 버클리(Berkeley)라는 곳에 있으며 하전 입자들을 십억 전자볼트의 에너지까지 가속시킬 수 있다는 뜻에서 베바트론(Bevatron)이라는 이름으로 불리고 있지. 그런데 이런 식의 이름은 순수한 미국식 이름이라 할 수 있는 것이, 미국에서는 10억을 billion이라고 하지만 영국에서는 1조를 billion이라 말하는데 아직까지 아무도 영국식의 billion(즉 1조) 전자볼트의 에너지까지 입자들을 가속시켜 보려는 엄청난 일을 시도해 본 적이 없다네. 두 개의 장치 중 또 하나는 롱아일랜드(Long Island)의 브룩헤이븐(Brookhaven)이라는 곳에 있으며 코스모트론(Cosmotron)라고 불리고 있는데 이 이름은 약간 과장하여 명명된 것같이 생각되네. 왜냐하면 우주선(Cosmic Ray)은 코스모트론이 만들어 낼 수 있는 고에너지 입자보다 때로는 훨씬 큰 에너지를 갖는 입자들을 포함하고 있으니 말일세. 유럽에서는 CERN(Conseil Europeen pour la Recherche Nucleaire, 주네브 근처에 있다)이 미국에 있는 것과 같은 정도 크기의 장치를 건조했고 러시아도 모스크바(Moscow, Mockba)에서 그다지 멀지 않은 곳에 비슷한 장치를 가지고 있는데 흔히 흐루쇼프트론(Khruschevtron)이라는 이름으로 알려져 왔지만 아마 지금쯤은 브레즈네프트론(Brezhnevtron)이라는 이름으로 바뀌었을지도 모를 일이지."

이곳저곳을 구경하고 다니다가 톰킨스 씨는 어떤 문에 다음과 같은 표찰이 붙어 있는 것을 발견했다.

앨버레즈 액체 수소 욕실

"도대체 이곳은 무엇하는 곳입니까?"라고 그는 교수에게 물었다.

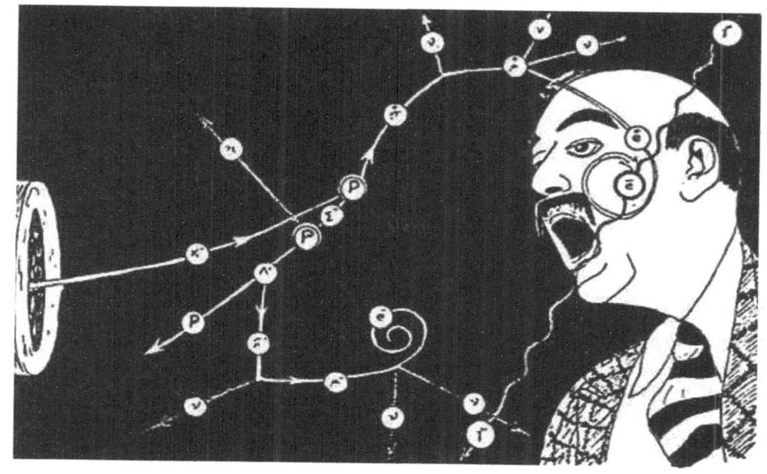

입자들은 토끼처럼 곱셈으로 늘어났다

"아, 이 방 말인가? 로런스트론이라고 불리는 이 장치는 새롭고 에너지가 더욱 큰 많은 소립자들을 만들어 내고 있는데, 물리학자들은 이 입자들을 분석하기 위해 입자들의 궤적을 관찰함으로써 입자가 지니고 있는 질량이나 수명, 상호작용 그리고 그 밖의 여러 가지 특성, 즉 기묘도(奇妙度, Strangeness)라든가 우기성(偶奇性, Parity) 같은 것을 계산해야만 하지. 옛날에는 **윌슨**(Charles Thomson Rees Wilson, 1869~1959)이 발명하여 바로 그 공로에 의해 1927년에 노벨상을 타게 된 소위 안개상자라고 불리는 장치를 이러한 목적에 썼었지. 당시 물리학자들의 연구 대상이었던 수백만 전자볼트의 에너지를 갖는 속도가 빠르고 전하를 지닌 입자들을, 수증기로 포화 상태가 된 공기로 채워져 있고 윗부분에 유리창을 가진 상자 안을 통과시켜 관측했다네. 이런 상태에서 상자 밑바닥을 갑자기 끌어당기면

상자 안의 공기는 갑자기 팽창하여 냉각되며, 그 결과로 수증기는 과포화 상태가 되어 버리고 그 결과 매우 작은 물방울이 맺게 되는 것이야. 윌슨은 수증기가 물방울로 맺어지는 응집 현상이 이온, 즉 전기를 띤 기체 입자 주변에는 훨씬 빨리 일어난다는 사실을 발견했지. 그런데 기체는 상자 속을 통과하는 하전 입자의 통로에 따라 전파되므로, 상자 옆에서 상자 안을 밝게 조명해 주면 작은 물방울로 이루어진 줄들이 검은색으로 칠한 상자 밑을 배경으로 육안으로도 똑똑히 보이게 된다는 원리일세. 지난번 강연 때 보여 준 이와 같은 종류의 사진들을 상기해 보게나.

자, 그런데 우리가 이때까지 연구의 대상으로 삼아 왔던 입자들보다는 수천 배나 에너지가 큰 우주선의 경우에 있어서는 이때까지와는 사정이 전혀 다르다네. 즉 우주선의 비적이 아주 길기 때문에 공기를 충만시켜 동작시켰던 안개상자 정도의 크기 가지고는 도저히 그 비적들을 처음부터 끝까지 볼 수 없고 다만 그 일부만이 겨우 잡힐 뿐이라네.

그런데 최근 미국의 젊은 물리학자인 **도널드 글레이저**(Donald Arthur Glaser, 1926~2013)에 의해서 이 방면에 큰 진 전이 이루어졌고 이 공로로 1960년도의 노벨상이 그에게 주어지리라는 것은 확실하게 되었지. 그의 이야기에 따르면 어느 날 웬일인지 마음이 울적해 어느 맥주집에 들러 하는 일 없이 그 앞에 놓인 맥주병에서 기포가 위로 솟아오르는 것을 응시하고 있었다는 것일세. 그때 갑자기 번개같이 다음과 같은 생각이 머리를 스쳤다는 것이지. 그 내용인즉 윌슨은 기체 중에 맺히는 물방울을 보고 안개상자의 원리를 생각해 내게 되었는데, 그가 액체 중에 생기는 기포 현상에서 더 훌륭한 착상을 얻지 못하리라는 이유는 없지 않겠는가 하고 말이야. 이 이상 더 자세한 기술적인 설명은 없겠네만, 문제는 바로 그런 장치를 만들어 낸다는 것이 매우 어려운 과제란 것일세. 머리를 짜내도 될까 말까 하는 정도였다고나 할까. 그러나 드디어 해답이 나왔는데 이러한 장치가 제대로 작동하려면 현재 우리가 기포상자(Bubble Chamber)라고 부르는 그 장치 내부의 액체가 액체 수소라야 한다는 것이야. 이때 이 액체의 온도는 무려 영하 253℃라는 극저온이지. 바로 다음 방 안에 루이스 앨버레즈(Luis Alvarez, 1911~1988)가 설계, 제작한 큰 용기가 있는데 그 용기 안은 이런 액체 수소로 가득 채워져 있는 것이야. 흔히 사람들은 이 장치를 〈앨버레즈의 욕조(Alvarez's Bath Tub)〉라고 부른다고 하네."

"너무 추워서 몸이 덜덜 떨립니다"라고 톰킨스 씨가 소리쳤다. "이 사람아, 안에까지 들어갈 필요가 없어. 이 투명한 창문 너머로 보이는 입자의 비적들을 잘 관찰만 하면 되지 않나."

욕조같이 생긴 그 장치는 정상적으로 가동 중이었으며 그 장치 둘레에 놓인 여러 개의 촬영기들이 연속해서 계속 스냅 사진을 찍어 대고 있었다. 이 욕조는 거대한 전자석 내부에 위치하고 있었는데 이 전자석은 입자들의 운동 속도를 알아내기 위해 일부러 입자들의 궤적을 자기장의 힘으로 휘게 하는 역할을 하고 있었다.

앨버레즈 박사가 설명했다. "한 장의 사진을 찍는 데 불과 몇 분밖에는 안 걸립니다. 이렇게 찍은 한 장, 한 장을 하루에 수백 장은 모으게 되는데 이 장치들이 고장이 나서 수리하게 되지 않도록 주의하며 운전하고 있습니다. 이 한 장, 한 장의 사진은 세밀하게 조사되며 사진에 나타난 비적의 특성이 분석되고 그 곡률이 측정된답니다. 어디서나 한 장의 사진을 이와 같이 분석하는 데 몇 분 내지 한 시간 정도의 시간을 요하게 되는데, 이 소요 시간의 장단은 사진에 나타난 그림이 얼마나 흥미로운가, 또는 분석에 종사하는 아가씨들의 솜씨가 얼마나 빠른가에 달려 있지요."

톰킨스 씨가 말을 가로막으며 "선생님, 어째서 아가씨라고 말씀하시나요? 이런 일이 순전히 아가씨들만이 하는 직업인가요?" 하고 질문을 던졌다.

"아, 아닙니다. 제가 아가씨라고 부른 사람들 가운데 상당수가 사실은 남자들이지요. 그런데 이런 직업에 종사하는 사람들을 우리는 성에 관계없이 아가씨라고 부르는 것이 습관이지요. 말하자면 이런 일이 효율과 정밀도라는 관점에서 볼 때 아가씨에 적합한 직종이라는 데서 오는 것이랍니다. 예를 들어 타자수 또는 비서라고 하면 여성을 상기하지 남자를 생각지 않는 것과 같은 이치지요. 자, 그런데 이 연구실에서 찍은 여러 사진상에 나타난 점 하나하나를 모두 분석하려면 수백 명의 아가씨들을 필요로 하게 되니 큰 문제지요. 그래서 우리들은 우리가 찍어 낸 사진 중 상당히 많은 양을, 로런스트론이나 기포상자를 건조할 만한 자금은 없지만 이런 사진을 분석하는 기계들을 마련할 수 있는 여러 대학에 보내고 있답니다" 하고 앨버레즈 씨가 설명해 주었다.

"그러면 선생님의 연구실에서만 이런 실험을 하고 있나요?" 라고 톰킨스 씨가 물어보았다.

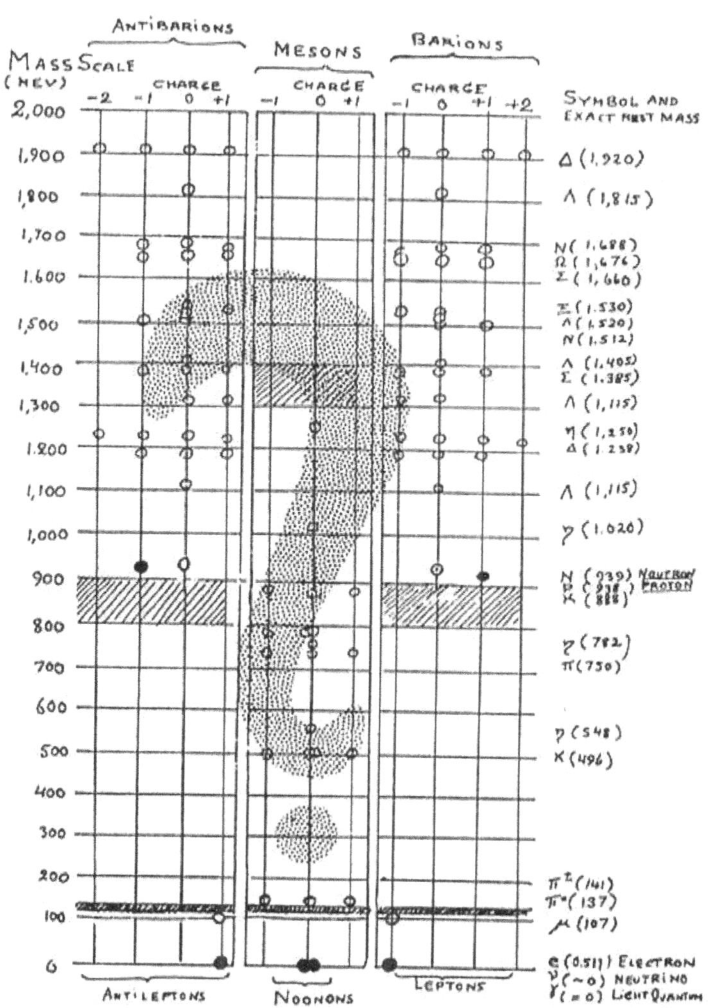

멘델레예프의 주기율표보다 훨씬 복잡하군!
(Scientific American 1964년 2월 호에 실린 G. F. Chow, M. Gell-Mann과 A. H. Rosenfeld의 기사에서 인용했음)

“아니, 천만에요! 비슷한 장치가 뉴욕의 롱아일랜드에 위치한 브룩헤이븐 국립연구소(Brookhaven National Laboratory), 주네브 근방의 CERN, 모스크바 근방의 셸쿤치크(Shchelkunchik, 호두까기 인형이라는 뜻) 연구소에도 있습니다. 이런 장치들이 모두 짚 더미에 떨어진 한 개의 바늘을 찾는 것과 같은 일들을 하고 있지만 간혹 하나씩 새로운 것을 발견하고 있답니다.”

“그런데 어째서 이런 연구를 해야만 됩니까?” 하고 놀란 듯이 톰킨스 씨가 물어보았다.

“짚 더미에서 바늘을 찾는 것보다 몇 배나 어려운 일이긴 하지만 새로운 소립자들을 발견하여 그들 사이의 상호작용을 연구하려는 데 목적이 있답니다. 여기 이 벽에 입자들을 표시한 도표가 걸려 있지요. 여기에는 멘델레예프의 주기율표에 있는 원소 수보다 더 많은 수의 입자들이 이미 발견되어 기록되어 있답니다.”

“하지만 그렇다고 새로운 입자들을 발견하려고 그렇게도 피나는 노력을 기울일 필요가 어디에 있는 것입니까?”

“바로 그런 노력이 과학이라고 하는 것이지. 우리 주변에 있는 모든 것, 즉 그것이 거대한 은하계이건, 또는 극미의 박테리아건 또는 소립자건 간에 모조리 이해하려는 인간 정신의 도전이라는 것일세. 그런 노력은 재미있고 숭고한 것이라네” 하고 노교수는 대답했다.

“그렇다면 과학의 발전은 더 안락하거나 더 편안한 인간 생활을 가져다준다든지 하는 현실적인 목적에 기여하지 않는다는 것인가요?”

“물론 기여를 하지. 그러나 그것은 어디까지나 2차적인 목적에 지나지 않네. 음악의 목적이 나팔수에게 이른 아침 잠자는 병사들을 기상시키는 방법을 가르치는 데 있다고 자네는 생각하나? 또는 병사들에게 전선에 뛰어들라는 명령을 내리기 위한 것이라고 생각하나? 속담에 「호기심은 고양이를 죽인다」 하지만 나는 「호기심은 과학자를 만든다」라고 말하고 싶네."

이 말을 끝으로 노교수는 톰킨스 씨에게 작별 인사를 하고 자리를 떠났다.

미지의 세계로의 여행

톰킨스 씨의 물리학적 모험

초판 1쇄 1974년 01월 30일
개정 1쇄 2018년 12월 26일

지은이 G. 가모프
옮긴이 정문규
펴낸이 손영일
펴낸곳 전파과학사
주소 서울시 서대문구 증가로 18, 204호
등록 1956. 7. 23. 등록 제10-89호
전화 (02)333-8877(8855)
FAX (02)334-8092
홈페이지 www.s-wave.co.kr
E-mail chonpa2@hanmail.net
공식블로그 http://blog.naver.com/siencia

ISBN 978-89-7044-852-7 (03420)
파본은 구입처에서 교환해 드립니다.
정가는 커버에 표시되어 있습니다.

도서목록

현대과학신서

A1 일반상대론의 물리적 기초
A2 아인슈타인 I
A3 아인슈타인 II
A4 미지의 세계로의 여행
A5 천재의 정신병리
A6 자석 이야기
A7 러더퍼드와 원자의 본질
A9 중력
A10 중국과학의 사상
A11 재미있는 물리실험
A12 물리학이란 무엇인가
A13 불교와 자연과학
A14 대륙은 움직인다
A15 대륙은 살아있다
A16 창조 공학
A17 분자생물학 입문 I
A18 물
A19 재미있는 물리학 I
A20 재미있는 물리학 II
A21 우리가 처음은 아니다
A22 바이러스의 세계
A23 탐구학습 과학실험
A24 과학사의 뒷얘기 1
A25 과학사의 뒷얘기 2
A26 과학사의 뒷얘기 3
A27 과학사의 뒷얘기 4
A28 공간의 역사
A29 물리학을 뒤흔든 30년
A30 별의 물리
A31 신소재 혁명
A32 현대과학의 기독교적 이해
A33 서양과학사
A34 생명의 뿌리
A35 물리학사
A36 자기개발법
A37 양자전자공학
A38 과학 재능의 교육
A39 마찰 이야기
A40 지질학, 지구사 그리고 인류
A41 레이저 이야기
A42 생명의 기원
A43 공기의 탐구
A44 바이오 센서
A45 동물의 사회행동
A46 아이작 뉴턴
A47 생물학사
A48 레이저와 홀러그러피
A49 처음 3분간
A50 종교와 과학
A51 물리철학
A52 화학과 범죄
A53 수학의 약점
A54 생명이란 무엇인가
A55 양자역학의 세계상
A56 일본인과 근대과학
A57 호르몬
A58 생활 속의 화학
A59 셈과 사람과 컴퓨터
A60 우리가 먹는 화학물질
A61 물리법칙의 특성
A62 진화
A63 아시모프의 천문학 입문
A64 잃어버린 장
A65 별· 은하 우주

도서목록

BLUE BACKS

1. 광합성의 세계
2. 원자핵의 세계
3. 맥스웰의 도깨비
4. 원소란 무엇인가
5. 4차원의 세계
6. 우주란 무엇인가
7. 지구란 무엇인가
8. 새로운 생물학(품절)
9. 마이컴의 제작법(절판)
10. 과학사의 새로운 관점
11. 생명의 물리학(품절)
12. 인류가 나타난 날 I (품절)
13. 인류가 나타난 날II(품절)
14. 잠이란 무엇인가
15. 양자역학의 세계
16. 생명합성에의 길(품절)
17. 상대론적 우주론
18. 신체의 소사전
19. 생명의 탄생(품절)
20. 인간 영양학(절판)
21. 식물의 병(절판)
22. 물성물리학의 세계
23. 물리학의 재발견〈상〉
24. 생명을 만드는 물질
25. 물이란 무엇인가(품절)
26. 촉매란 무엇인가(품절)
27. 기계의 재발견
28. 공간학에의 초대(품절)
29. 행성과 생명(품절)
30. 구급의학 입문(절판)
31. 물리학의 재발견〈하〉
32. 열 번째 행성
33. 수의 장난감상자
34. 전파기술에의 초대
35. 유전독물
36. 인터페론이란 무엇인가
37. 쿼크
38. 전파기술입문
39. 유전자에 관한 50가지 기초지식
40. 4차원 문답
41. 과학적 트레이닝(절판)
42. 소립자론의 세계
43. 쉬운 역학 교실(품절)
44. 전자기파란 무엇인가
45. 초광속입자 타키온
46. 파인 세라믹스
47. 아인슈타인의 생애
48. 식물의 섹스
49. 바이오 테크놀러지
50. 새로운 화학
51. 나는 전자이다
52. 분자생물학 입문
53. 유전자가 말하는 생명의 모습
54. 분체의 과학(품절)
55. 섹스 사이언스
56. 교실에서 못 배우는 식물이야기(품절)
57. 화학이 좋아지는 책
58. 유기화학이 좋아지는 책
59. 노화는 왜 일어나는가
60. 리더십의 과학(절판)
61. DNA학 입문
62. 아몰퍼스
63. 안테나의 과학
64. 방정식의 이해와 해법
65. 단백질이란 무엇인가
66. 자석의 ABC
67. 물리학의 ABC
68. 천체관측 가이드(품절)
69. 노벨상으로 말하는 20세기 물리학
70. 지능이란 무엇인가
71. 과학자와 기독교(품절)
72. 알기 쉬운 양자론
73. 전자기학의 ABC
74. 세포의 사회(품절)
75. 산수 100가지 난문·기문
76. 반물질의 세계
77. 생체막이란 무엇인가(품절)
78. 빛으로 말하는 현대물리학
79. 소사전·미생물의 수첩(품절)
80. 새로운 유기화학(품절)
81. 중성자 물리의 세계
82. 초고진공이 여는 세계
83. 프랑스 혁명과 수학자들
84. 초전도란 무엇인가
85. 괴담의 과학(품절)
86. 전파는 위험하지 않은가
87. 과학자는 왜 선취권을 노리는가?
88. 플라스마의 세계
89. 머리가 좋아지는 영양학
90. 수학 질문 상자

91. 컴퓨터 그래픽의 세계
92. 퍼스컴 통계학 입문
93. OS/2로의 초대
94. 분리의 과학
95. 바다 야채
96. 잃어버린 세계·과학의 여행
97. 식물 바이오 테크놀러지
98. 새로운 양자생물학(품절)
99. 꿈의 신소재·기능성 고분자
100. 바이오 테크놀러지 용어사전
101. Quick C 첫걸음
102. 지식공학 입문
103. 퍼스컴으로 즐기는 수학
104. PC통신 입문
105. RNA 이야기
106. 인공지능의 ABC
107. 진화론이 변하고 있다
108. 지구의 수호신·성층권 오존
109. MS-Window란 무엇인가
110. 오답으로부터 배운다
111. PC C언어 입문
112. 시간의 불가사의
113. 뇌사란 무엇인가?
114. 세라믹 센서
115. PC LAN은 무엇인가?
116. 생물물리의 최전선
117. 사람은 방사선에 왜 약한가?
118. 신기한 화학 매직
119. 모터를 알기 쉽게 배운다
120. 상대론의 ABC
121. 수학기피증의 진찰실
122. 방사능을 생각한다
123. 조리요령의 과학
124. 앞을 내다보는 통계학
125. 원주율 π의 불가사의
126. 마취의 과학
127. 양자우주를 엿보다
128. 카오스와 프랙털
129. 뇌 100가지 새로운 지식
130. 만화수학 소사전
131. 화학사 상식을 다시보다
132. 17억 년 전의 원자로
133. 다리의 모든 것
134. 식물의 생명상
135. 수학 아직 이러한 것을 모른다
136. 우리 주변의 화학물질
137. 교실에서 가르쳐주지 않는 지구이야기
138. 죽음을 초월하는 마음의 과학
139. 화학 재치문답
140. 공룡은 어떤 생물이었나
141. 시세를 연구한다
142. 스트레스와 면역
143. 나는 효소이다
144. 이기적인 유전자란 무엇인가
145. 인재는 불량사원에서 찾아라
146. 기능성 식품의 경이
147. 바이오 식품의 경이
148. 몸 속의 원소 여행
149. 궁극의 가속기 SSC와 21세기 물리학
150. 지구환경의 참과 거짓
151. 중성미자 천문학
152. 제2의 지구란 있는가
153. 아이는 이처럼 지쳐 있다
154. 중국의학에서 본 병 아닌 병
155. 화학이 만든 놀라운 기능재료
156. 수학 퍼즐 랜드
157. PC로 도전하는 원주율
158. 대인 관계의 심리학
159. PC로 즐기는 물리 시뮬레이션
160. 대인관계의 심리학
161. 화학반응은 왜 일어나는가
162. 한방의 과학
163. 초능력과 기의 수수께끼에 도전한다
164. 과학·재미있는 질문 상자
165. 컴퓨터 바이러스
166. 산수 100가지 난문·기문 3
167. 속산 100의 테크닉
168. 에너지로 말하는 현대 물리학
169. 전철 안에서도 할 수 있는 정보처리
170. 슈퍼파워 효소의 경이
171. 화학 오답집
172. 태양전지를 익숙하게 다룬다
173. 무리수의 불가사의
174. 과일의 박물학
175. 응용초전도
176. 무한의 불가사의
177. 전기란 무엇인가
178. 0의 불가사의
179. 솔리톤이란 무엇인가?
180. 여자의 뇌·남자의 뇌
181. 심장병을 예방하자